工学结合·基于工作过程导向的项目化创新系列教材
国家示范性高等职业教育电子信息大类“十三五”规划教材

Photoshop CC 2018 图像处理经典实例教程

主　编　张燕丽
副主编　陈坎友　崔　强　李祝莉　李旭龙
　　　　李蕴嘉　罗小平

華中科技大學出版社
http://www.hustp.com
中国·武汉

内 容 简 介

本书以项目实例为主线，通过几十个生动的经典实例讲解，全面细致地介绍了中文版 Photoshop CC 2018 的使用方法和技巧。全书共分 10 个项目，内容涵盖了数字图像认知、绘画与修饰技巧、选定技巧、图层应用、图像的校正与改善、通道与蒙版应用、矢量图制作、滤镜特效、图像的 Web 处理、综合实训项目等。

本书根据编者长期积累的实战经验与教学经验编写而成，兼顾 Photoshop CC 2018 各项新增功能，在内容组织上循序渐进，实例讲解的同时，强化基本知识和基本技能，让学习者知其然更知其所以然，以达到举一反三的效果。在经典实例选取上，本教材兼顾 Photoshop CC 2018 在图像处理、平面设计、界面设计、效果图制作等多个设计领域中的最新应用，同时将绘画、美学、设计知识与 Photoshop 软件功能融为一体，凸显行业技能，引导学习者在掌握图形图像处理相关技能的基础上，培养设计思维，提高设计水平，拓展创作思路，让学习者在熟练运用软件解决数字图像常见问题的同时，能对数字图像进行创意加工与专题创作。

为了方便教学，本书还配有电子课件等教学资源包，任课教师和学生可以登录“我们爱读书”网（www.ibook4us.com）注册并浏览，任课教师可以发邮件至 hustpeiit@163.com 索取。

本书可作为高职高专院校计算机类及艺术类相关专业的学生学习图形图像处理与平面设计的教材，也可作为各类培训机构的教学用书，是图形图像制作人员、数字摄影人员与平面设计人员难得的参考资料。

图书在版编目(CIP)数据

Photoshop CC 2018 图像处理经典实例教程/张燕丽主编. —武汉：华中科技大学出版社，2019.2（2023.7 重印）
国家示范性高等职业教育电子信息大类“十三五”规划教材
ISBN 978-7-5680-4940-5

Ⅰ.①P… Ⅱ.①张… Ⅲ.①图象处理软件-高等职业教育-教材 Ⅳ.①TP391.413

中国版本图书馆 CIP 数据核字(2019)第 036556 号

Photoshop CC 2018 **图像处理经典实例教程**
Photoshop CC 2018 Tuxiang Chuli Jingdian Shili Jiaocheng
张燕丽 主编

策划编辑：康 序
责任编辑：史永霞
责任监印：朱 玢
出版发行：华中科技大学出版社（中国·武汉） 电话：(027)81321913
武汉市东湖新技术开发区华工科技园 邮编：430223
录 排：武汉三月禾文化传播有限公司
印 刷：湖北新华印务有限公司
开 本：880mm×1230mm 1/16
印 张：11.5
字 数：380 千字
版 次：2023 年 7 月第 1 版第 6 次印刷
定 价：49.80 元

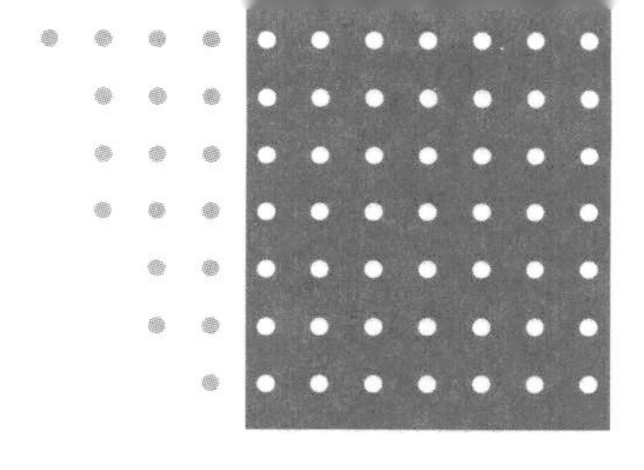

FOREWORD
前言

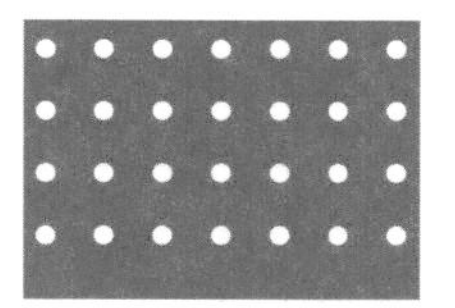

本书从经典实例着手，循序渐进，通过几十个经典实例全面细致地介绍中文版 Photoshop CC 2018 的使用方法和技巧，让学习者能够快速掌握 Adobe Photoshop CC 2018 的基本技能与方法。

本书的主要特色如下：

1. 突出高职特色，校企共建。在内容编排上，完全以高职院校的专业教学需要为出发点，淡化理论，注重实践。本书根据编者长期积累的教学经验与实战经验编写而成，大量实例来源于一线企业，具有内容丰富、结构合理、经典实例覆盖面广的特点。

2. 充分考虑 Photoshop 在各设计领域中的最新应用，跟踪新技术，反映行业新发展。本书的编写注重吸收新知识、新技术、新工艺。本书所介绍的 Photoshop CC 2018 是目前 Adobe 公司出品的最新版图像处理软件。在实例的选取上，充分考虑 Photoshop CC 2018 在照片后期、平面设计、Web 处理、界面设计、效果图制作等多个设计领域中的最新应用。

3. 将绘画、美学、设计知识与 Photoshop CC 2018 软件功能融为一体，凸显行业技能。在总体架构上，通过编者精心设计的经典实例，引导学习者在掌握图形图像处理相关技能的基础上，培养设计思维，提高设计水平，拓展创作思路。

4. 内容组织循序渐进。在经典实例讲解的同时，通过知识拓展环节将 Photoshop CC 2018 相关的知识进行深入全面的讲解，使读者在掌握实例的同时，强化基本知识和基本技能，使其知其然更知其所以然，以达到举一反三的效果。

5. 表达方式通俗易懂。本书在文字表达上充分考虑了高职学生的知识基础，在内容的编排上，由浅入深、图文并茂，尽可能将操作步骤形象化地展示在学习者面前。

本书适合作为高职高专院校计算机类及艺术类相关专业学生学习图形图像处理与平面设计的教材，也适合作为各类培训机构的教学用书，还可以作为图形图像制作人员和平面设计人员的参考用书。

本书由广东农工商职业技术学院的张燕丽老师负责全书的内容选取和整体结构规划。其中项目 1、2 由张燕丽编写，项目 3、6 由陈坎友编写，项目 4 由崔强编写，项目 5 由李祝莉编写，项目 7 由李旭龙编写，项目 8 由李蕴嘉编写，项目 9 由张燕丽、罗小平共同编写，项目 10 由崔强、李祝莉及李旭龙共同编写，全书由张燕丽统稿。此外，孙友全、吴夏莹、陈玉琴、周劲桦和刘革也为本书提供了大量生动的实例。

为了方便教学，本书还配有电子课件等教学资源包，任课教师和学生可以登录“我们爱读书”网(www.ibook4us.com)注册并浏览，任课教师可以发邮件至 hustpeiit@163.com 索取。

由于编者的水平和能力有限，书中难免存在一些缺陷与不足之处，希望广大读者提出宝贵意见。

编者

2018 年 10 月于广州

CONTENTS

目录

数字图像认知

SHUZI TUXIANG RENZHI

学习目标

本项目要求学习者掌握以下技能：

- 掌握数字图像的常用术语；
- 熟悉 Photoshop CC 2018 的工作界面；
- 掌握 Photoshop CC 2018 的基础操作。
- 了解数字图像的常见存储格式；
- 认识图层、蒙版、通道、路径、历史记录等；

任务 1 数字图像的常用术语

1. 像素

像素是组成图像的基本单位，也称栅格。我们若把图像放大若干倍，会发现这些连续色调其实是由许多色彩相近的小方点组成的，这些小方点就是构成图像的最小单位“像素”(pixel)。如图 1-1 所示，将左图放大一定倍数后，右图呈现的小方格(马赛克现象)，即为像素。

图 1-1 像素图放大效果图

2. 矢量图

矢量图一般指用计算机绘制的画面，如直线、圆、圆弧、矩形、任意曲线和图表等，基本组成单元是锚点和路径。图形的格式是用数学描述曲线的组成，不记录像素的数量，与分辨率无关，可以任意缩放而不影响其图形质量，图 1-2 所示为矢量图在不同放大级别的显示效果对比。目前常用的矢量软件有 Freehand、Illustrator、CorelDraw、Flash 等。常用的矢量图文件格式有 *.cdr、*.wmf、*.ico 等。

矢量图由于只能表示有规律的线条组成的图形，所以主要适用于图形设计、文字设计和一些标志设计、版式设计等。由无规律的像素点组成的图像，如风景、人物等，不适宜使用此格式。

3. 像素图

像素图也称点阵图或位图，是指由输入设备捕捉的实际场景画面，或以数字化形式存储的任意画面。静止的位图是一个矩阵，阵列中的各项数字用来描述构成图像的各个点(称为像素点)的强度与颜色等信息。像素图的文件格式很多，如 *.bmp、*.pcx、*.gif、*.jpg、*.tif、*.psd 等都是像素图。

像素图图像的表现力强、细腻、层次多、细节多，可以模拟照片一样的真实效果。但像素图与分辨率有关，也就是说，它们包含固定数量的像素。在缩放时会影响其清晰度和光滑度，出现所谓“马赛克”的图像失真现象，图 1-3 所示为像素图在不同放大级别的显示效果对比。用数码相机、扫描仪和位图软件加工的都是像素图。

4. 分辨率

分辨率是衡量图像细节表现力的技术参数，具体可分为屏幕分辨率、图像分辨率和输出分辨率。

- 屏幕分辨率：显示器屏幕上的最大显示区域，即水平与垂直方向的像素个数。
- 图像分辨率：数字化图像的大小，即该图像的水平与垂直方向的像素个数。
- 输出分辨率：输出设备在输出图像时每单位长度所产生的油墨点数。

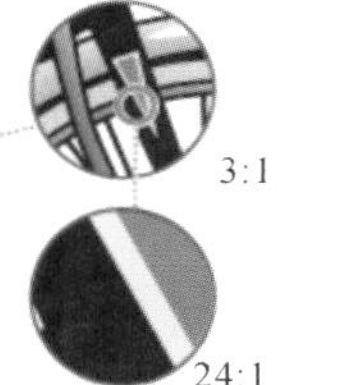

图 1-2　矢量图放大效果对比

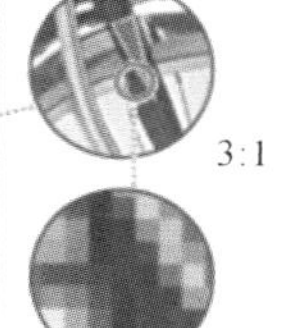

图 1-3　像素图放大效果对比

在图像处理中我们比较关注图像分辨率。单位长度上像素越多，图像就越清晰，但图像文件就会越大。图 1-4 是 Photoshop 创建文件时的窗口，其中分辨率是指图像分辨率。在具体操作时，需要根据图像的用途合理设置，默认为 72 像素/英寸，如果图像要用于彩色印刷，则一般要设置为 300 像素/英寸。

在使用数码相机、扫描仪、视频截图等方式进行图像采集时，也要根据用途进行采集分辨率的设置。由于像素图在放大时会失真，所以原则上讲，采集时图像分辨率越高，图像的用途也就越广。

根据图像用途，常见的图像分辨率参考标准如下：

√显示器（计算机、移动设备、其他电子设备、胶片视频）：72 像素/英寸。

√网页图像、Web 图像：72～96 像素/英寸。

√报纸图像：120 像素/英寸或 150 像素/英寸。

√彩色印刷（照片、打印、图稿与插图）：300 像素/英寸。

√大型灯箱 >30 像素/英寸。

5. 颜色特征参数

颜色与光的波长有关，不同波长的光呈现不同颜色。颜色具有四个特征：色相、亮度、饱和度、对比度。

色相：色彩颜色，用颜色名称标识，如红、黄、蓝等。对色相的调整就是在多种颜色之间的变化。

亮度：图像原色的明暗程度。对色调的调整就是对原色明暗度的改变，其范围是 0～255。

饱和度：颜色的纯净程度，即色彩含有某种单色光的纯净程度。它是按单色光中混入其他色的比例来表示的。

对比度：不同颜色之间的差异。调整对比度就是调整颜色之间的差异。

图 1-5 显示的是色轮的不同表现形式。

图 1-4　新建窗口

图 1-5　色轮

6. 常见颜色模式

1）RGB 模式

RGB 模式是一种加色法模式，通过 R、G、B 的辐射量，可描述出任一颜色。计算机定义颜色时 R、G、

B 三种成分的取值范围是 0～255，0 表示没有刺激量，255 表示刺激量达最大值。R、G、B 均为 255 时就合成了白光，R、G、B 均为 0 时就形成了黑色，如图 1-6 所示。图像如用于电视机、幻灯片、网络、多媒体，一般使用 RGB 模式。

2）CMYK 模式

CMYK 模式又称减色法系统，广泛用于彩色印刷。CMYK 模式是当阳光照射到一个物体上时，这个物体将吸收一部分光线，并将剩下的光线进行反射，反射的光线就是我们所看见的物体颜色，是一种减色色彩模式，如图 1-7 所示。

CMYK 模式是最佳的打印模式，CMYK 代表印刷上用的四种油墨颜色，C 代表青色，M 代表洋红色，Y 代表黄色，K 代表黑色。因为在实际应用中，青色、洋红色和黄色很难叠加形成真正的黑色，最多不过是褐色而已，因此才引入了 K——黑色。黑色的作用是强化暗调，加深暗部色彩。

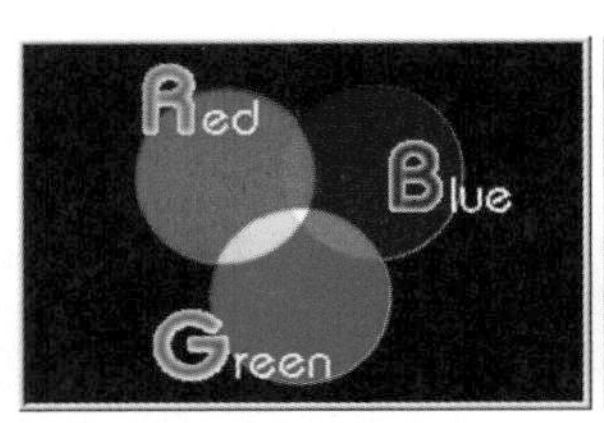

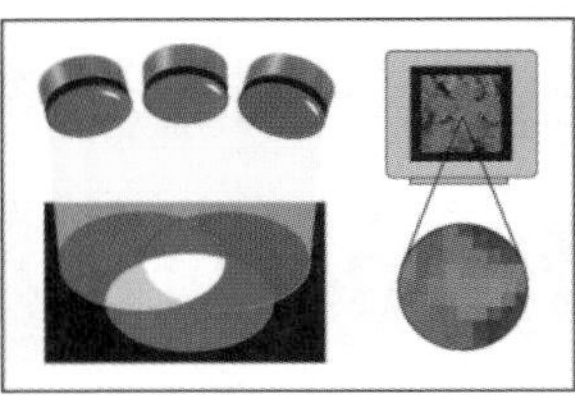

图 1-6　RGB 模式

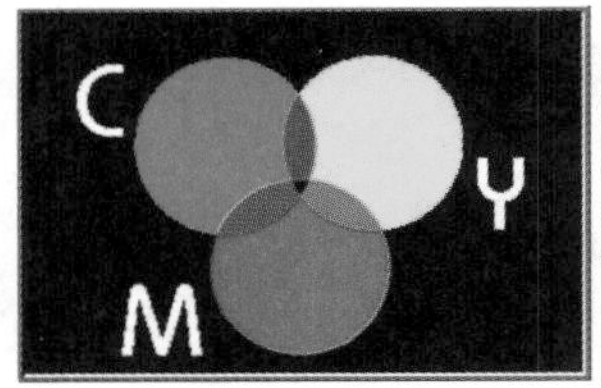

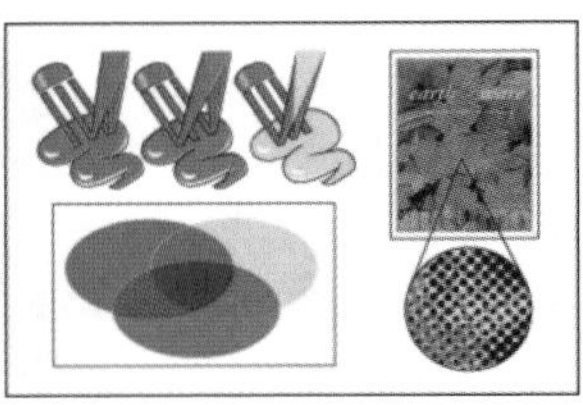

图 1-7　CMYK 模式

3）Lab 模式

Lab 模式由三个通道组成，但不是 R、G、B 通道。它的一个通道是亮度，即 L；另外两个是色彩通道，用 a 和 b 来表示。a 通道包括的颜色是从深绿色（低亮度值）到灰色（中亮度值）再到亮粉红色（高亮度值）；b 通道则是从亮蓝色（低亮度值）到灰色（中亮度值）再到黄色（高亮度值）。因此，这种色彩混合后将产生明亮的色彩。

Lab 模式具有最宽的色域范围，常作为不同模式之间转换的中间颜色模式。

4）灰度模式

灰度模式在图像中使用不同的灰度级。在 8 位图像中，最多有 256 级灰度。灰度图像中的每个像素都有一个 0（黑色）到 255（白色）之间的亮度值。灰度模式是 Photoshop 中最基本的颜色模式。

5）位图模式

位图模式只有两种颜色——黑色和白色来显示图像。位图模式下是真正的黑白图，由于位图模式的图像每个像素只需要一个二进制位表示，所以其颜色深度为 1，文件大小也最小。

6）索引色模式

索引色模式下的图像最多含有 256 种颜色，且这些颜色是预先定义好的。它的大小只有 RGB 模式下图像的三分之一，对于制作网页、动画来说是一种很好的选择。有时图像会有失真的感觉，这是索引色模式的不足。

7）HSB 模式

H 表示色相，它是最基本的颜色，它用角度（0～360 度）表示。S 代表饱和度，它就像电视调色彩的按钮，可以控制图像是黑白还是彩色。B 代表亮度，就是图像各部分的亮度，如果某幅作品光泽不好的话，就可以调整它的亮度。

7. 颜色深度

颜色深度也称位深度、像素深度，用来度量图像中有多少颜色信息可用于显示或打印像素。较大的位深度（每像素信息的位数较多）意味着数字图像具有较多的、较精确的可用颜色。表 1-1 是各模式下的颜色深度对比。

大多数情况下 Lab、RGB、灰度和 CMYK 图像的每个颜色通道包含 8 位数据。

表 1-1　各模式下的颜色深度对比

色彩模式	通　道	颜色深度
位图	—	1 位
灰度	8 位×1 通道	8 位
Lab	8 位×3 通道	24 位
RGB	8 位×3 通道	24 位
CMYK	8 位×4 通道	32 位

任务 2 数字图像常见存储格式

各种图形文件格式的不同之处在于：表示图像数据的方式（作为像素还是矢量）、压缩方法以及所支持的 Photoshop 功能。在 Photoshop 中，处理完的图像通常不是直接进行输出，而是置入排版或图形软件中，加上文字和图形并完成最后的版面编排和设计工作，然后存储为相应的文件格式，再进行输出。

1. PSD 格式

Photoshop 格式（PSD 格式）是默认的文件格式，而且是除大型文档格式（PSB 格式）之外支持所有 Photoshop 功能的唯一格式。由于 Adobe 产品之间是紧密集成的，因此其他 Adobe 应用程序（如 Adobe Illustrator、Adobe InDesign、Adobe Premiere、Adobe After Effects 和 Adobe GoLive）可以直接导入 PSD 文件并保留许多 Photoshop 功能。

PSD 格式可以包括所有图层和通道信息，便于随时进行修改和编辑。但 PSD 格式也存在信息较多、占空间大的特点。

2. BMP 格式

BMP 是英文 bitmap（位图）的简写，它是 Windows 操作系统中的标准图像文件格式，能够被多种 Windows 应用程序支持。随着 Windows 操作系统的流行与丰富和 Windows 应用程序的开发，BMP 格式理所当然地被广泛应用。

这种格式的特点是包含的图像信息较丰富，几乎不进行压缩，但这样导致了它与生俱来的缺点——占用磁盘空间过大。

3. GIF

GIF 是 graphics interchange format 的简写，是 CompuServe 公司所制订的格式，因为 CompuServe 公司开放使用权限，所以 GIF 广受应用，且适用于各式主机平台。GIF 支持透明背景，并且可以将数张图存成一个文件，形成动画效果。

4. JPEG 格式

JPEG 是一种高效率的压缩文件，在存文件时能够将人眼无法分辨的资料删除，以节省储存空间，但这些被删除的资料无法在解压时还原。所以，JPEG 文件并不适合放大观看，输出成印刷品时品质也会受到影响。同样一幅画面，用 JPEG 格式储存的文件是其他类型图形文件的 1/20～1/10，所以它被广泛运用在 Internet 上，以节约宝贵的网络传输资源。

小提示

设计过程中的中间合成效果，即使不需要图层操作，一般也建议存成 PSD 格式，而不建议存成 JPEG 格式保存。因为存一次 JPEG 即意味着会由于格式压缩，降低一次图像品质。

5. TIFF

标记图像文件格式（TIFF、TIF）用于在应用程序和计算机平台之间交换文件。TIFF 是一种灵活的位图图像格式，被几乎所有的绘画、图像编辑和页面排版应用程序支持。而且，几乎所有的扫描仪都可以产生 TIFF 图像。TIFF 文档的文件大小最大可达 4 GB。Photoshop CS 和更高版本支持以 TIFF 存储的大型文档。

6. PNG 格式

便携网络图形（PNG）格式是作为 GIF 的无专利替代品开发的，用于无损压缩和在 Web 上显示图像。与 GIF 不同，PNG 支持 24 位图像并产生无锯齿状边缘的背景透明度。

任务 3 Photoshop CC 2018 的工作界面

Photoshop CC 2018 的工作界面可分为标题栏、菜单栏、工具选项栏、工具箱、面板、编辑窗口、状态栏等几部分，如图 1-8 所示。

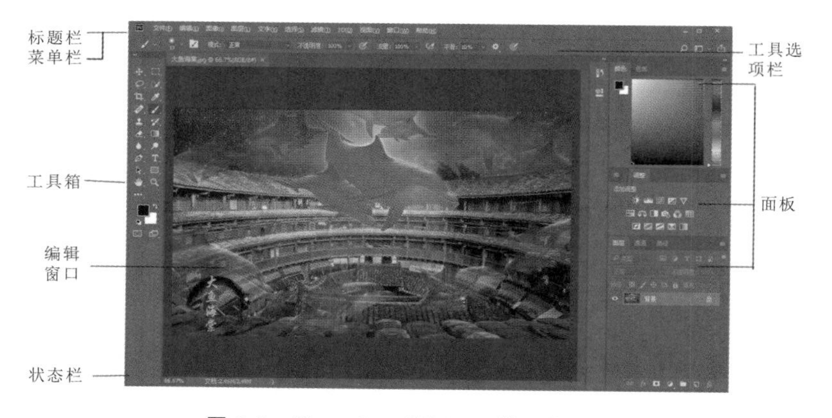

图 1-8 Photoshop CC 2018 的工作界面

1. 标题栏与菜单栏

标题栏与菜单栏在 Photoshop CC 2018 中可以同时位于用户界面的最上方，可合为一行，也可以分成两行。以图 1-8 界面为例，其标题栏与菜单栏放在一行，主要包括以下内容：

1）Ps 应用程序图标

Photoshop CC 2018 的应用程序图标与其他应用程序一样，位于标题栏最左侧。

2）菜单

Photoshop CC 2018 共有“文件”“编辑”“图像”“图层”“文字”“选择”“滤镜”“3D”“视图”“窗口”和“帮助”

11 个菜单，如图 1-9 所示。每一个菜单下又有若干个子菜单，选择任意子菜单可以执行相应的命令。

Ps 文件(F) 编辑(E) 图像(I) 图层(L) 文字(Y) 选择(S) 滤镜(T) 3D(D) 视图(V) 窗口(W) 帮助(H)

图 1-9　Photoshop CC 2018 的菜单

3）窗口控制按钮

与其他应用程序一样，标题栏最右侧仍然是“最小化”“最大化”与“关闭”窗口控制按钮  。

2. 工具箱

启动 Photoshop CC 2018 时，工具箱显示在屏幕左侧，如图 1-10 所示。

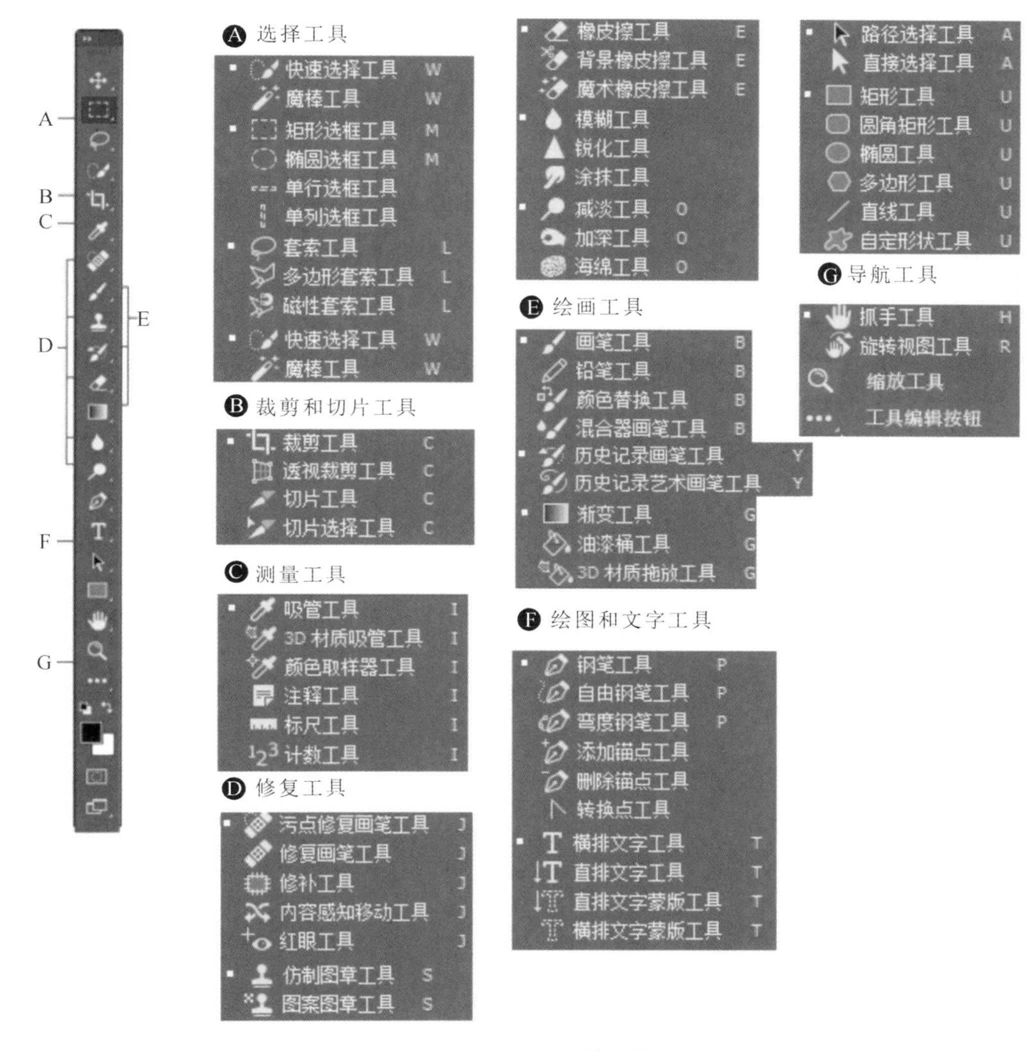

图 1-10　工具箱概览

1）Photoshop CC 2018 的富媒体工具提示功能

Photoshop CC 2018 增加了富媒体工具提示功能，当把鼠标移到对应工具时，工具右侧会动画演示该工具的使用方法，方便初学者快速掌握工具的应用方法，图 1-11 所示是当移到“污点修复画笔工具”时的富媒体工具提示。取消此提示功能可以选择“编辑”→“首选项”→“工具”命令，或按 Ctrl＋K 键打开“首选项”对话框后选择左侧的“工具”项，在“选项”列表中，如图 1-12 所示，从中取消勾选“使用富媒体工具提示”选项。

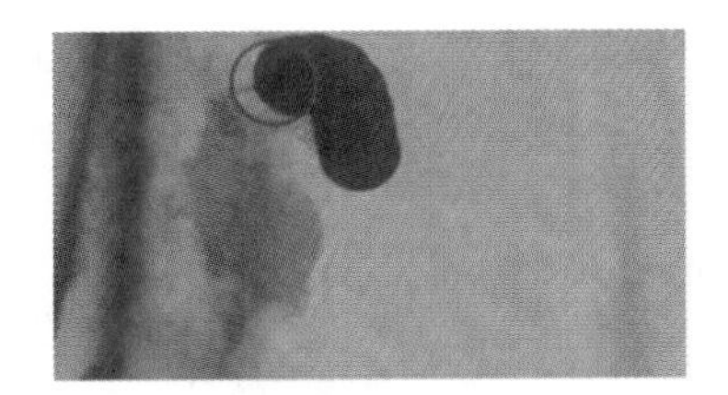

图 1-11　富媒体工具提示功能示例

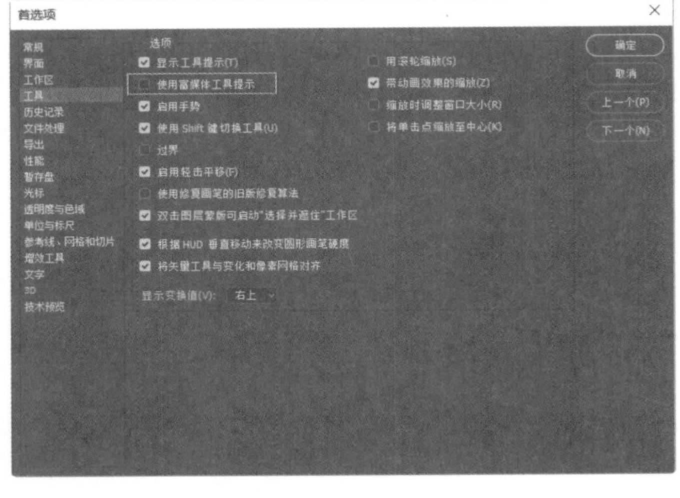

图 1-12　“首选项”对话框工具选项窗口

2）Photoshop CC 2018 常用工具的显示与隐藏

Photoshop CC 2018 看上去似乎有些工具不在原来的地方，主要是因为 Photoshop CC 2018 默认将一些不常用的功能隐藏起来，用户可通过单击工具箱下部的 ••• 按钮找到。如图 1-13 所示，选择“编辑工具栏”可进入“自定义工具栏”对话框，如图 1-14 所示。此对话框左侧为显示的工具，右侧是未显示的不常用工具，用户可以根据自己的常用操作将右侧的工具拖入左侧，将工具加入工具箱，也可从左侧将工具拖入右侧，将自己不常用的工具隐藏，从而对工具进行自定义处理。

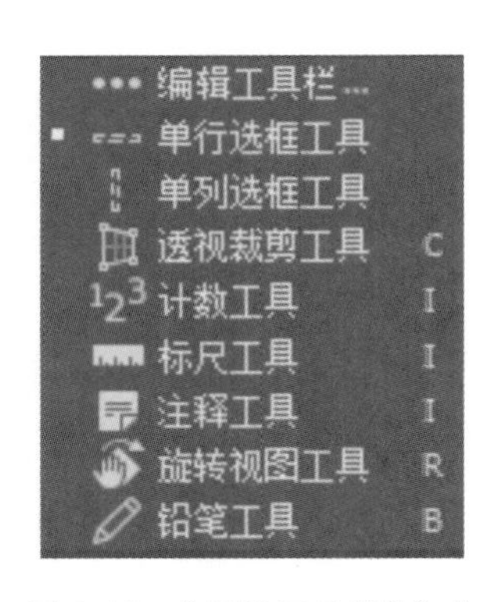

图 1-13　“编辑工具栏”命令

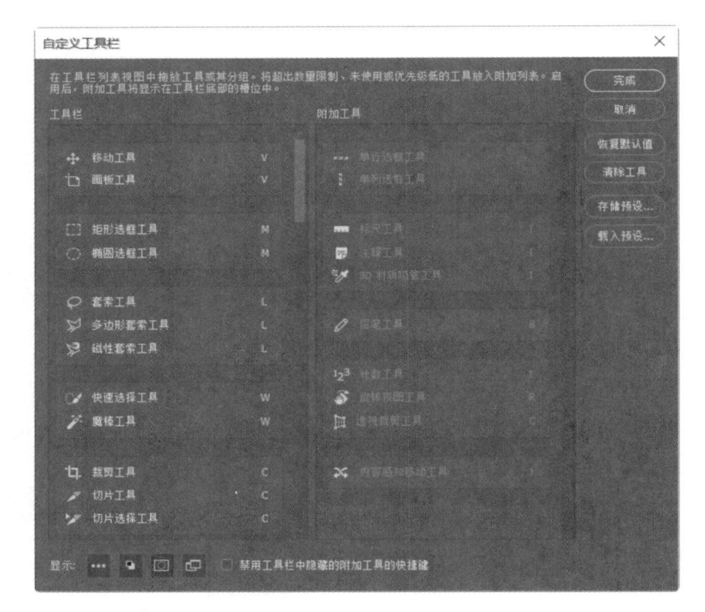

图 1-14　“自定义工具栏”对话框

3. 工具选项栏

工具选项栏位于菜单栏的下方，显示工具箱中当前所选择工具的参数和选项设置。在工具箱中选择不同的按钮，工具选项栏中显示的选项和参数就各不相同。图 1-15 显示的是“魔术橡皮擦工具”的工具选项栏。

图 1-15　“魔术橡皮擦”工具选项栏

4. 编辑窗口

编辑窗口是创建的文件工作区，也是表现和创作 Photoshop 作品的主要工作区域，图形的绘制以及图像的处理都在此区域内进行。

5. 状态栏

状态栏(见图 1-16) 位于编辑窗口的底部，用于显示图像的各种信息。它由三部分组成，最左侧的方框用于显示编辑窗口的显示比例，可以在输入框中直接输入数值，按回车键改变图像显示的比例。状态栏的中部用于显示图像文件的信息，如文件大小等。状态栏右侧的黑色小三角表示有弹出菜单，单击该小三角，会弹出一个菜单，其中包括文档大小、文档配置文件、文档尺寸、暂存盘大小、效率、计时和当前工具等命令。

100%　文档:2.49M/2.49M

图 1-16　状态栏

6. 面板

面板默认位于界面的右侧，但也可以将它们分别拖曳至界面的任意位置，用这些面板可以对当前图像进行各种设置和控制。熟练掌握各个面板的功能与使用方法，可以大大提高我们的工作效率。

“基本功能(默认)”工作区中包括的面板组合，如图 1-17 所示。其第一组由“颜色”“色板”面板组成，第二组由“属性”“调整”面板组成，第三组由“图层”“通道”“路径”面板组成。此外，还有“历史记录”“库”面板。

除“基本功能(默认)”工作区之外，还有“3D”工作区、“图形和 Web”工作区、“动感”工作区、“绘画”工作区、“摄影”工作区。各工作区状态下，会根据日常工作内容，自动打开相应的工作区面板组合。如图 1-18 所示，“基本功能(默认)”工作区面板包括九项，“绘画”工作区会自动打开“色板”“画笔”“画笔设置”面板，“摄影”工作区会打开“直方图”面板、“调整”面板等。每个面板都可以展开与折叠，也可以通过“窗口”菜单的命令进行打开与关闭。图 1-19 显示的是 Photoshop CC 2018 的常用面板。

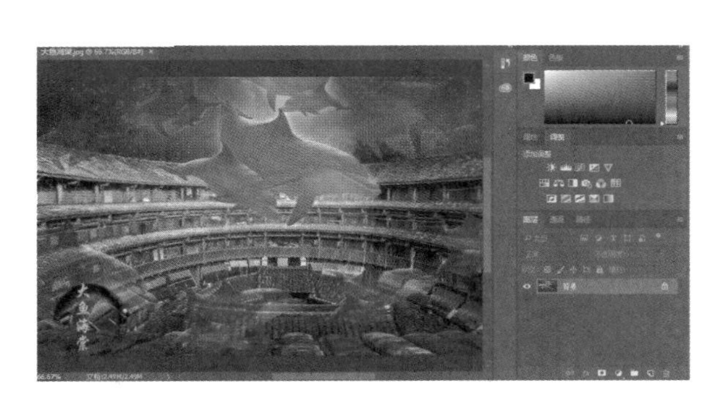

图 1-17　“基本功能(默认)”工作区面板

图 1-18　“基本功能(默认)”“绘画”“摄影”工作区面板组合列表

任务 4 Photoshop 的常用术语

1. 图层

图层是 Photoshop 的“核心”。一个 Photoshop 创作的图像可以想象成是由若干张包含图像各个不

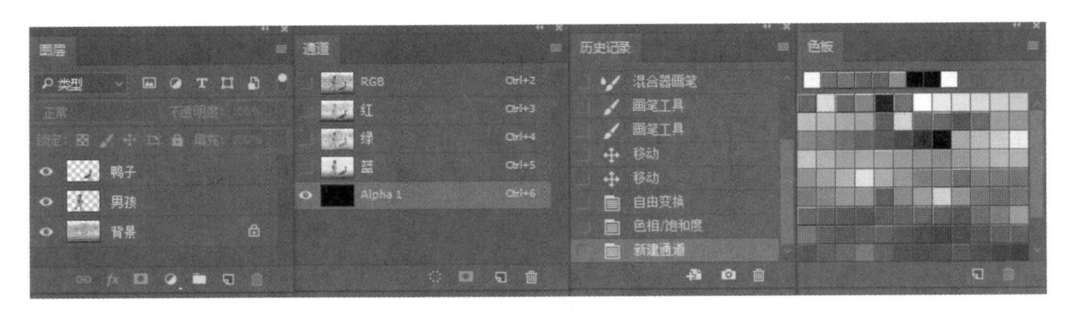

图 1-19　常用面板举例

同部分的不同透明度的纸叠加而成的，每张"纸"称为一个"图层"，如图 1-20 所示。由于每个层以及层内容都是独立的，用户在不同的层中进行设计或修改等操作不影响其他层。利用层控制面板可以方便地控制层的增加、删除、显示和顺序关系。图像设计者对绘画满意时，可将所有的图层"粘"(合并）成一层。

2. 通道

Photoshop 用通道来存储色彩信息和选择区域。Photoshop 的通道分为颜色通道、Alpha 通道和专色通道。

- 颜色通道用于保存颜色信息。
- Alpha 通道用于保存和编辑选择区域。
- 专色通道是特殊的颜色通道。

颜色通道数由图像模式来定，例如 RGB 模式的图像文件有 R、G、B 三个颜色通道，CMYK 模式的图像文件有 C、M、Y、K 四色通道，灰度图由一个黑色通道组成。图 1-21 所示为样图分别在 RGB 和 CMYK 模式的通道组成对比。利用颜色通道可校正或制作偏色效果。Alpha 通道一般由用户自己建立，用于存储选区，以便将来载入形成选择区域，或与其他选区进行运算，得到新的选区。

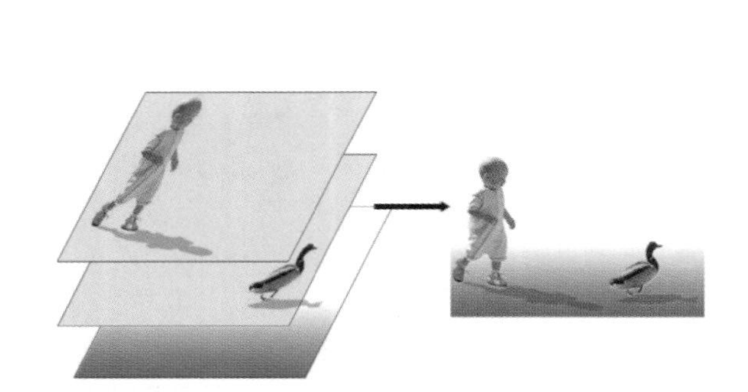

图 1-20　图层关系示意图

图 1-21　样图在 RGB 和 CMYK 模式的通道组成对比

小提示

专色通道是特殊的颜色通道，用于使印刷效果更鲜艳，即增强纯色信息。专色是特殊的预混油墨，用于替代或补充印刷色(CMYK) 油墨。在印刷时每种专色都要求专用的印版。如印刷中常见的金色、银色和纯红等颜色，如果用 CMYK 打印，会被仿色，为使印刷效果更纯正，可以将其设置成专色通道。

3. 蒙版

Photoshop CC 2018 的蒙版分为图层蒙版和快速蒙版。

图层蒙版相当于一个遮罩工具，控制所在图层上像素的显示或隐藏，但不影响像素的去留。蒙版用256 个灰度级来控制当前位置的像素显示。

- 白色区域——完全显示。
- 黑色区域——完全隐藏。
- 中间灰度——相应透明显示。

图 1-22 即用渐变色对所在图层的显示区域进行了控制。

快速蒙版：用于创建各种特殊选择区域。一般创建选择区域后，可进入快速蒙版状态，并在该状态对选区进行修改。

4. 路径

路径由多个锚点和连线组合而成，可以是闭合的，也可以是断开的。利用路径，通过对路径进行填充或描边，可以绘制基本图形，进行图形创意；利用路径与选区的互换和路径的精细调整功能，可以进行目标的精确选取（抠图）；利用路径随意选择工具的描边功能，可以创建特殊的边界效果，如图 1-23 所示。

任务 5 Photoshop 的基础操作

Photoshop 的基本操作主要包括新建文件、画板操作、打开文件、更改图像大小、图像的保存与导出、Photoshop CC 2018 新增的学习功能等操作。

图 1-22 图层蒙版举例

图 1-23 路径举例

1. 新建文件

当需要新建一个图像文件时，执行“文件”→“新建”命令，弹出“新建文档”对话框，如图 1-24 所示。

用户可以根据所建文件的用途，从已有的“照片”“打印”“图稿和插图”“Web”“移动设备”“胶片和视频”或“最近使用项”中，选择适合自己的文件参数，也可以根据需要自定义文件参数。

在“新建文档”对话框中，选择要新建文件的参数：

- “预设详细信息”：用于输入新建文件的名称。
- “宽度”“高度”：用于设置图像的宽度和高度。可从预设菜单中选取文档大小，也可在“宽度”和“高度”文本框中输入值。宽度与高度的单位可以是像素、英寸、厘米、毫米等。

- “方向”：页面方向。
- “分辨率”：要根据图像用途进行设置。用于在屏幕显示的图像，如“Web”“移动设备”“胶片和视频”类图像，分辨率一般设置为 72 像素 /英寸；用于印刷的图像，如“照片”“打印”“图稿和插图”类图像，分辨率一般设置为 300 像素 /英寸。
- “颜色模式”和位深度：颜色模式一般用 RGB 颜色模式，也可以选择位图、灰度、CMYK 或 Lab 模式；位深度一般为 8 位。
- “背景内容”：选择新建文件的背景色，可以是白色、背景色或透明。

设置完成后，单击“创建”按钮，在屏幕上出现空白的新图像文件窗口。

小提示

在 Photoshop CC 2018 中，“新建文档”对话框提供多种规格的标准尺寸，根据图像文件的用途，分为“照片”“打印”“图稿和插图”“Web”“移动设备”“胶片和视频”，能方便初学者快速了解并掌握它们的常用规格与参数设置。

特别是移动设备，如图 1-25 所示，为使学习者更加顺利地完成移动设备 UI 设计中常用的设备尺寸与图标尺寸的设置，它提供了一些模板供用户使用。

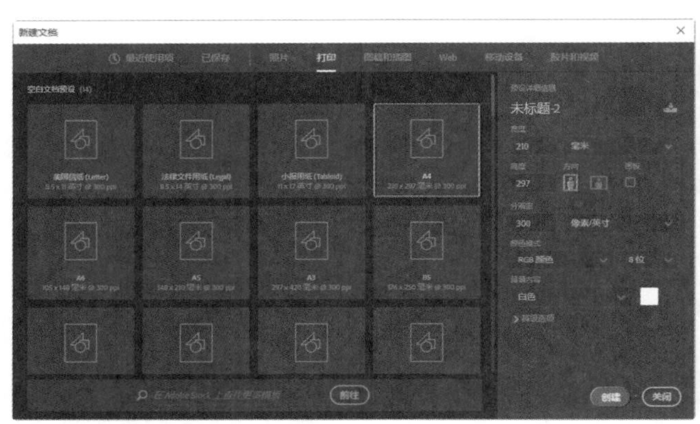

图 1-24 “新建文档”对话框

图 1-25 “新建文档”对话框—“移动设备”选项

2. 画板操作

Photoshop CC 2018 在移动工具下增加了画板工具，允许用户同时创建多画板，初学者完全不用担心 UI 设计时记不住设计 APP 尺寸。同时，通过画板间的复制功能可以快速实现 UI 设计在不同移动设备上的版本制作。

选择移动工具下的画板工具，如果已有画板，单击图像，该图像自动进入画板操作状态；如果没有画板，则框选图片，该图片会自动设置为画板 1，并进入画板操作状态。此时，现有画板的每一边将出现 1 个按钮，如图 1-26 所示。根据需要单击其中一个，会在相应位置创建新画板，并在画板工具选项的“大小”列表中选择相关 UI 设计画布尺寸，如图 1-27 所示。图 1-28 增加了 Android 1080P、Iphone 6 Plus、Ipad Pro 和 Web 最常用尺寸画板，并在相应画板中新建了文本图层且复制了图像。

3. 打开文件

当需要打开一个已存在的图像文件时，执行“文件”→“打开”命令，弹出“打开”对话框，如图 1-29 所示。

（1）选择文件存放位置：在左侧查找范围一栏中选择要打开的图像文件所在的文件夹。

（2）选择视图模式：在右侧 ▼的更改视图的更多选项中，选择视图模式，如图 1-30 所示。如选择“大图标”，可以方便地预览查看图像文件缩略图（见图 1-29）；选择“详细信息”，可用列表方式查看图像文件创建日期、类型、大小等详细信息（见图 1-31）。

选择要打开的文件，单击“打开”对话框下端的“打开”按钮，打开图像文件。

图 1-26　画板操作状态

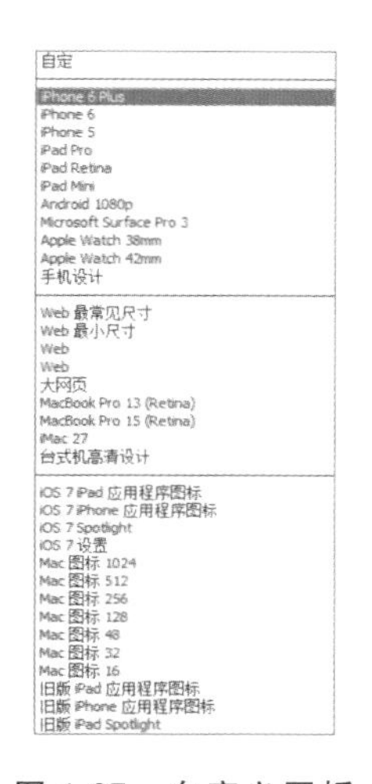

图 1-27　自定义画板尺寸

图 1-28　多画板编辑对比

图 1-29　“打开”对话框（“大图标”视图模式）

图 1-30　视图模式的更多选项

小提示

Photoshop CC 2018 增加了访问 Lightroom 照片的功能。

通过“搜索”或“开始屏幕”，直接在 Photoshop 中从 Lightroom 云服务中获取照片。借助所有 Creative Cloud 摄影桌面和移动应用程序之间的深入集成，实现所有照片的同步，并且可供用户从任何位置进行访问。

启动 Photoshop CC 2018 时，系统会自动打开一个窗口，让用户选择操作 CC 文件还是 LR 照片，如图 1-32 所示。如果选择 LR 照片，可以通过网络访问 Lightroom 云服务中的照片，对其进行处理并同步。

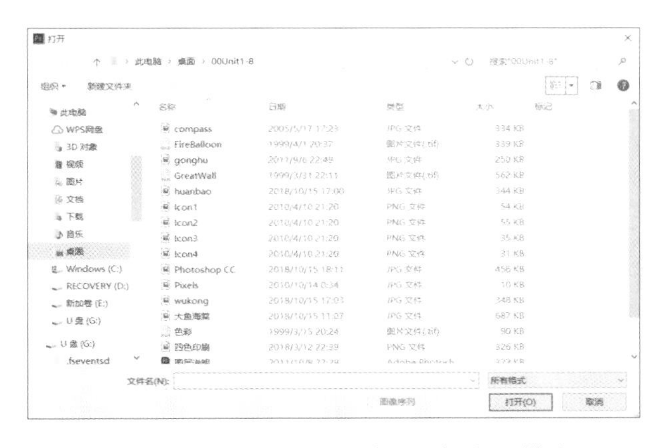

图 1-31　“打开”对话框（“详细信息”视图模式）

图 1-32　CC 文件与 LR 照片选择

4. 更改图像大小

图像的分辨率与图像大小和文件大小密切相关。一般来说，分辨率越大，图像越精细，图像文件就越大。不同的使用场合需要的图像精细程度不同，例如在制作网页时，对图像的精细程度要求不高，但是对图片的下载速度要求较高。为了加快图片的下载速度，经常需要改变图像大小。

具体方法：

(1) 打开“素材”文件夹下的 littlePrince. jpg。

(2) 执行“图像”→“图像大小”命令，打开“图像大小”对话框，如图 1-33 所示。在“图像大小”对话框中，进行参数修改。

参数说明：

约束长宽比：需要保持当前像素的长宽比，保证调整后图像不变形时，选中该复选项。如果需要对图像的宽度、高度分别操作，则取消选择该选项。

“宽度”“高度”：输入宽度值和高度值。重新设置后，修改后新文件大小会出现在“图像大小”对话框的顶部，而旧文件大小在括号内显示。如图 1-34 所示，这时文件大小由原先的 1. 44M 变成 369. 1K。

“重新采样”：该选项一般处于选中状态，可以选取插值方法。

图 1-33　修改前图像大小窗口

图 1-34　修改后图像大小窗口

小提示

若要改变图像像素数，选中“重新采样”，Photoshop 会重新计算每个像素的颜色值。如果取消选中“重新采样”，则当更改像素尺寸或分辨率时，图像的数据量将保持不变。这时如果更改文件的分辨率，则会相应地更改文件的宽度和高度以便使图像的数据量保持不变。

(3) 完成选项设置后，单击“确定”按钮，完成图像大小的修改。

5. 图像的保存与导出

1) 图像保存

图像编辑完成，要将结果保存起来，否则会前功尽弃。执行 “文件”→ “存储为”命令，弹出 “另存为”对话框，如图 1-35 所示。

在左侧“组织”栏中，选择保存的位置；在 “保存类型”下拉列表中，选择需要的格式，如图 1-36 所示；在“文件名”一栏输入文件名后，单击 “保存”按钮，完成保存操作。

2) 图像导出功能

Photoshop CC 2018“文件”菜单除了“保存”“存储为”命令外，还提供了导出功能，可以把图层、画板、动画、路径等内容导出成其他格式文件或渲染成视频，选择“文件”→“导出”命令，在图 1-37 所示的下拉菜单中根据需要选择。

另存为
此电脑 › 桌面 › 00Unit1-8
组织 ▾ 新建文件夹
此电脑
WPS网盘
3D 对象
视频
图片
文档
下载
音乐
桌面
Windows (C:)
compass
gonghu
huanbao
Photoshop CC
Pixels
wukong
大鱼海棠
文件名(N): wukong
保存类型(T): JPEG (*.JPG;*.JPEG;*.JPE)
存储选项
存储: 作为副本(Y)
注释(N)
Alpha 通道(E)
专色(P)
图层(L)
颜色: 使用校样设置(O): 工作中的 CMYK
ICC 配置文件(C): sRGB IEC61966-2.1
其它: 缩览图(T)
隐藏文件夹
保存(S)
取消

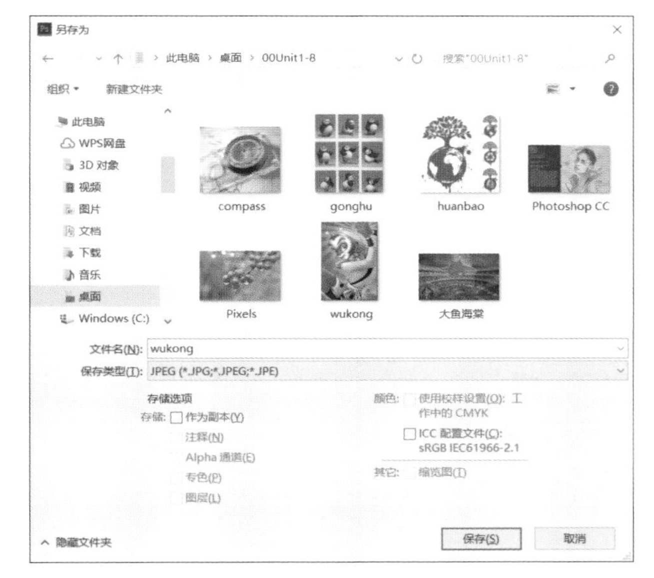

图 1-35 “另存为”对话框

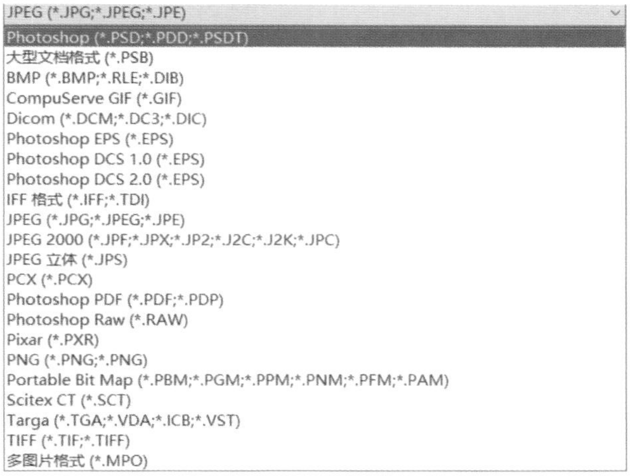

JPEG (*.JPG;*.JPEG;*.JPE)
Photoshop (*.PSD;*.PDD;*.PSDT)
大型文档格式 (*.PSB)
BMP (*.BMP;*.RLE;*.DIB)
CompuServe GIF (*.GIF)
Dicom (*.DCM;*.DC3;*.DIC)
Photoshop EPS (*.EPS)
Photoshop DCS 1.0 (*.EPS)
Photoshop DCS 2.0 (*.EPS)
IFF 格式 (*.IFF;*.TDI)
JPEG (*.JPG;*.JPEG;*.JPE)
JPEG 2000 (*.JPF;*.JPX;*.JP2;*.J2C;*.J2K;*.JPC)
JPEG 立体 (*.JPS)
PCX (*.PCX)
Photoshop PDF (*.PDF;*.PDP)
Photoshop Raw (*.RAW)
Pixar (*.PXR)
PNG (*.PNG;*.PNG)
Portable Bit Map (*.PBM;*.PGM;*.PPM;*.PNM;*.PFM;*.PAM)
Scitex CT (*.SCT)
Targa (*.TGA;*.VDA;*.ICB;*.VST)
TIFF (*.TIF;*.TIFF)
多图片格式 (*.MPO)

图 1-36 保存类型选项

6. Photoshop CC 2018 新增的学习功能

Photoshop CC 2018 除增加了富媒体工具提示功能外，还专门增加了学习功能，方便使用者快速掌握一些常用功能。

具体方法：选择“窗口”→“学习”命令，打开学习面板，如图 1-38 所示。

学习面板按照学习者所处的不同主题，提供简单的分步指导教程，可供初学者学习使用。

快速导出为 PNG
导出为... Alt+Shift+Ctrl+W
导出首选项...
存储为 Web 所用格式（旧版）... Alt+Shift+Ctrl+S
画板至文件...
将画板导出到 PDF...
将图层导出到文件...
将图层复合导出到 PDF...
图层复合导出到文件...
颜色查找表...
数据组作为文件(D)...
Zoomify...
路径到 Illustrator...
渲染视频...

图 1-37 “文件”→“导出”菜单

学习
了解 Photoshop
在应用程序内直接提供的分步指导教程。从下面选取一个主题开始教程。
摄影
修饰
合并图像
图形设计

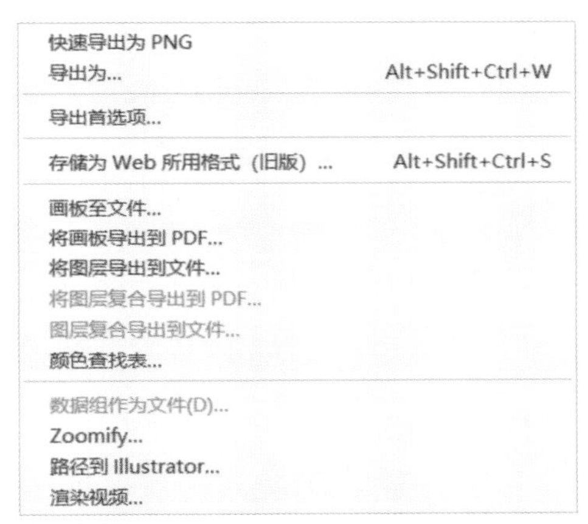

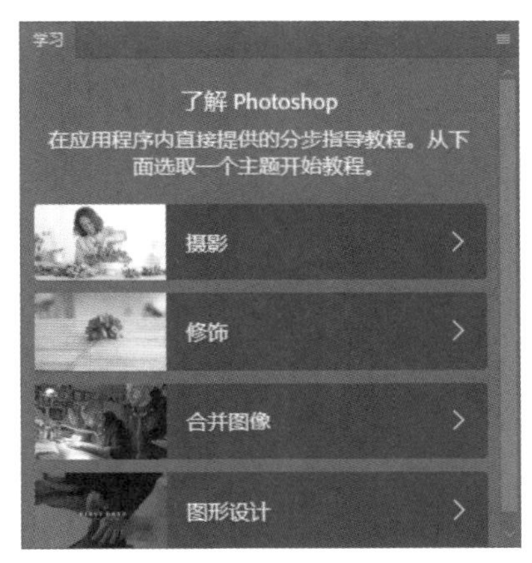

图 1-38 Photoshop CC 2018 学习面板

绘画与修饰技巧

HUIHUA YU XIUSHI JIQIAO

学习目标

本项目要求学习者掌握以下技能：

- 掌握预设画笔、自定义画笔、外部画笔的设置与使用方法，能灵活使用画笔与橡皮擦进行绘画与修饰；
- 能使用油漆桶和渐变工具对图像进行渲染上色；
- 会使用污点修复画笔、修复画笔、修补、红眼等工具完成图像修复修补；
- 能使用魔术橡皮擦和背景橡皮擦进行特殊擦除效果制作。

实例1 简单绘画

简单绘画的效果图如图2-1所示。

2.1.1 制作目的

掌握预设画笔、自定义画笔和外部画笔的设置与使用方法。

2.1.2 制作步骤

1. 新建文件

选择“文件”→“新建”命令，弹出图2-2所示的“新建文档”对话框。在“名称”文本框中输入新文件名“绘画练习1”，设置新建文件宽度1200像素，高度900像素，分辨率72像素/英寸，RGB颜色模式。

图2-1 简单绘画效果图

图2-2 “新建文档”对话框

2. 预设画笔的使用(常规画笔-柔边圆)，绘制背景

(1) 填充图层。设置前景色为＃66ccff，RGB(102,204,255)，选择“编辑”→“填充”命令，用前景色进行填充，如图2-3所示。

(2) 绘制背景。设置前景色为(＃996600)，RGB(153,102,0)，从画笔预设选取器中的常规画笔中选择“柔边圆”画笔，将大小设置为200像素，如图2-4所示，在图像下半部涂抹绘制背景，如图2-5所示。

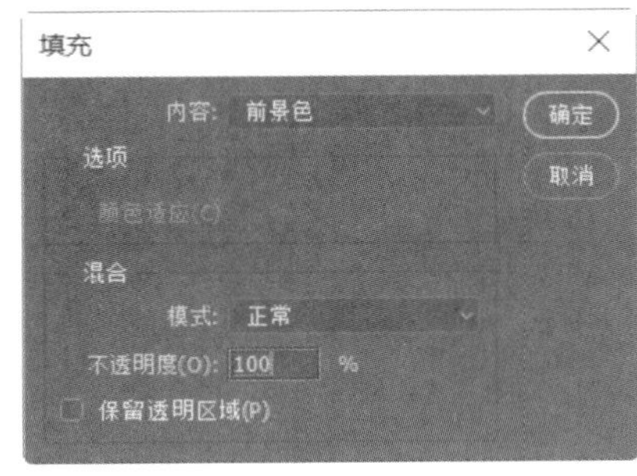

图2-3 “填充”对话框

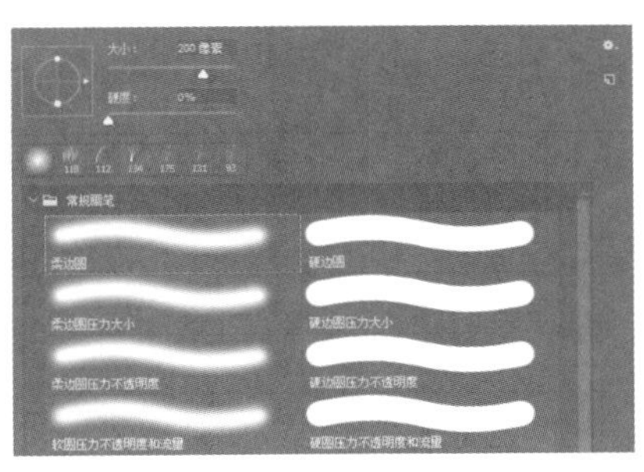

图2-4 “柔边圆”画笔

图2-5 背景效果

3. 设置自定义画笔，绘制树干

(1) 自定义画笔预处理，将背景擦到透明。打开素材“Tree. jpg”，选择“魔术橡皮擦工具”，不勾选“连续”，如图 2-6 所示，单击图中树干之外的白色区域，将之擦除到透明，如图 2-7 所示。

图 2-6 “魔术橡皮擦工具”选项

(2) 定义画笔预设。选择“矩形选框工具”，框选树干，然后选择“编辑”→“定义画笔预设”命令，将选区定义成画笔，名称为“Tree”，如图 2-8 所示。

(3) 新建图层。单击图层面板下的“新建”按钮，新建图层。

图 2-7 透明背景树干

图 2-8 定义画笔预设

(4) 应用自定义画笔。设置前景色为＃663300，RGB(102,51,0)，从画笔预设选取器中选择 Tree 画笔，将大小设置为 1000 像素，在新图层上绘制树干，如图 2-9 所示。

4. 载入外部画笔，绘制树冠

(1) 外部画笔的导入。单击画笔预设选取器右侧的，从打开的菜单中选择“导入画笔”命令，从浏览窗口中选择素材中的“大自然类笔刷”，如图 2-10 所示。在画笔预设选取器中将多一组“大自然类笔刷”，如图 2-11 所示。

图 2-9 树干绘制效果

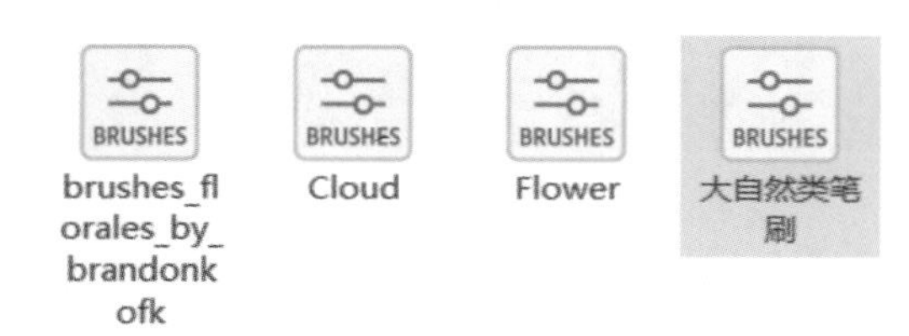

图 2-10 导入外部画笔“大自然类笔刷”

(2) 新建图层。单击图层面板下的“新建”按钮，新建图层。

(3) 应用外部画笔。将前景色设置为＃df2b6c，RGB(233,43,108)，背景色设置为白色，＃ffffff，RGB(255,255,255)，选择“大自然类笔刷”中的 Leaf4_ brush_by_Kanaikia，将大小设置为 130 像素，绘制树冠，如图 2-12 所示。

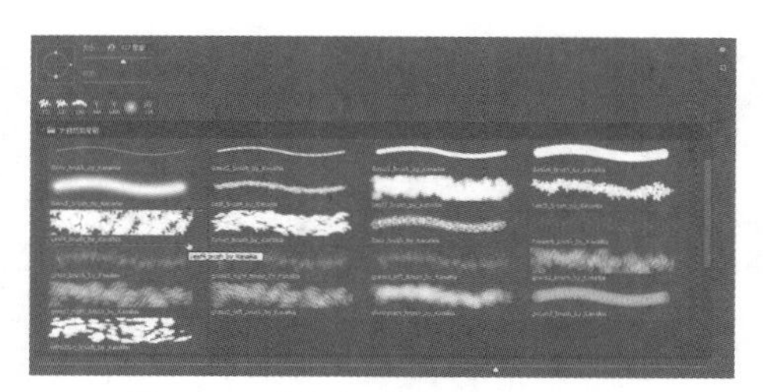

图 2-11 “大自然类笔刷”预览图

图 2-12 树冠绘制效果

5. 应用外部画笔，绘制水草

（1）新建图层。单击图层面板下的“新建”按钮，新建图层。

（2）将前景色设置为＃336600，RGB(51，120，0)，选择“大自然类笔刷”中的 grass1_ right_brush_by_Kanaikia(见图 2-13)，将大小设置为 200 像素。绘制水草，如图 2-14 所示。

6. 应用外部画笔，绘制陆地草

（1）新建图层。单击图层面板下的“新建”按钮，新建图层。

（2）将前景色设置为＃336600，RGB(51，120，0)，选择“大自然类笔刷”中的 grass2_ brush_by_Kanaikia(见图 2-15)，将大小设置为 200 像素，绘制陆地草，如图 2-16 所示。

7. 载入外部画笔，绘制白云

（1）外部画笔的导入。单击画笔预设选取器右侧的，从打开的菜单中选择“导入画笔”命令，从浏览窗口中选择素材中的“Cloud”笔刷，如图 2-17 所示。在画笔预设选取器中将多一组“Cloud”笔刷，如图 2-18 所示。

（2）新建图层。单击图层面板下的“新建”按钮，新建图层。

（3）应用外部画笔。将前景色设置为白色，＃ffffff，RGB(255，255，255)，选择“Cloud”笔刷中的 Clouds2，将大小设置为 1600 像素，绘制白云。调整图层顺序，将该图层放在树冠后，如图 2-19 所示。

图 2-13　grass1_ right_brush_by_Kanaikia 笔刷

图 2-14　水草绘制效果

图 2-15　grass2 _ brush _ by _ Kanaikia 笔刷

图 2-16　陆地草绘制效果

图 2-17　导入外部画笔“Cloud”

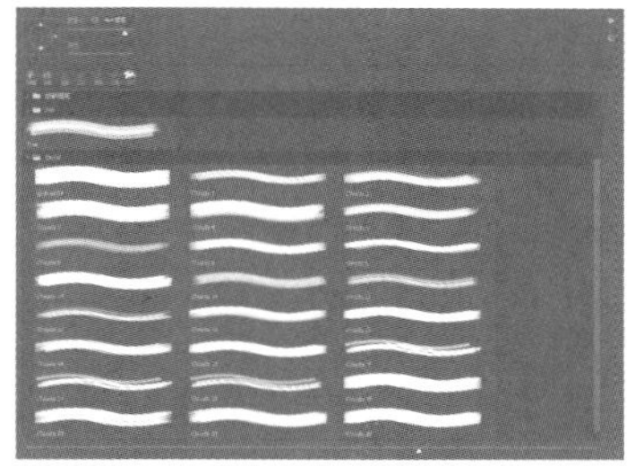

图 2-18　“Cloud”笔刷预览

8. 设置自定义画笔，绘制小木船

（1）自定义画笔预处理，将背景擦到透明。打开素材“Boat. jpg”，选择“魔术橡皮擦工具”，不勾选“连续”，单击图中小木船之外的白色区域，将之擦除到透明，如图 2-20 所示。

（2）定义画笔预设。选择“矩形选框工具”，框选小船，然后选择“编辑”→“定义画笔预设”命令，将选区定义成画笔，名称为“Boat”，如图 2-21 所示。

图 2-19　白云绘制效果

图 2-20　透明背景小船

图 2-21　定义画笔预设

(3) 新建图层。单击图层面板下的“新建”按钮，新建图层。

(4) 应用自定义画笔。设置前景色为＃330000，RGB(51,0,0)，从画笔预设选取器中选择 Boat 画笔，将大小设置为 600 像素，在新图层上绘制小木船，调整图层顺序，将该图层放在水草图层后，如图 2-22 所示。

9. 保存文件

选择“文件”→“存储为”命令，将文件保存为“绘画练习.jpg”。

2.1.3 知识拓展

1. 颜色的设定

Photoshop 使用前景色来绘画、填充和描边选区，使用背景色来生成渐变填充和在图像已抹除的区域中填充。一些特殊效果如滤镜也与当前的前景色和背景色有关。因此，颜色的设定是绘画必不可少的工作。具体的颜色设定方法有许多，可以使用 Adobe 拾色器设定前景色或背景色，也可使用颜色面板、色板面板或者吸管工具来完成前景色或背景色的设定。

1)拾色器

进入拾色器，可单击工具箱中颜色选择框的相关按钮，其功能如图 2-23 所示。其中“默认前景色和背景色”图标用于恢复默认颜色(即前景色为黑色，背景色为白色)；“切换前景色和背景色”图标用于将当前的前景色与背景色互调；“设置前景色”与“设置背景色”图标用于打开拾色器窗口，对前景色和背景色进行设置。

小提示

按快捷键 D，可以快速恢复默认前景色和背景色(即前景色为黑色，背景色为白色)。
按快捷键 X，可以快速切换前景色和背景色。

以设置前景色为例，单击“设置前景色”按钮，打开“拾色器(前景色)”对话框，如图 2-24 所示。

图 2-22 小木船绘制效果

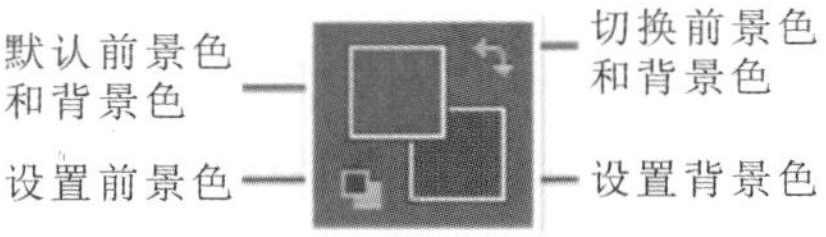

默认前景色和背景色
切换前景色和背景色
设置前景色
设置背景色

图 2-23 颜色选择框

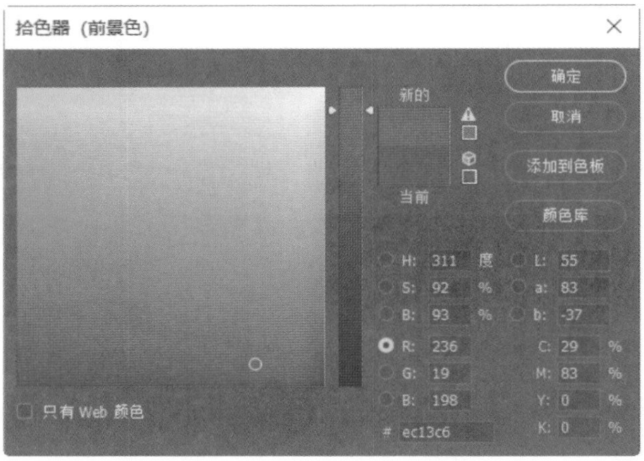

图 2-24 “拾色器(前景色)”对话框

在拾色器中，可以使用四种颜色模式来选取颜色：HSB、RGB、Lab 和 CMYK。比较常用的是 RGB 和 CMYK。可以通过在对应的文本框中输入颜色分量值或使用中间的颜色滑块和色域来选取颜色。

如右侧的 RGB，通过指定红色、绿色和蓝色分量来选取颜色。在 R、G 和 B 文本框中指定介于 0 和 255 之间的分量值，其中红色为 RGB(255,0,0)，绿色为 RGB(0,255,0)，蓝色为 RGB(0,0,255)，黄色为 RGB(255,255,0),白色为 RGB(255,255,255),黑色为 RGB(0,0,0)。下面的"#"每两位为 RGB 的十六进制数,如红色为#ff0000,黄色为#ffff00。CMYK 通过将每个分量值指定为青色、洋红色、黄色和黑色的百分比来选取颜色。如黄色为 CMYK(0,0,100,0),洋红色为(0,100,0,0) 红色是 CMYK(0,100,100,0)

颜色滑块右侧的矩形区域中的上半部分将显示新的颜色,下半部分将显示原始颜色(当前颜色)。在以下两种情况下将会出现警告:颜色不是 Web 安全颜色,或者颜色是色域之外的颜色。这些颜色无法在印刷中出现,单击这些警告标志,会用仿色替代。另外,单击"颜色库",可选择标准色。

2) 颜色面板

选择"窗口"→"颜色"命令,或按 F6 键,或单击窗口右侧面板按钮中的颜色,均可打开颜色面板,如图 2-25 所示。在该面板中,可拖动滑竿对前景色或背景色进行设置,也可以从显示在面板底部的四色曲线图的色谱中选取前景色或背景色。

3) 色板面板

选择"窗口"→"色板"命令,可打开色板面板,如图 2-26 所示。单击色块可设定前景色,Ctrl+单击,则可设定背景色。

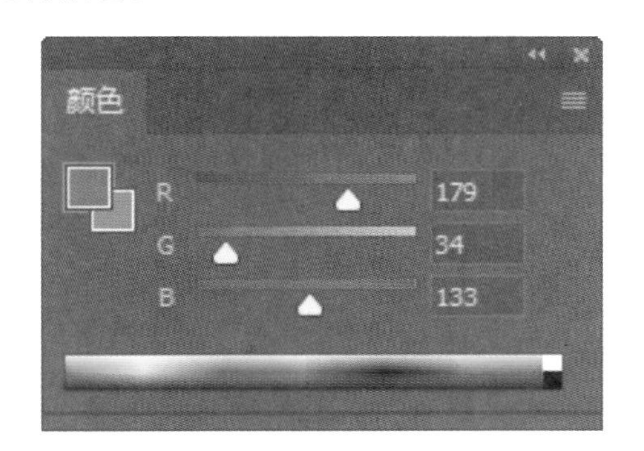

图 2-25 颜色面板

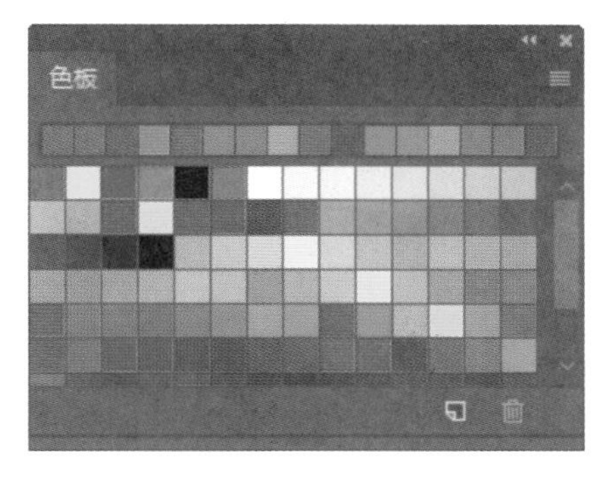

图 2-26 色板面板

色板面板用于存储经常使用的颜色。用户可根据设计需要,在该面板中添加或删除颜色。如可将设计工作中经常使用的标准色添加进色板,用到时可从色板中直接选取。具体可通过色板面板的"新建"按钮将当前前景色设置为新增色块,通过拖动色块到下端的或在色块上右击来删除色块。

4) 其他颜色确定方法

可用吸管工具,从现用图像或屏幕上的任何位置采集色样,将采样颜色设置为前景色或背景色,该方法在修补图像时经常使用。具体操作时,单击用于设定前景色,Ctrl+单击用于设定背景色。

2. 绘画工具介绍

Photoshop 提供多个用于绘制和编辑图像颜色的工具。

画笔工具和铅笔工具与传统绘图工具相似,用于手动绘画。渐变工具和油漆桶工具,用于将颜色应用于大块区域,即渲染上色。此外,还有橡皮擦工具、模糊工具和涂抹工具,这些工具可以用于擦除等特殊处理。

3. 绘画工具的选项设定

在使用绘画工具进行绘制工作时,除了需要选择正确颜色之外,还必须正确设置绘画工具的选项。绘画工具的选项有许多共同之处,以画笔工具为例,在工具箱中选择画笔工具,工具选项栏如图 2-27 所示，在此可以选择画笔的笔刷类型并设置画笔的混合模式、不透明度等选项。

图 2-27　画笔工具选项栏

- 画笔预设选取器：在此下拉菜单中选择合适的画笔笔尖形状，并对笔尖大小进行设置。
- 切换画笔面板按钮：用于显示或隐藏画笔面板。
- 模式：用于设置将绘画的颜色与下面的现有像素混合的方法。绘画模式与图层混合模式类似。
- 不透明度：设置绘图颜色的不透明度，数值越大则绘制的效果越明显，反之越不清晰。
- 流量：设置当将指针移动到某个区域上方时应用颜色的速率。
- 喷枪：使用喷枪模拟绘画。将指针移动到某个区域上方时，如果按住鼠标左键不放，颜料量将会增加。
- 绘图板压力按钮：使用光笔压力可覆盖画笔面板中的不透明度和大小设置。

4. 画笔设置面板与画笔面板

选择“窗口”→“画笔设置”命令，或者选择绘画、橡皮擦等工具，并单击画笔预设选取器右侧的面板按钮，可打开画笔设置面板，如图 2-28 所示。使用 Photoshop 之所以能够绘制出丰富、逼真的图像效果，很大原因在于其具有功能强大的画笔设置面板，从而使绘画者能够通过调节画笔的参数，获得丰富的绘画效果。

选择“窗口”→“画笔”命令，可以打开画笔面板，如图 2-29 所示。该面板与画笔预设选取器类似，用于选择预使用的画笔，默认有常规画笔、干介质画笔、湿介质画笔、特殊效果画笔等，还可以导入旧版画笔与其他外部画笔。

1）画笔设置

在画笔面板中，单击“画笔设置”选项，可打开画笔设置面板，如图 2-28 所示。该面板用于选择所需要的画笔形状和大小。这里相当于所有画笔的一个控制台，通过拖动画笔大小滑块来调节画笔直径，可以方便地预览画笔的描边效果，同时可以对其进行创建新画笔操作。

2）画笔笔尖形状

在画笔面板中选择“画笔笔尖形状”选项后，用户可以对画笔的基本属性，如“直径”“角度”及“圆度”进行设置，其中的重要参数解释如下。

- 直径：用于控制画笔的大小，可通过在数值输入框中输入数值或调节滑块改变画笔大小。
- 角度：用于控制画笔长轴的倾斜角度。对于圆形画笔，在“圆度”小于 100%时，在该数值输入框中直接输入数值，则可以设置笔刷旋转的角度。对于非圆形画笔，在该数值输入框中直接输入数值，则可以设置画笔旋转的角度。
- 圆度：表示椭圆短轴与长轴的比例关系。数值越大，笔刷越趋向于正圆，圆度为 100%表示正圆。
- 硬度：用于控制画笔边缘的柔化程度。数值越大，笔刷的边缘越清晰，100%表示画笔硬度最大，边缘没有虚边；反之越柔和，0%表示画笔硬度最小，边缘的虚化从画笔中心开始。
- 间距：用于控制画笔标记点之间的距离，用画笔直径的百分比表示。通常画笔间距默认为 25%，它可以确保所画线条的连续性，数值越大，间距越大。大于 100%则为离散效果，如图 2-30 所示。

画笔的大小，可在选择画笔后，按“[”和“]”进行放大和缩小的修改。

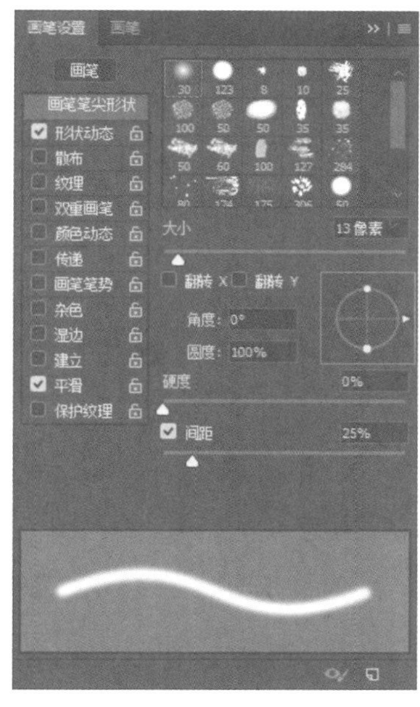

图 2-28　画笔设置面板

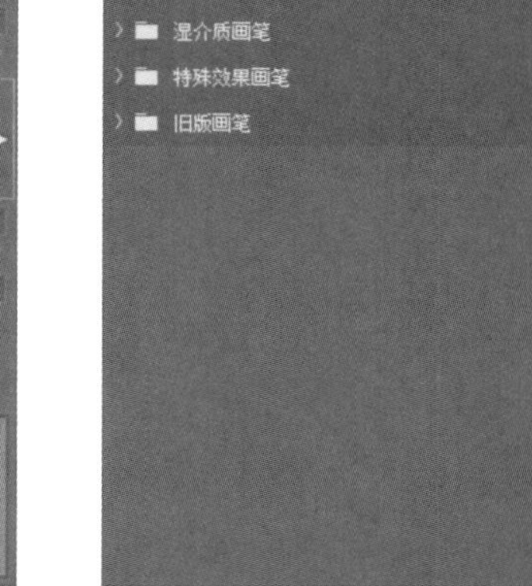

图 2-29　画笔面板

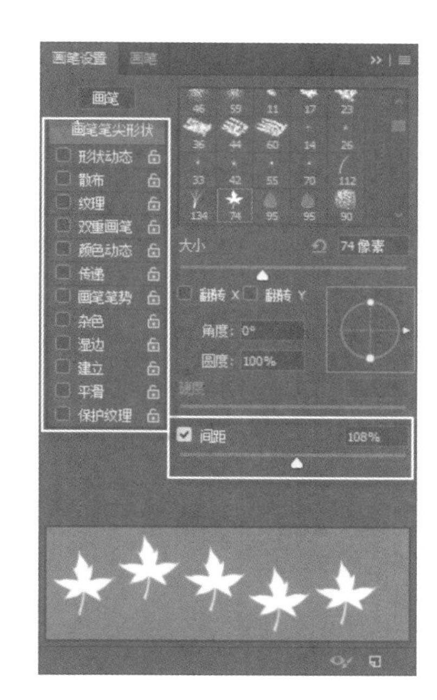

图 2-30　画笔笔尖形状

3）形状动态

在画笔设置面板中选择“形状动态”复选项，用户可以在画笔设置面板中控制“大小抖动”“角度抖动”以及“圆度抖动”等，如图 2-31 所示。

4）颜色动态

在画笔设置面板中选择“颜色动态”复选项，用户可以控制“前景/背景抖动”“色相抖动”“饱和度抖动”“亮度抖动”以及“纯度”等参数，如图 2-32 所示。其中重要参数解释如下。

- 前景/背景抖动：用于控制画笔的颜色变化情况。前景/背景抖动参数百分比越大，画笔的颜色发生随机变化时，越接近背景色；前景/背景抖动参数百分比越小，画笔的颜色发生随机变化时，越接近前景色。
- 控制：经常用于设置从前景色到背景色的变化速度，如在控制中选“渐隐”，在后面数值框处输入 8，就表示画笔将在 8 个笔触间由前景色过渡到背景色。
- 色相（饱和度、亮度）抖动：用于控制画笔色调的随机效果。百分数越大，画笔的色调发生随机变化时效果越明显。

根据不同的参数设置，可产生不同的绘制效果，如图 2-33 所示。

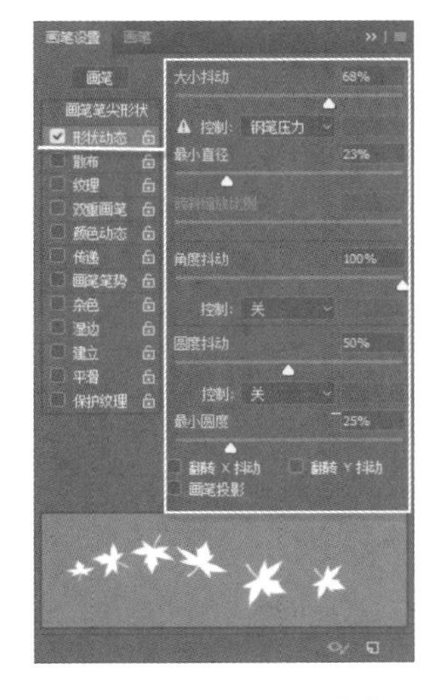

图 2-31　画笔形状动态

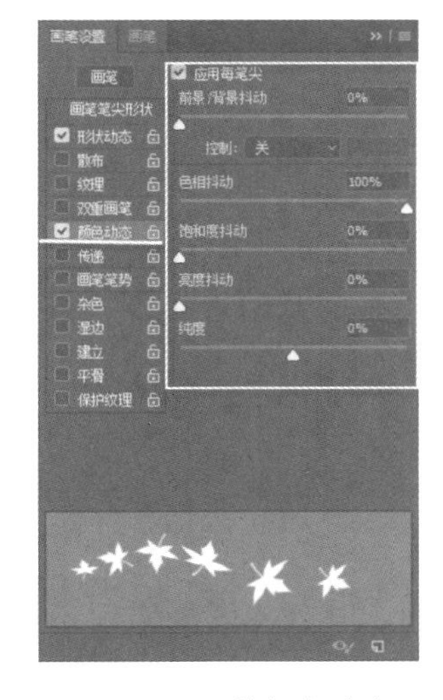

图 2-32　画笔颜色动态

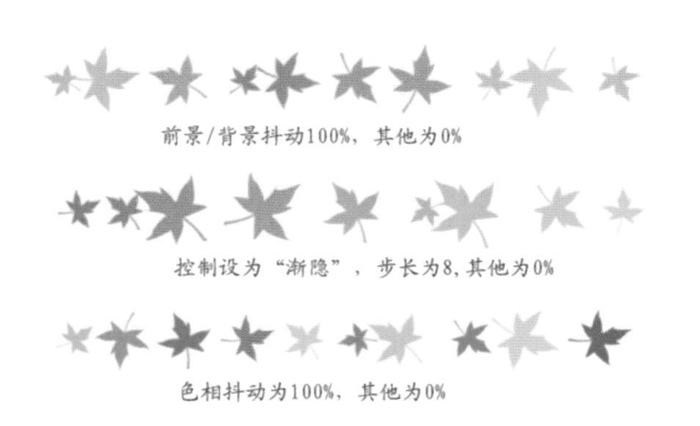

图 2-33　颜色动态设置效果

5）散布

在画笔设置面板中选择“散布”复选项，用户可以对“散布”“数量”以及“数量抖动”等参数进行控制，如图 2-34 所示。

6）纹理

在画笔设置面板中选择“纹理”复选项，可使画笔纹理化，使绘画看起来像是在带纹理的画布上绘制的一样。

在该选项窗口，用户可以选择一种纹理并对这种纹理的“缩放”“深度”“最小深度”以及“深度抖动”等参数进行控制，如图 2-35 所示。

7）双重画笔

在画笔设置面板中选择“双重画笔”复选项，可以设置两种画笔的混合效果。用户可以控制用于叠加画笔的“大小”“间距”“散布”以及“数量”等参数，其他动态可以控制“不透明度抖动”和“流量抖动”等参数。图 2-36 所示就是枫叶画笔与草画笔混合的双重画笔设置，其绘制效果如图 2-37 所示。

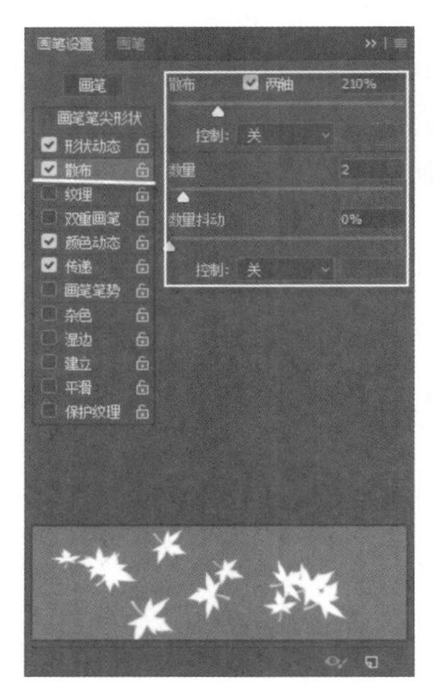

图 2-34　散布

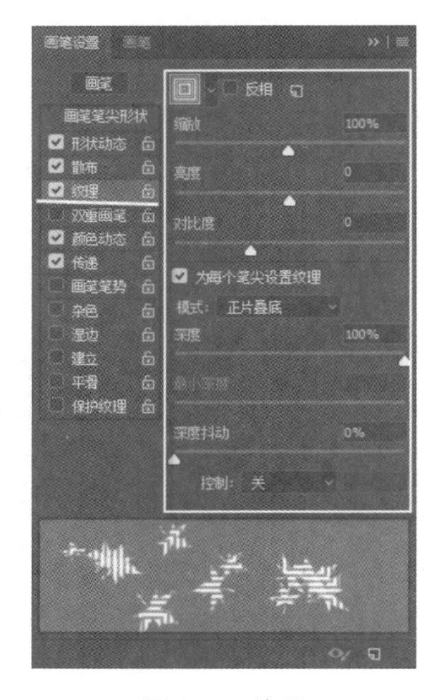

图 2-35　纹理

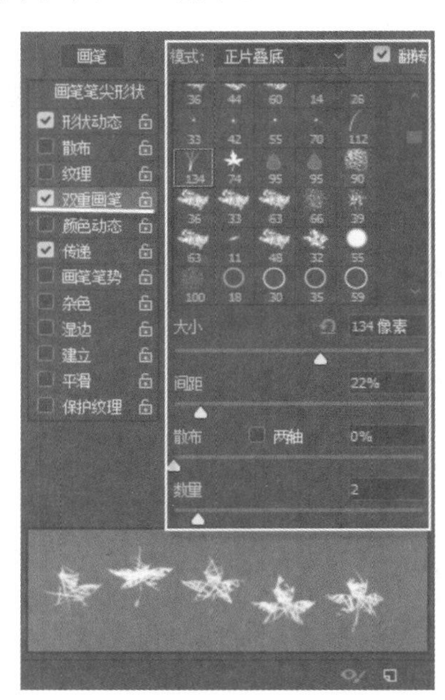

图 2-36　双重画笔

图 2-37　枫叶画笔与草画笔混合的绘制效果

8）其他选项

- 杂色：用于为画笔笔尖增加杂色效果。
- 湿边：用于沿画笔描边的边缘增大油彩量，从而添加水彩效果。
- 平滑：在画笔描边中生成更平滑顺畅的曲线。
- 保护纹理：将相同图案和缩放比例应用于具有纹理的所有画笔预设。

5. Photoshop CC 2018 的画笔管理功能的提升

Photoshop CC 2018 在画笔方面有了一些细微的改进，特别是提供了更方便的画笔管理功能，它允许用户根据需要的顺序整理和保存自己的画笔。在画笔面板，用户可以通过拖放进行画笔的重新排序与分组，通过多选画笔后的右键操作完成创建新的画笔组、重命名画笔组等功能。同时，Photoshop CC 2018

也扩展了笔触预览模式，并允许保存包含不透明度、流动、混合模式和颜色的画笔预设，画笔功能较之前版本大大提升。

如图 2-38 所示，左侧是 Photoshop CC 2018 的默认画笔组，单击 后可以将画笔组打开，并预览画笔，如图 2-39 所示。拖动下面滑块 ，可以对预览效果进行放大或缩小查看，可以对窗口大小进行调整，方面用户更好地了解绘画工具的使用效果，如图 2-40 所示。

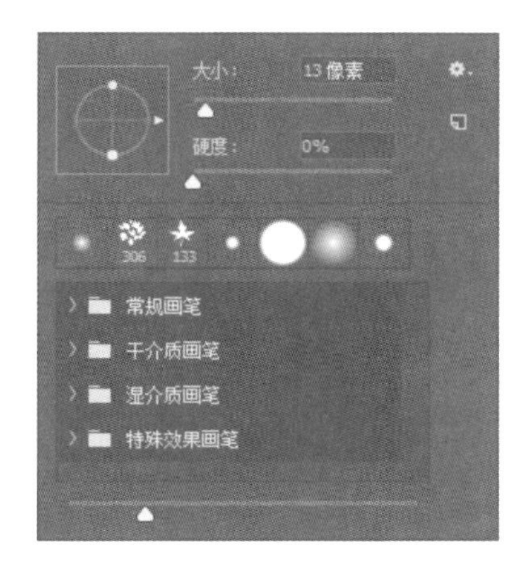

图 2-38　默认画笔组

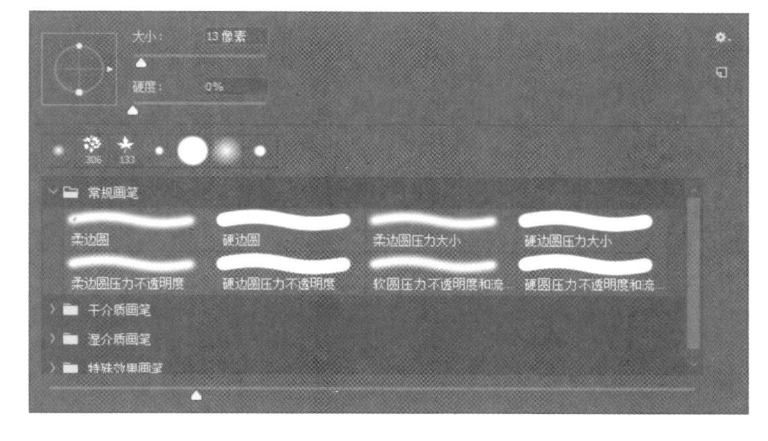

图 2-39　画笔分组与预览

单击面板右侧的 ，在打开的菜单(见图 2-41)中，用户可以选择"新建画笔预设"命令，新建画笔；也可以使用"新建画笔组"命令，对选定画笔创建新组并进行组管理；还可以选择"导入画笔"命令，将外部画笔导入现有画笔库，形成新的画笔组，用于绘画与修饰；还可以选择"旧版画笔"命令，将之前 Photoshop 版本的画笔载入使用。

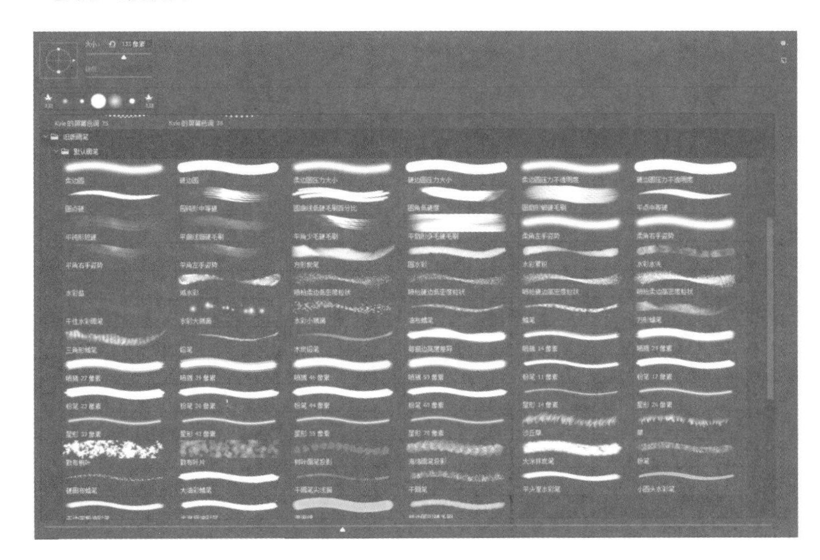

图 2-40　画笔预览效果调整

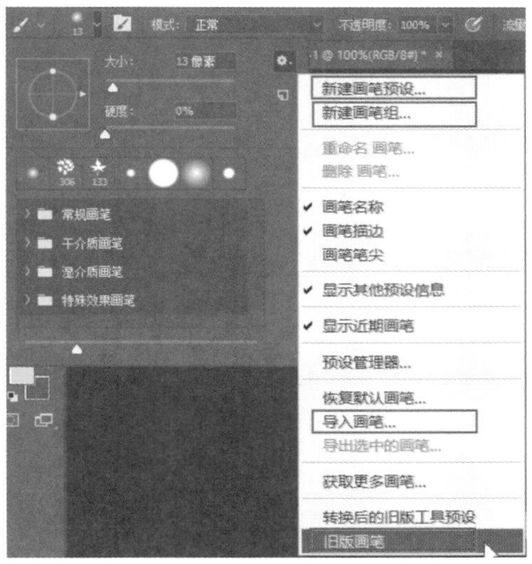

图 2-41　画笔选项相关命令

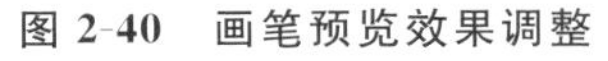

实例 2　动漫角色渲染

动漫角色渲染的素材图如图 2-42 所示，效果图如图 2-43 所示。

2.2.1 制作目的

掌握油漆桶工具和渐变工具的使用方法，能够随心所欲地为线稿图或其他图进行渲染上色。

2.2.2 制作步骤

1. 打开素材

选择“文件”→“打开”命令，打开“Unit2 素材”文件夹下的“Case2_2.jpg”。

2. 选择油漆桶工具，进行选项设置

选择“前景”填充和“连续的”选项，其他参数为默认，如图 2-44 所示。

图 2-44 油漆桶工具选项栏设置

3. 使用油漆桶工具对唐老鸭的上衣、帽子进行上色渲染

设置前景色为 RGB(0,144,255)，用油漆桶工具在上衣和帽子的空白处单击，进行上色，如图 2-45 所示。

4. 使用油漆桶工具对唐老鸭的其他部位上色渲染

分别设置前景色为黄色 RGB(255,255,0) 对袖口进行上色渲染；设置红色 RGB(255,22,33) 对领结进行上色渲染；设置 RGB(255,177,15) 对唐老鸭脚掌、嘴巴进行上色渲染；设置 RGB(255,145,34) 对唐老鸭嘴巴内进行上色渲染；设置 RGB(255,181,233) 对唐老鸭舌头进行上色渲染；设置 RGB(184,240,255) 对唐老鸭眼睛进行上色渲染。效果如图 2-46 所示。

图 2-42 动漫角色渲染素材图

图 2-43 动漫角色渲染效果图

图 2-45 上衣和帽子上色效果

图 2-46 其他部位上色效果

5. 使用魔棒工具选择背景区域

选择魔棒工具，在其工具选项栏中选中“连续”，其他采用默认值，如图 2-47 所示。在背景空白处单击，使背景区域处于选中状态，如图 2-48 所示。

6. 选择渐变工具，进行选项设置

首先，将前景色设置为黄色 RGB(255,255,0)，背景色设置为白色 RGB(255,255,255)，如图 2-49 所示。然后，选择渐变工具，从渐变拾色器下拉列表中，选择“前景色到背景色渐变”，如图 2-50 所示。最后，在渐变工具选项栏中选择“线性渐变”选项，如图 2-51 所示。

图 2-47　魔棒工具选项栏设置

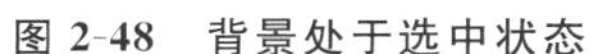

图 2-48　背景处于选中状态

图 2-49　前景色和背景色设置

图 2-50　渐变拾色器下拉列表

图 2-51　渐变工具选项栏设置

7. 对背景进行渐变填充

拖动鼠标，从左上到右下进行渐变填充，得到图 2-52 所示的效果。

图 2-52　渐变填充方向及效果

8. 保存文件

选择“文件”→“存储为”命令，将文件保存为“Case2_2_end.jpg”。

2.2.3　知识拓展

1. 油漆桶工具

油漆桶工具是按照颜色相近进行前景色或图案填充的。该工具对于填充区域按照颜色相近度进行识别。其工具选项栏如图 2-53 所示。

图 2-53　油漆桶工具选项栏

其中：

● 下拉列表用于设置填充区域的源，即指定是用前景色还是用图案填充选区。如果选择“图案”，可以用预设图案或自定义图案进行填充。

●“模式”选项用于指定绘画的混合模式，具体可参考图层混合选项内容。

●“不透明度”选项用于指定填充的不透明度。

●“容差”选项用于定义颜色相似度，其值的范围可以从 0 到 255。数值越小，要求相近度越高，填充范围也越小，默认为 32。

●“消除锯齿”选项用于对填充选区的边缘进行平滑处理。

●“连续的”选项用于设定填充图像中与所单击像素邻近的相似像素。若是不勾选，则填充图像中的所有相似像素。

●“所有图层”选项用于基于所有可见图层中的合并颜色数据填充像素。

油漆桶工具的选项中，“容差”和“连续的”是我们使用频率较高的。

2. 渐变工具

渐变工具用于创建多种颜色间的逐渐混合，也用于一些光线照射下物体颜色的立体变化。具体的颜色变化可从预设渐变填充中选取或由用户自己创建。其工具选项栏如图 2-54 所示。

图 2-54 渐变工具选项栏设置

其中，渐变方向是指颜色变化的方向，根据应用渐变时用户手工拖动的起点与终点进行如下设置：

● 线性渐变以直线从起点渐变到终点。

● 径向渐变以圆形图案从起点渐变到终点。

● 角度渐变围绕起点以逆时针扫描方式渐变。

● 对称渐变使用均衡的线性渐变在起点的任一侧渐变。

● 菱形渐变以菱形方式从起点向外渐变。终点定义菱形的一个角。

要将线条角度限定为 45°的倍数，可在拖动时按住 Shift 键。

其他常用选项：

●“模式”和“不透明度”指定绘画的混合模式和不透明度。

●“反向”选项用于反转渐变填充中的颜色顺序。

3. 渐变编辑器

“渐变编辑器”对话框如图 2-55 所示，可修改现有渐变参数来定义新渐变。可以向渐变色中添加中间色，在两种以上的颜色间创建混合渐变。要显示“渐变编辑器”对话框，可单击当前渐变示例。

(1) 增加颜色：在渐变条下方单击，可以向已定义的渐变中增加一个新色标，从而增加一种新的颜色变化。

(2) 删除颜色：向下拖动此色标直到它消失，或选择色标后，单击“删除”按钮可将一个颜色变化从已定义渐变中删除。

（3）精确控制：可以通过在不透明度、位置等文本框内的输入，对渐变进行精确控制。

小提示

从白色到透明的渐变是为物体添加立体反光效果时最神奇的工具。

实例3 邮票制作

邮票制作的素材图如图2-56所示，效果图如图2-57所示。

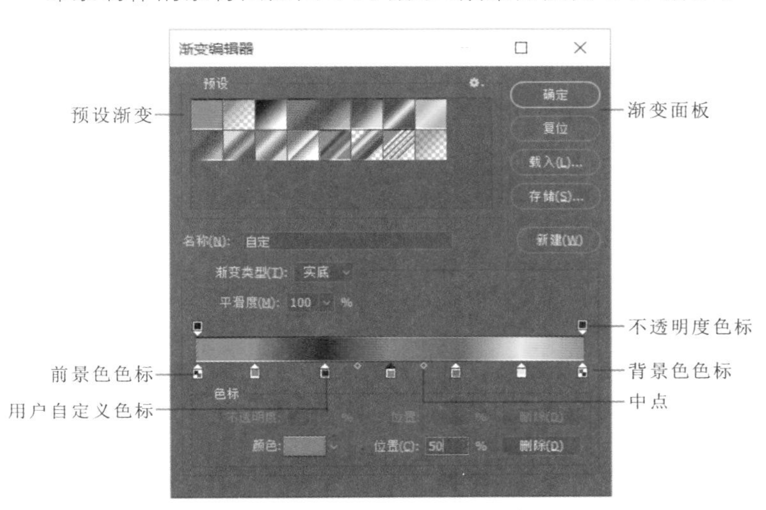

图2-55 “渐变编辑器”对话框

图2-56 邮票制作素材图

2.3.1 制作目的

熟悉橡皮擦工具的使用方法，巩固掌握笔触的选项设置。

2.3.2 制作步骤

1. 新建文件，制作邮票背景

选择“文件”→“新建”命令，打开“新建文档”对话框，新建文件800像素×400像素，72像素/英寸，RGB颜色模式，如图2-58所示。

将前景色设置为黑色，使用“编辑”→“填充”命令，将文件背景填充为黑色。

图2-57 邮票制作效果图

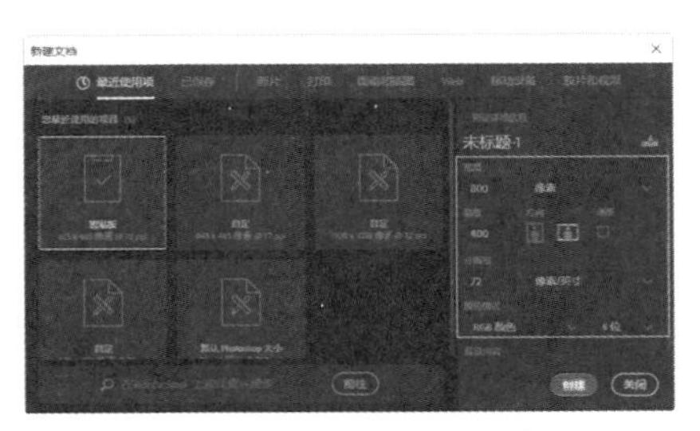

图2-58 “新建文档”对话框

小提示

Photoshop CC 2018 的快速填充方法：

- Alt＋两次 Delete 按前景色填充；
- Ctrl＋Delete 按背景色填充。

2. 制作邮票齿孔效果

选择“图层”→“新建”→“图层”命令，新建图层，并填充为白色。

选择橡皮擦工具，单击按钮进入画笔设置面板，选择“画笔”选项卡，在画笔面板中选择需要的画笔笔尖形状：“常规画笔”中的“硬边圆”，大小为 10 像素。选择“画笔设置”选项卡，在画笔设置面板中设置间距为 150%。设置过程如图 2-59 所示。

将橡皮擦放在左上角的位置，按住 Shift 键，拖动鼠标进行横向擦除，擦出第一排的齿孔。然后将橡皮擦重新定位到刚才已擦点的首点位置，按下 Shift 键的同时拖动鼠标进行纵向擦除。最后依次擦出另外两条边，如图 2-60 所示。

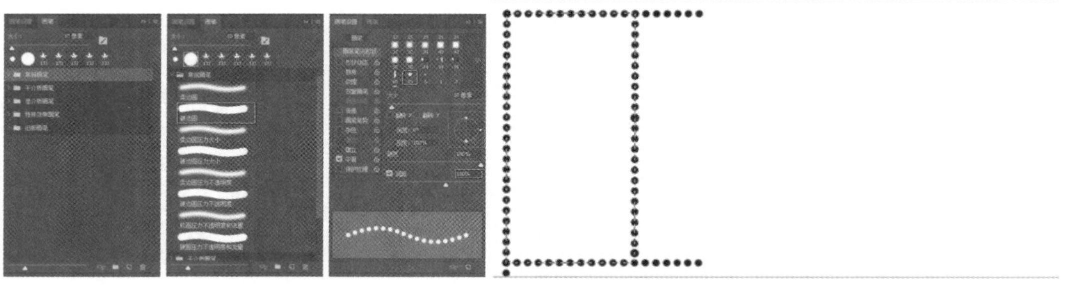

图 2-59 画笔选项设置　　图 2-60 擦除效果

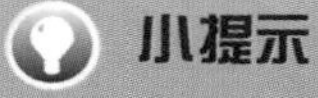

小提示

为保证擦除整齐，可以选择“视图”→“标尺”命令，打开标尺，然后在移动工具状态拖动标尺，创建参考线。

本操作要注意擦除顺序，先要擦除两条相邻边，其次注意公共顶点处的重合问题，以免出现烂角的现象。

用矩形选框工具选择邮票票面部分（注意选择票面时，要尽可能保证各孔均被选择半圆）。然后选择“选择”→“反选”命令（或 Ctrl＋Shift＋I），将邮票之外区域选中，然后按键盘上的 Delete 键执行删除操作。删除后结果如图 2-61 所示。

3. 复制图层

选择“图层”→“复制图层”命令，分别复制三个图层副本。分别调整位置，将其水平放置，如图 2-62 所示。

图 2-61 单枚邮票票面效果

图 2-62 邮票组合票面效果

4. 加入素材

打开“Unit2 素材”文件夹中的“Case2_3. jpg”，用矩形选框工具从中选取图像，选择“编辑”→“复制”命令(或按 Ctrl+C)，回到新文件，选择“编辑”→“粘贴”命令(或按 Ctrl+V)。

选择“编辑”→“自由变换”命令(或按 Ctrl+T)，对其分别进行大小的变换，制作图 2-63 所示的邮票合成效果。

小提示

对于选择的对象，根据需要，做的较多的操作是移动和自由变换。其中，移动必须将当前工具设置为移动工具；自由变换，可使用“编辑”→“自由变换”命令，由于该命令使用相当频繁，请记住其快捷组合键 Ctrl+T。

自由变换时，请注意选择“链接”图标保持长宽比，以保持图像原有的比例关系。

5. 为邮票添加文本

用文本工具加上“中国人民邮政”，楷体，12 像素；用文本工具加上四大美女的姓名，隶体，12 像素；用文本工具加上 T 种邮票编号，楷体，12 像素；用文本工具加上邮票面值“80 分”，楷体，24 像素。将文本分别复制、移动，放在四张邮票上，如图 2-64 所示。至此，邮票制作完成。

6. 保存文件

选择“文件”→“存储为”命令，将文件保存为“Case2_3_end. psd”。

图 2-63　邮票合成效果

图 2-64　邮票合成最终效果

2.3.3　知识拓展

1. 橡皮擦工具

橡皮擦工具的使用方法很简单，像使用画笔一样，其选项也基本相似。只需要选中橡皮擦工具后，按住鼠标左键在图像上拖动即可。当作用于背景层时，擦除后变为背景色，相当于使用背景色的画笔；当作用于普通层时，擦除后变为透明。

2. Shift 键的妙用

Photoshop 中，Shift 键表示标准，比如渐变工具，渐变方向要想水平或垂直或 45°的倍数，则要按 Shift 键；正圆形或正方形区域的选定，也要按 Shift 键；水平线、垂直线或 45°或 135°方向线的绘制或擦除，都需要按住 Shift 键。

实例 4 数码修图

数码修图的素材图如图 2-65 所示，效果图如图 2-66 所示。

图 2-65 数码修图素材图

图 2-66 数码修图效果图

2.4.1 制作目的

掌握污点修复画笔工具、修复画笔工具、仿制图章工具、修补工具、红眼工具、颜色替换工具等的灵活运用。

2.4.2 制作步骤

1. 打开素材

打开“Unit2 素材”文件夹下的文件“Case2_4.jpg”，如图 2-65 所示。

2. 使用污点修复画笔工具，去除细小的斑点瑕疵或划痕

选择污点修复画笔工具，其选项栏设置如图 2-67 所示。

图 2-67 污点修复画笔工具选项栏设置

设置画笔预设如图 2-68 所示。

将画笔移到面部黑点处，如图 2-69 所示，单击鼠标，即可立即去除笔触内的黑点，得到图 2-70 所示的修复效果。

用同样的方法，去除头发处的黑点，如图 2-71 和图 2-72 所示。

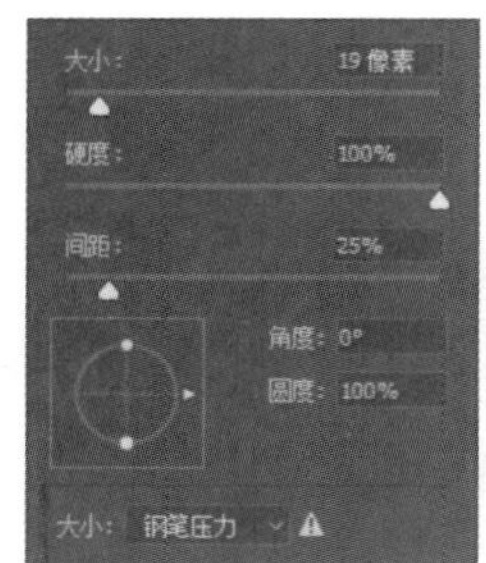

图 2-68 画笔预设设置

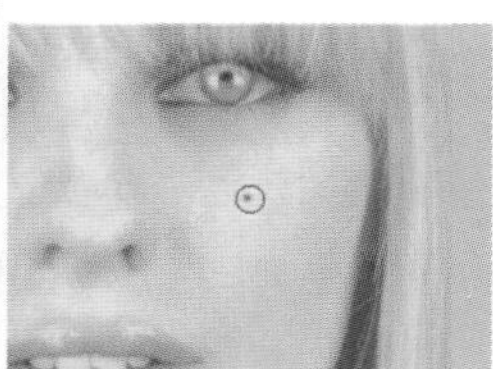

图 2-69 斑点瑕疵修复前(面部黑点)

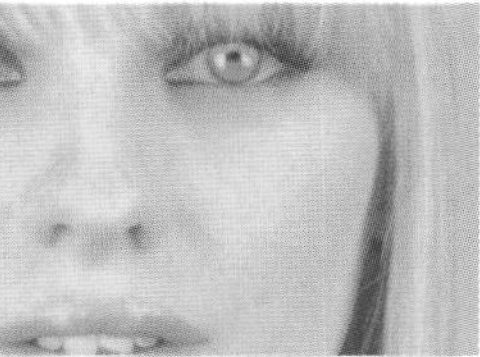

图 2-70 斑点瑕疵修复后(面部黑点)

图 2-71 斑点瑕疵修复前(头发处的黑点)

图 2-72 斑点瑕疵修复后(头发处的黑点)

3. 去红眼

选择红眼工具，直接在红眼处单击，如图 2-73 所示。多次单击即可去除图中红眼，修复后效果如图 2-74 所示。

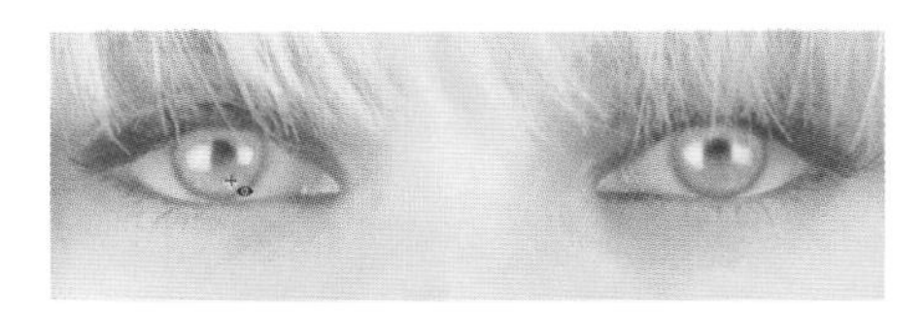

图 2-73 去红眼操作

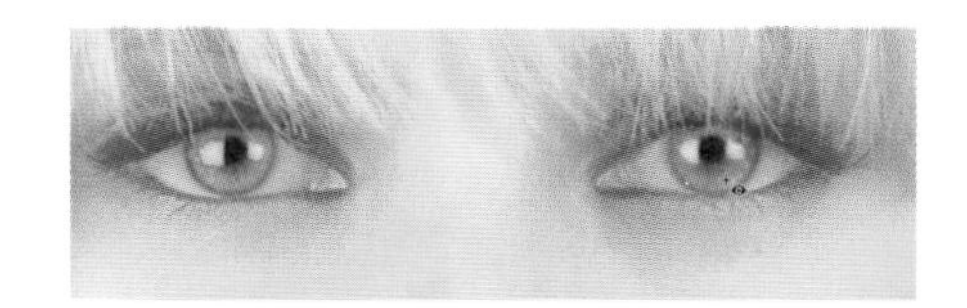

图 2-74 红眼去除后效果

4. 用修复画笔工具,去除下巴处的大块胎记

选择修复画笔工具,其选项栏设置如图 2-75 所示,不要选中"对齐"选项。

图 2-75 修复画笔工具选项栏设置

设置画笔预设,如图 2-76 所示。按下 Alt 键,在胎记附近理想肤色处单击取样,如图 2-77 所示。然后将鼠标移到需要修复的胎记处,拖动或单击应用修复画笔工具,如图 2-78 所示。图 2-79 是多次应用修复画笔工具后的效果,可见胎记已成功去除。

小提示

为使效果看上去更自然,取样的画笔最好选择柔边圆(硬度 0%),另外最好在不同位置多次取样并应用效果更佳。

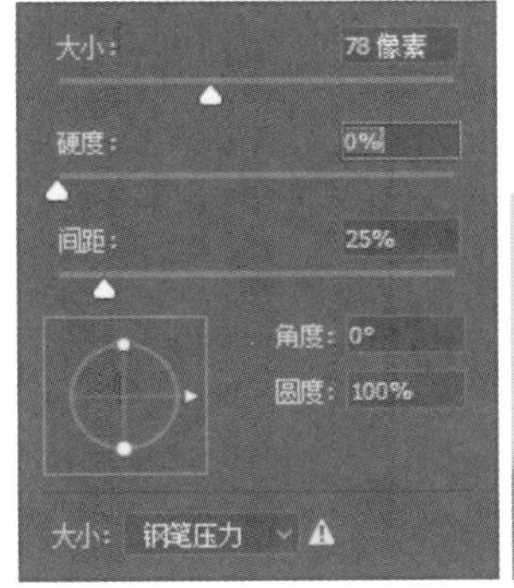

图 2-76 画笔预设设置

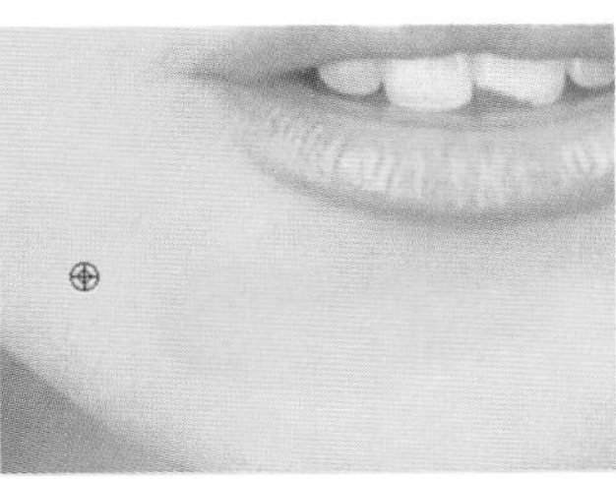

图 2-77 修复画笔工具取样

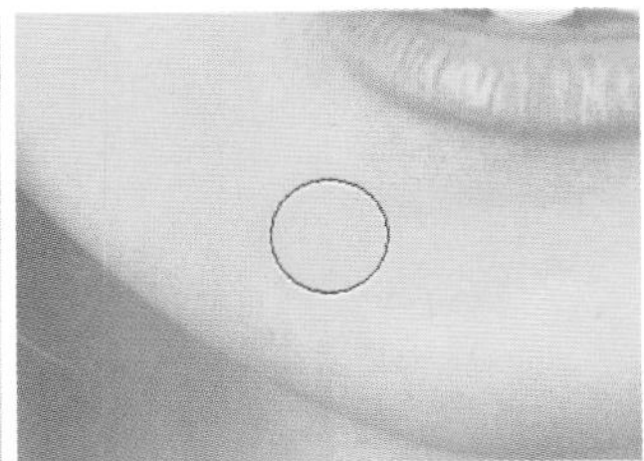

图 2-78 修复画笔工具应用

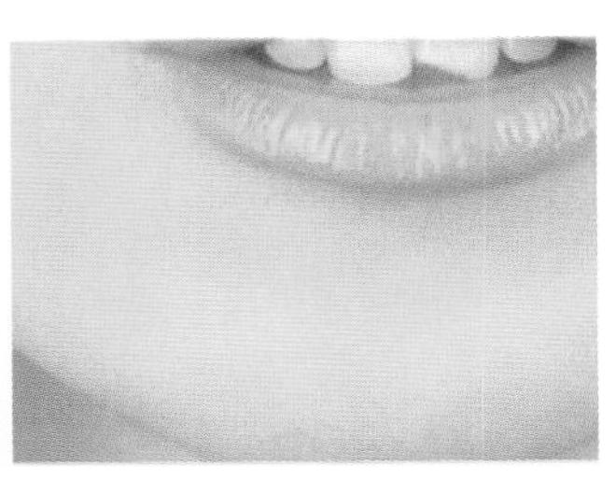

图 2-79 胎记修复后效果

5. 使用仿制图章工具,对牙齿进行修补

选择仿制图章工具,其工具选项栏设置如图 2-80 所示,对其画笔笔尖进行设置,如图 2-81 所示。

图 2-80 仿制图章工具选项栏设置

按下 Alt 键,在理想牙齿处单击取样,如图 2-82 所示。然后将鼠标移到需要修复的部位,拖动应用仿制图章工具进行修复,如图 2-83 所示。再次取样,如图 2-84 所示,再次修复,直到如图 2-85 所示,将牙齿补齐。

小提示

使用修复画笔工具修复牙齿时,建议将图放大,用较小的硬边笔触(硬度为 100%),不要选择"对齐",然后多次取样多次修复。

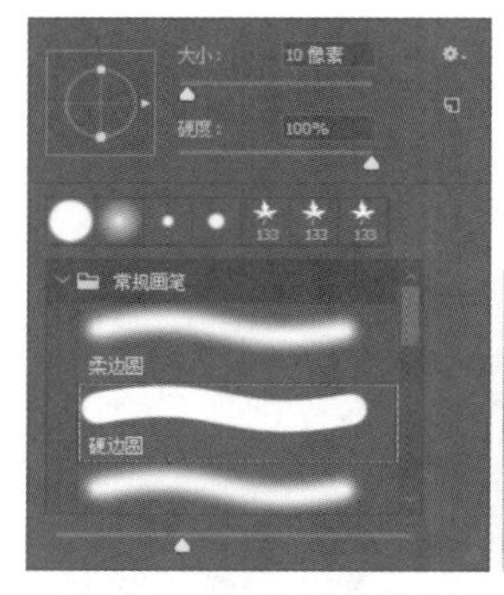

图 2-81　画笔预设设置

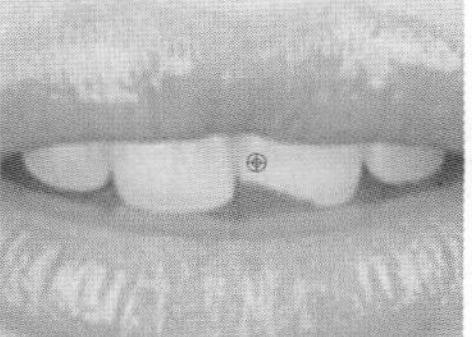
图 2-82　仿制图章工具一次取样

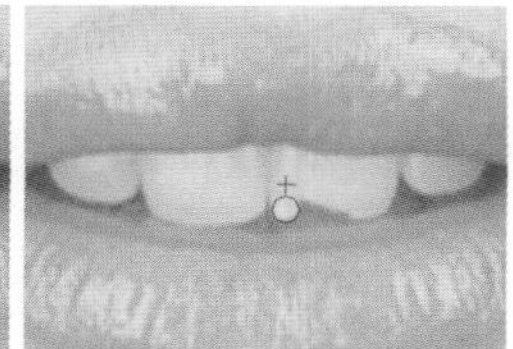
图 2-83　仿制图章工具修复后效果

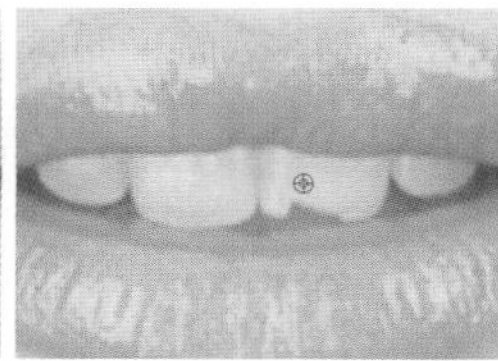
图 2-84　仿制图章工具再次取样

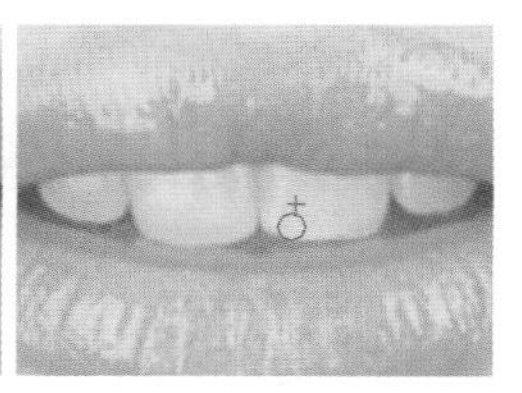
图 2-85　仿制图章工具再次修复后效果

6. 使用修补工具，去除头发中的文字印迹

选择修补工具，其工具选项栏设置如图 2-86 所示。

图 2-86　修补工具选项栏设置

将图中头发中的文字印迹圈选，如图 2-87 所示。然后按住鼠标，将其拖动到图像中理想的部分，如图 2-88 所示，释放鼠标，可见图像会自动用理想的部分修补、替代原瑕疵部分。

图 2-87　圈选需要修补的部位

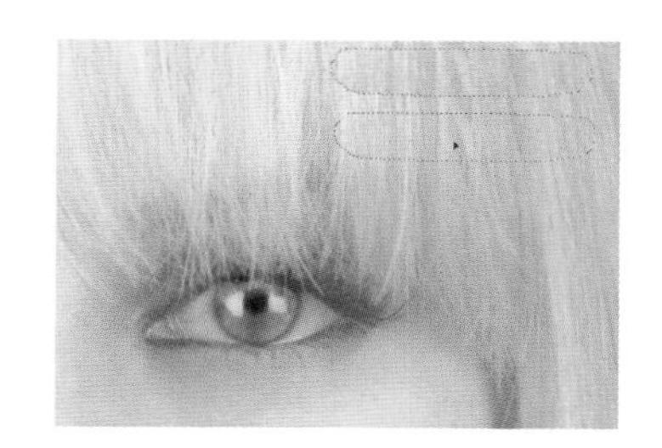
图 2-88　拖动鼠标，将其移动到理想替换部位

7. 保存文件

选择"文件"→"存储为"命令，将文件保存为"Case2_4_end.jpg"。

2.4.3　知识拓展

常用的修复工具如图 2-89 所示。

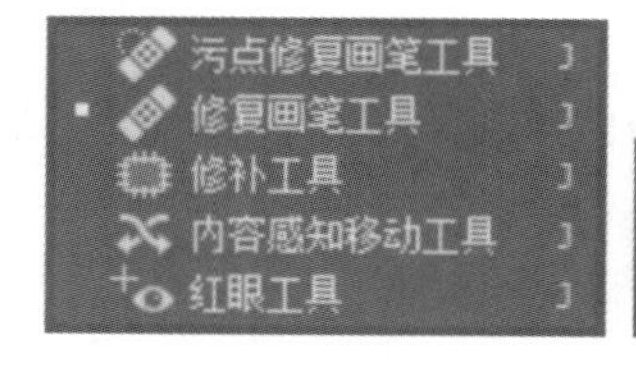

图 2-89　常用的修复工具

1. 仿制图章工具

仿制图章工具将当前图像的一部分绘制到同一图像的另一部分或另一打开的图像中。仿制图章工具在复制对象或移去图像中的缺陷时非常有用。

具体用法：

（1）选择仿制图章工具，进行选项栏设置，如图2-90所示。

图2-90　仿制图章工具选项栏

仿制图章工具选项栏中画笔笔尖形状、混合模式、不透明度、流量设置选项与画笔工具基本相似。“对齐”选项相对特殊：选中“对齐”，则对连续像素进行取样，即使释放鼠标按钮，也不会丢失当前取样点；如果取消选择“对齐”，则会在每次停止并重新开始绘制时使用初始取样点中的样本像素。

（2）设置取样。可通过将指针放置在任意打开的图像中，然后按住Alt键（Windows）或Option键（Mac OS）并单击来设置取样点。

（3）应用仿制图章。在要校正的图像部分上拖移，已取样的像素都会与现有像素混合，或覆盖现有像素达到修复缺陷的目的。

2. 修复画笔工具

修复画笔工具可用于校正瑕疵，使它们消失在周围的图像中。与仿制图章工具一样，使用修复画笔工具可以利用图像或图案中的样本像素来绘画。但是，修复画笔工具还可将样本像素的纹理、光照、透明度和阴影与所修复的像素进行匹配，从而使修复后的像素不留痕迹地融入图像的其余部分。

具体用法：

（1）选择修复画笔工具，进行选项栏设置，如图2-91所示。

图2-91　修复画笔工具选项栏

修复画笔工具的选项栏与仿制图章工具的基本类似，比较特殊的是“源”与“对齐”。

源：指定用于修复像素的源。“取样”可以使用当前图像的像素，而“图案”可以使用某个图案的像素。如果选择了“图案”，就要从“图案”弹出面板中选择一个图案。

对齐：连续对像素进行取样，即使释放鼠标按钮，也不会丢失当前取样点。如果取消选择“对齐”，则会在每次停止并重新开始绘制时使用初始取样点中的样本像素。

（2）设置取样点。可通过将指针定位在图像区域的上方，然后按住Alt键（Windows）或Option键（Mac OS）并单击来设置取样点。

（3）应用修复画笔。在图像中拖移，每次释放鼠标按钮时，取样的像素都会与现有像素混合。

小提示

修复画笔工具也可从一幅图像中取样并将其应用到另一幅图像中。

3. 污点修复画笔工具

污点修复画笔工具可以快速移去照片中的污点和其他不理想部分。污点修复画笔工具的工作方式与修复画笔工具的类似：它使用图像或图案中的样本像素进行绘画，并将样本像素的纹理、光照、透明度和阴影与所修复的像素相匹配。与修复画笔工具不同，污点修复画笔工具不要求指定样本点。污点修复画笔工具将自动从所修复区域的周围取样。

在污点修复画笔工具选项栏中，如图2-92所示，选取一种画笔大小。比要修复的区域稍大一点的画笔最为适合，这样只需单击一次即可覆盖整个区域。

图 2-92 污点修复画笔工具选项栏

如果需要修复大片区域或需要更大程度地控制来源取样，可以使用修复画笔工具而不是污点修复画笔工具。

4. 修补工具

通过使用修补工具，可以用其他区域或图案中的像素来修复选中的区域。像修复画笔工具一样，修补工具会将样本像素的纹理、光照和阴影与源像素进行匹配。它实现的效果与修复画笔工具相似，只是使用的方式不同，其选项也略有区别，如图 2-93 所示。

图 2-93 修补工具选项栏

其中“修补”选项中的“源”与“目标”用于指定修补的具体方向。如果在选项栏中选中了“源”，则将选区边框拖动到想要从中进行取样的区域，松开鼠标按钮时，原来圈选的区域会使用样本像素进行修补。

如果在选项栏中选定了“目标”，则将选区边界拖动到要修补的区域，释放鼠标按钮时，将使用样本像素修补新选定的区域。

以修补瑕疵的部分为例，具体用法如下：

(1) 选择修补工具，选择“源”选项；

(2) 圈选图像中待修改或有瑕疵的部分；

(3) 将鼠标移至圈选的区域内，按住鼠标将其拖动到图像中理想的部分后释放，则图像会自动地用理想的部分覆盖有瑕疵的部分，且在纹理及光照上实现更好的融合。

5. 红眼工具

红眼是由于照相机闪光灯在主体视网膜上反光引起的。在光线暗淡的房间里照相时，由于主体的虹膜张开得很宽，将会更加频繁地看到红眼。为了避免红眼，可使用照相机的红眼消除功能，或者最好使用可安装在照相机上远离照相机镜头位置的独立闪光装置。

红眼工具选项相对简单，包括瞳孔大小及变暗量。

使用时只需在红眼的部位单击鼠标，即可去除照片中人物或动物的红眼。

6. 其他工具

● 涂抹工具产生的效果就好比用干画笔在未干的油画布面上擦过形成的拖尾效果。该工具可拾取描边开始位置的颜色，并沿拖动的方向展开这种颜色。使用得当可以创造出许多意想不到的效果，如火焰、飘带的处理。

● 模糊工具可柔化硬边缘或减少图像中的细节。使用此工具在某个区域上方绘制的次数越多，该区域就越模糊。如为突出主体，可以将背景进行一定程度的模糊处理。有时也用来处理图片的瑕疵。

● 锐化工具用于增加边缘的对比度以增强外观上的锐化程度。用此工具在某个区域上方绘制的次数越多，增强的锐化效果就越明显。

● 减淡工具或加深工具基于调节照片特定区域曝光度的传统摄影技术，可用于使图像区域变亮或变暗。摄影师可遮挡光线以使照片中的某个区域变亮（减淡），或增加曝光度以使照片中的某些区域变暗(加深)。用减淡工具或加深工具在某个区域上方绘制的次数越多,该区域就会变得越亮或越暗。

- 海绵工具 可精确地更改区域的色彩饱和度。当图像处于灰度模式时,该工具通过使灰阶远离或靠近中间灰色来增加或降低对比度。

实例 5 照片换底

照片换底的素材如图 2-94 和图 2-95 所示,效果图如图 2-96 所示。

图 2-94　素材 1　人物

图 2-95　素材 2　背景

2.5.1　制作目的

了解利用背景橡皮擦工具进行抠图的精确处理,特别是对于一些毛茸茸的小动物、头发等,背景橡皮擦工具对于毛发缝隙内的像素擦除非常有效。

2.5.2　制作步骤

1. 打开素材

打开"Unit2 素材"文件夹下的人物素材"Case2_5_1.jpg",如图 2-94 所示。

2. 将图层复制,并将底层填充为蓝色

选择"图层"→"复制"命令,进行图层复制,产生一个新副本图层。

然后选择原背景图层,将前景色设置为蓝色,Alt+两次 Delete 将前景色填充为背景图层,其图层面板如图 2-97 所示。

图 2-96　照片换底效果图

图 2-97　图层面板

3. 用背景橡皮擦工具对人物图层进行保护前景色的擦除

选择背景橡皮擦工具 ,其选项栏设置如图 2-98 所示。注意选择"一次取样"和"保护前景色"选项。

图 2-98　背景橡皮擦工具选项栏设置

选择人物图层，按住 Alt 键，鼠标变成吸管形状后，在发丝边缘的青色处单击，如图 2-99 所示，将发梢头发颜色设为前景色，如图 2-100 所示。

然后在人物头发缝隙及边缘拖动擦除，必要时可多次取样，再进行擦除。擦除后效果如图 2-101 所示。

4. 用魔术橡皮擦工具擦除其他部分的大块色块

选择魔术橡皮擦工具，单击人物图层头发外的颜色区域，如图 2-102 所示，进行色块擦除，多次擦除后，效果如图 2-103 所示。

图 2-99　用吸管工具取样

图 2-100　设置前景色

图 2-101　背景橡皮擦工具擦除效果

图 2-102　魔术橡皮擦工具的使用

图 2-103　魔术橡皮擦工具擦除效果

5. 将文件保存成 PSD 格式

选择“文件”→“存储为”命令，将文件保存为“Case2_5_blue.psd”。

6. 分别将背景色换成白色、蓝色、红色后，另存成 JPG 文件

将背景图层填充为想要改变的证件照底色，可以是白色、蓝色、红色或者其他颜色，如图 2-104 所示。然后将文件另存为 JPG 格式，分别命名为“Case2_5_white.jpg”“Case2_5_blue.jpg”和“Case2_5_red.jpg”。

图 2-104　不同背景色的图片

7. 分别将各底图的 JPG 文件复制到背景素材文件“Case2_5_2.jpg”

(1) 打开“Case2_5_white.jpg”。

(2) 选择“选择”→“全选”命令(或按 Ctrl+A) 进行全部选择。

(3) 选择“编辑”→“复制”命令(或按 Ctrl+C) 进行复制。

(4) 回到背景素材文件中，选择“编辑”→“粘贴”命令(或按 Ctrl+V) 进行粘贴。

(5) 选择“编辑”→“自由变换”命令(或按 Ctrl+T) 对其分别进行大小的变换。

合成后的效果如图 2-96 所示。

8. 文件保存

选择“文件”→“存储为”命令，将文件保存为“Case2_5_end.psd”。

2.5.3 知识拓展

1. 魔术橡皮擦工具

魔术橡皮擦工具与油漆桶工具、魔棒工具在原理上有相近之处，都是按颜色相近来设置操作范围的。魔术橡皮擦工具是按颜色相近进行擦除的，用魔术橡皮擦工具在图层中单击时，该工具会将所有相似的像素更改为透明。如果在已锁定不透明度的图层中工作，这些像素将被更改为背景色。如果在背景中单击，则将背景转换为图层并将所有相似的像素更改为透明。

2. 背景橡皮擦工具

背景橡皮擦工具允许在拖移时将图层上的像素改成透明，使得在保留前景对象边缘的同时抹除背景。通过指定不同的取样和容差选项，可以控制不透明度的范围和边界的锐化程度。

小提示

本操作类似于抠图。抠图的方法很多，利用通道以及一些简单的滤镜或小程序都能达到抠图的目的。背景橡皮擦工具是一种处理毛发等边界不太分明的对象相对比较简单的方法。

3. 吸管工具

吸管工具用于采集色样以指定新的前景色或背景色。其中，在图像中单击鼠标，可将单击处的图像像素设置成前景色；按住 Alt 键，可将单击的图像像素设置成背景色。

举一反三，课后练兵

练习：去水印与去掉路人甲。

要求：打开素材“P 掉路人甲.jpg”，如图 2-105 所示。使用常用的修复工具完成修图任务，如去除右下角水印与背景中的路人，达到图 2-106 所示的效果。

图 2-105 修图前

图 2-106 修图后效果

选定技巧

XUANDING JIQIAO

学习目标

本项目要求学习者掌握以下技能：

- 能够熟练掌握选区的基本概念和基本操作方法；
- 能区分各类选区工具的功能与作用；
- 能熟练掌握并灵活应用图像变换和选区变换功能。

实例1 图像合成——简单选择工具的使用

3.1.1 制作目的

掌握使用多边形套索工具、魔棒工具选取选区的方法，将多幅图像合成一幅图像。

3.1.2 制作步骤

1. 打开素材文件

打开素材文件“素材1.jpg”“素材2.jpg”“素材3.jpg”“素材4.jpg”，分别如图3-1至图3-4所示。

图3-1 素材1

图3-2 素材2

图3-3 素材3

图3-4 素材4

2. 用多边形套索工具、魔棒工具选取选区，实现图像合成

在“素材2”文件中，选择工具箱中的多边形套索工具，在图像中按照建筑的结构特点，依次单击图像的各个转折点，系统会按单击的顺序在两个相连的单击点中建立直线，最后形成一个封闭的多边形选区，其效果如图3-5所示。

按快捷键 Ctrl+C，将选取的图像复制到素材 1 中，生成图层 1。执行“编辑”→“自由变换”命令或按快捷键 Ctrl+T 进行自由变换，将图层 1 的图像调整到适当大小和合适位置，效果如图 3-6 所示。

在素材 3 文件中，选择工具箱中的魔棒工具，在魔棒工具的选项栏中设置“容差”值为“10”，选中“消除锯齿”选项，其他选项为默认设置，单击素材 3 白色图像部分，这时白色图像部分已经选中，其效果如图 3-7 所示，然后执行菜单栏中的“选择”→“反向”命令或按快捷键 Shift+Ctrl+I 进行反向选择，其效果如图 3-8 所示。

图 3-5　用多边形套索工具选择图像

图 3-6　将选取的图像复制到素材 1 中

图 3-7　用魔棒工具创建选区（素材 3）

图 3-8　反向选择（素材 3）

按快捷键 Ctrl+C，将建筑图形复制到素材 1 中，生成图层 2。将图层 2 放置于图层 1 的下方，执行菜单栏中的“编辑”→“自由变换”命令或按快捷键 Ctrl+T 进行自由变换，将图层 2 调整到适当大小和位置，其效果如图 3-9 所示。最后将图层的不透明度调整为 60%，如图 3-10 所示。

在素材 4 文件中，选择工具箱中的魔棒工具，在魔棒工具的选项栏中设置“容差”值为“10”，选中“消除锯齿”选项，其他选项为默认设置，单击素材 4 白色图像部分，这时白色图像部分已经选中，效果如图 3-11 所示，然后执行菜单栏中的“选择”→“反向”命令或按快捷键 Shift+Ctrl+I 进行反向，如图 3-12 所示。

图 3-9　将选取的图像复制到素材 1 中并进行相关设置后的效果

图 3-10　不透明度设置

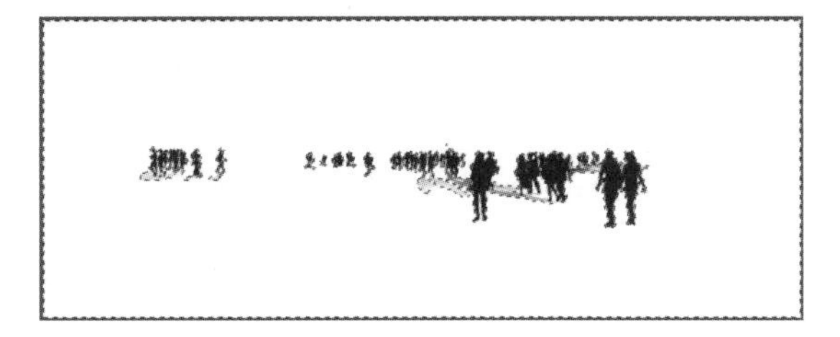

图 3-11　用魔棒工具创建选区（素材 4）

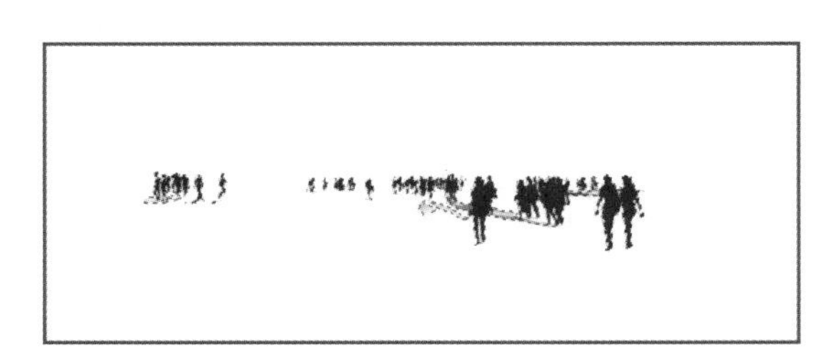

图 3-12　反向选择（素材 4）

按快捷键 Ctrl+C，将人物图形复制到素材 1 中，生成图层 3。将图层 3 放置于最上方，执行菜单栏中的“编辑”→“自由变换”命令或按快捷键 Ctrl+T 进行自由变换，将图层 3 调整到适当大小和位置，效果如图 3-13 所示。然后锁定图层 3 的透明图层，将图层 3 中的图像填充为白色，最后将图层的不透明度调整为 70%，其效果如图 3-14 所示。

图 3-13　图像合成

图 3-14　效果图

3. 保存文件

执行“文件”→“存储为”命令，将文件保存为“建筑合成图.jpg”。

3.1.3　知识拓展

1. 关于选区

在 Photoshop CC 2018 中，如果要对图像中某个部分进行处理，必须先选择该部分。通过某些操作选择图像的区域，即形成选区，Photoshop CC 2018 中的选区即四周虚线框起来的部分。选区是 Photoshop CC 2018 中很重要的部分。选区可以由选取工具、路径、通道等创建。Photoshop CC 2018 中大部分选区是使用选取工具创建的。选取工具分规则选区选择工具和不规则选区选择工具两种。矩形选框工具、椭圆选框工具、单行选框工具和单列选框工具为规则选区选择工具，套索工具、多边形套索工具、磁性套索工具和魔棒工具等工具为不规则选区选择工具。

选区是个封闭的区域，选区一旦建立，Photoshop CC 2018 中大部分操作就只在当前图层选区范围内有效。如果要对整个当前图层操作，须取消选区。可用快捷键 Ctrl+D 取消选区。

2. 规则选框工具组

规则选框工具组有矩形选框工具、椭圆选框工具、单行选框工具和单列选框工具。选择选框工具后，鼠标形状变为“十”字形。

1) 矩形选框工具

利用矩形选框工具，可以创建一个矩形的选区。矩形选框工具选项栏如图 3-15 所示。

图 3-15　矩形选框工具选项栏

各选项的作用如下：

● “新选区”按钮：单击它，则表示创建一个新选区。在该状态下，如果已有一个选区，再创建选区时，原来的选区将消失。

● “添加到选区”按钮：在添加选区状态下，鼠标指针变为┼形状。如果先前没有选区，则创建一个新选区。如果已有一个选区，那么再创建一个选区时，新选区在原来的选区外，则将形成两个封闭的流动的虚线框；新选区和原来的选区有相交，则形成一个封闭的虚线框。

● “从选区减去”按钮：在该状态下，鼠标形状为十-。如果先前没有选区，则创建一个新选区。如果已有一个选区，且新选区在原来选区外，再创建一个选区时，仍然为原来选区；新选区与原选区有相交部分，则减去两选区相交的区域；如果新选区在原选区内部，则形成一个中间空的选区。

● “与选区交叉”按钮：其作用是保留两个选区交叉的部分，在该状态下，鼠标形状为十×。如果先前无选区，则创建一个新选区。

➡**注意：**

新建选区、添加选区、减去选区、选区相交称为选区的运算，这几个选区的运算对其他选区工具作用是一样的，任一选区工具都有这四种运算，且可运用于不同的选区工具，如可用矩形选框工具减去一个椭圆选框工具创建的选区，也可用魔棒工具相交椭圆选框工具创建的选区。可通过快捷键来切换选区的运算方式。添加到选区的快捷键为 Shift，从选区减去的快捷键为 Alt，相交运算的快捷键为 Shift+Alt。使用时，应在鼠标拖选新选区前按下快捷键，鼠标左键按下后，即可松开快捷键。

➡**注意：**

当选择工具的运算为新选区时，如果已创建了选区，鼠标指针指向选区内或选框上，按住鼠标左键，可移动选区。

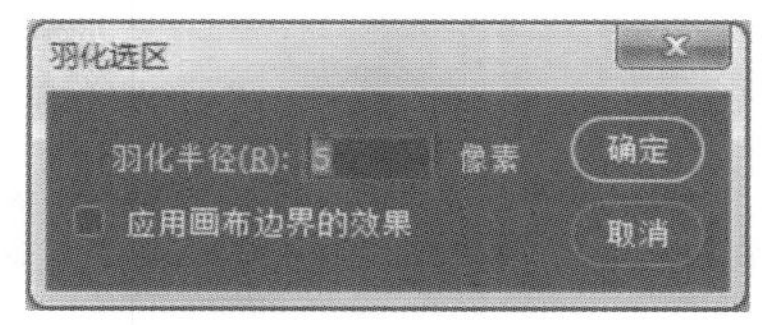

图 3-16 “羽化选区”对话框

● 羽化：通过建立选区和选区周围像素之间的转换边界来模糊边缘。模糊边缘操作将使选区边缘的一些细节丢失。使用选项栏上的羽化，须在创建选区前，先在选项栏上设置该值，否则不起作用。如创建好选区后，再设置羽化选项，可执行“选择”→“修改”→“羽化”命令或按快捷键 Shift+F6，系统弹出图 3-16 所示的对话框，在“羽化半径”文本框中输入相应值，再单击“确定”按钮即可。

● 样式：矩形选框工具和椭圆选框工具的选项栏中均有“样式”选项。样式包括“正常”“固定长宽比”和“固定大小”三项。

“正常”通过拖曳确定选框的比例。

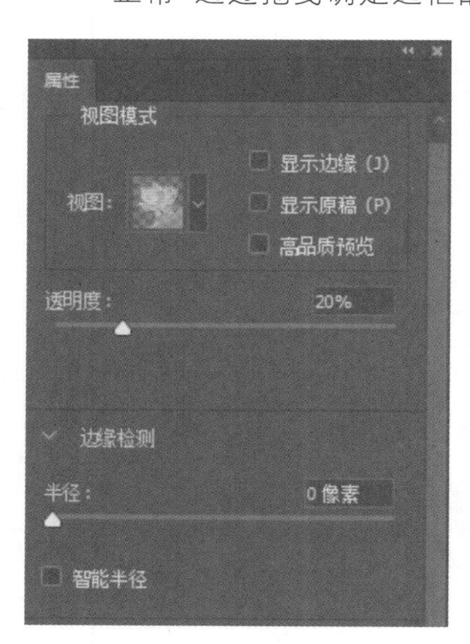

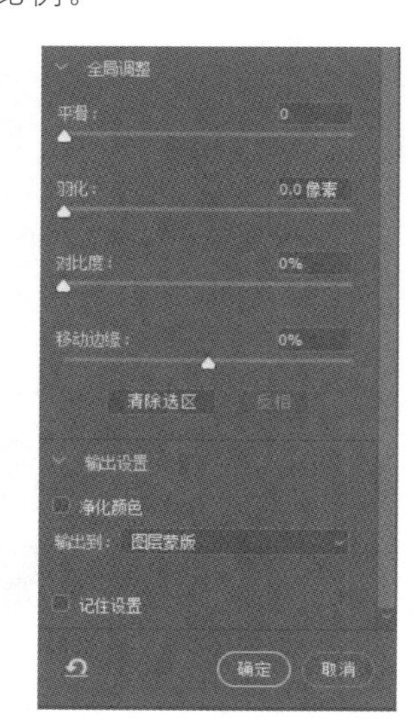

图 3-17 选择并遮住对话框

“固定长宽比”设置高度与宽度的比例，输入长宽比的值（在 Photoshop CC 2018 中十进制值有效）。例如，若要绘制一个宽是高两倍的选框，可输入宽度 2 和高度 1。

“固定大小”指定选框的高度值和宽度值，输入整数像素值。

● 选择并遮住：该选项可以提高选区边缘的品质，并可让用户对照不同的背景查看选区以便轻松编辑。在 Photoshop CC 2018 中使用任一选择工具创建选区后，单击选择工具选项栏的“选择并遮住”按钮，或执行“选择”→“选择并遮住”命令，系统弹出选择并遮住对话框，如图 3-17 所示，其各项含义如下：

智能半径：自动调整边界区域中发现的硬边缘和柔化边缘的半径。如果边框都是硬边缘或柔化边缘，或者用户要控制半径设置并且更精确地调整画笔，则取消选择此选项。

半径：确定发生边缘调整的选区边界的大小。对锐边使用较小的半径，对较柔和的边缘使用较大的半径。

平滑：减少选区边界中的不规则区域（山峰和低谷）以创建较平滑的轮廓。

羽化：模糊选区与周围像素之间的过渡效果。

对比度：增大时，沿选区边框的柔和边缘的过渡会变得不连贯。通常情况下，使用“智能半径”选项和调整工具效果会更好。

移动边缘：使用负值向内移动柔化边缘的边框，或使用正值向外移动这些边框。向内移动这些边框有助于从选区边缘移去不想要的背景颜色。

净化颜色：将彩色边替换为附近完全选中的像素的颜色。颜色替换的强度与选区边缘的软化度是成比例的。

➡**重要说明：**

由于此选项更改了像素颜色，因此它需要输出到新图层或文档。保留原始图层，这样当需要时就可以恢复到原始状态。（为了方便查看像素颜色中发生的变化，请选择“显示图层”视图模式。）

输出到：决定调整后的选区是变为当前图层上的选区或蒙版，还是生成一个新图层或文档。

2）椭圆选框工具

利用椭圆选框工具，可以创建一个椭圆的选区。其选项栏如图 3-18 所示。与矩形选框工具相同的选项不再介绍。

图 3-18　椭圆选框工具选项栏

● 消除锯齿：通过软化边缘像素与背景像素之间的颜色转换，使选区的锯齿状边缘平滑。套索工具、多边形套索工具、磁性套索工具、椭圆选框工具和魔棒工具的选项栏上均有此项，使用这些工具之前必须指定该选项，这样对选区才有作用。在建立选区后，就不能添加消除锯齿功能。

➡**注意：**

使用矩形选框工具或椭圆选框工具，按下鼠标左键后，再按住 Shift 键，拖曳可将选框形状限定为方形或圆形，完成操作时要先松开鼠标左键再松开 Shift 键；要以鼠标单击的点为选框的中心，则在开始拖曳鼠标后再按住 Alt 键，完成操作时也要先松开鼠标左键，再松开 Alt 键。

3）单行选框工具和单列选框工具

这两个工具的作用是选取图像中一个像素高的横条或一个像素宽的竖条，使用时只需要在创建的地方单击即可。

3. 不规则选框工具组

1）套索工具

选择套索工具后，鼠标指针变为形状，这时用鼠标在画布内拖曳可创建一个不规则的选区。如果选取的选区终点和起点未重合，Photoshop CC 2018 会自动将起点与终点以直线连接成一个封闭的选区。

套索工具常用于当创建一选区时有些部分多选，或有些区域漏选的场合，这时可用套索工具进行加选或减选。

2）多边形套索工具

选择多边形套索工具后，鼠标指针为形状，依次单击多边形的各个顶点，可以创建不规则的多边形选区。选择时，只需在多边形的各个顶点单击，系统会自动形成一个封闭的多边形选区。

3）磁性套索工具

磁性套索工具，是一种可识别边缘的套索工具。与前两个工具不同，系统会根据鼠标拖曳的边缘的颜色对比度来创建紧固点和线段，形成选区。使用该工具时，用户可根据需要直接单击添加紧固点，也可用 Backspace 键或 Delete 键撤销建立的紧固点和线段。磁性套索工具的选项栏如图 3-19 所示。

图 3-19　磁性套索工具选项栏

● 宽度：要指定检测宽度，需为“宽度”输入像素值。磁性套索工具只检测从指针开始到指定距离以内的边缘。

➡注意：

要更改套索指针大小以使其指明套索宽度，请按 Caps Lock 键。可以在已选定工具但未使用时，更改指针大小。按右方括号键(]) 可将磁性套索边缘宽度增加 1 像素；按左方括号键([) 可将宽度减小 1 像素。

● 对比度：要指定套索对图像边缘的灵敏度时，请在“对比度”文本框中输入一个介于 1% 和 100% 之间的值。对比度数值较大时，该套索工具只检测与其周边对比鲜明的边缘；对比度数值较小时，该套索工具会检测低对比度边缘。

● 频率：若要指定套索以什么频率设置紧固点，可在“频率”文本框中输入 0 到 100 之间的数值。频率数值较大时，该套索工具会较快地固定选区边框。

➡注意：

在边缘精确定义的图像中，可以使用更大的对比度数值，然后大致地跟踪边缘；在边缘较柔和的图像中，尝试使用较小的对比度数值，然后精确地跟踪边缘。

● ：如果用户正在使用绘图板，可选择或取消选择该选项。选中该选项时，可更改钢笔宽度。

4）快速选择工具

利用快速选择工具可通过单击并拖曳鼠标快速“绘制”选区。快速选择工具的圆形画笔笔尖是可以调整大小及硬度的。该工具的使用方法是：在要创建选区的图像上单击并拖曳创建选区，拖曳时选区会向外扩展并自动查找和跟随图像中定义的边缘。该工具选项栏如图 3-20 所示，选项栏中各项参数含义如下：

图 3-20　快速选择工具选项栏

● ：设置创建选区的运算方式，图标中的小图标分别为“新选区”“添加到选区”和“从选区减去”。“新选区”是在未选择任何选区的情况下的默认选项。创建初始选区后，此选项将自动更改为“添加到选区”。

● ：用于更改快速选择工具的画笔笔尖大小。单击选项栏中的画笔图标或下拉按钮，用户可根据需要设置画笔大小、硬度和间距等，可以拖动滑块调整大小，也可以直接在文本框中输入数值。使用“大小”选项，可使画笔笔尖大小随钢笔压力或钢笔轮廓变化。

在建立选区时，按右方括号键( ]) 可增大快速选择工具画笔笔尖的大小；按左方括号键([) 可减小快速选择工具画笔笔尖的大小。

● 对所有图层取样：基于所有图层(而不是仅基于当前选定图层) 创建一个选区。

● 自动增强：减少选区边界的粗糙度和块效应。“自动增强”自动将选区向图像边缘进一步流动并应用一些边缘调整，也可以用“调整边缘”对话框中的“对比度”和“半径”选项手动应用这些边缘调整。

5）魔棒工具

魔棒工具用于选取图像中颜色相似的区域，它基于与单击的像素的相似度。用户利用魔棒工具可选择颜色一致的区域，例如一片蓝天、一朵黄花等。

使用该工具时，只需在要选择的颜色区域上单击，系统会将与单击点颜色相似或相近的区域选中。其选项栏如图 3-21 所示。

可通过设定魔棒工具选项栏上的容差，来控制选取颜色的误差范围。

图 3-21 魔棒工具选项栏

● 容差:确定所选像素的色彩范围。以像素为单位输入一个值,范围介于 0 到 255 之间。如果容差值较小,则会选择与所单击像素非常相似的少数几种颜色。如果容差值较大,则会选择范围更广的颜色。

● 连续:要选择相同的颜色相邻的区域,可选择“连续”。否则,同一种颜色的所有像素都将被选中。

● 对所有图层取样:使用所有可见图层中的数据选择颜色。否则,魔棒工具将只从当前图层中选择颜色。

4. 图像的复制、移动和删除

1) 图像的复制

方法一:首先选择要复制的图像,然后选择工具箱中的移动工具,先按住 Alt 键,再用鼠标拖曳选区内的图像,拖动后即可松开 Alt 键,这时已复制一份图像,将图像拖动至合适的位置即可,如图 3-22 所示。

方法二:选择要复制的图像,执行“编辑”→“复制”命令,再执行“编辑”→“粘贴”命令,这时画布中多出一幅新复制得到的图像,然后利用移动工具将新复制的图像拖动到合适的位置即可。

2) 图像的移动

方法一:选择要移动的图像,然后利用移动工具,将其拖动到新位置即可。如果被移动的图像是在背景层上,则移动后,图像原位置会被 Photoshop CC 2018 背景色填充,如图 3-23 所示;如果是在普通层上,图像原位置会变成透明区域。

图 3-22 复制选区内的图像

图 3-23 移动选区内的图像(在背景层)

方法二:选择要移动的图像,然后利用方向键进行位置移动,按一次方向键,图像会在相应的方向上移动 1 像素,如按住 Shift 键的同时按一次方向键,则选中的图像会在相应方向上移动 10 像素。

3) 图像的删除

选择画布中要删除的对象,然后按 Delete 键或 Backspace 键,即可删除选中的对象;也可执行“编辑”→“剪切”命令或者“编辑”→“清除”命令,将选择的对象删除。

实例 2 利用快速蒙版制作封面

3.2.1 制作目的

掌握快速蒙版工具的使用方法,实现图像的无缝合成。

3.2.2 制作步骤

1. 打开素材

打开素材文件“背景.jpg”和“荷花.jpg”，如图 3-24 和图 3-25 所示。

2. 利用快速蒙版合成图像

把素材 2 荷花拖入素材 1 背景中，生成图层 1。执行“编辑”→“自由变换”命令或按快捷键 Ctrl+T 进行自由变换，将图层 1 调整到适当大小并移动到恰当位置，效果如图 3-26 所示。（注意：进行自由变换调整图像大小时，按住 Shift 键不放，用鼠标左键进行大小缩放的调整，这样才会整体进行缩放，而不会产生变形。）

单击工具箱下方的“以快速蒙版模式编辑”按钮，或者按 Q 键进入快速蒙版模式，系统会在通道面板中自动生成一个快速蒙版（其快捷键为 Ctrl+6），如图 3-27 所示。

图 3-24 素材 1——背景

图 3-25 素材 2——荷花

图 3-26 调整图层 1 后的效果

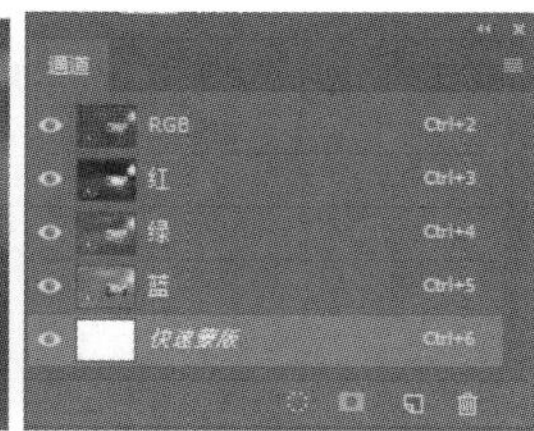

图 3-27 通道面板

将前景色设置为黑色，选择画笔工具，使用一种柔角、硬度为 50%的画笔在图像窗口中沿荷花图像涂抹，创建蒙版区。如果看不清楚图片，可以单击缩放工具选项栏中的“适合屏幕”按钮，用黑色画笔对图层荷花部分进行均匀涂抹，如果误擦图像，可以再用白色画笔还原。效果如图 3-28 所示。

按 Q 键退出快速蒙版模式，回到图层面板，按 Delete 键，删除选区（荷花背景）的图像。效果如图 3-29 所示。

按快捷键 Ctrl+D 取消选择选区，选择橡皮擦工具，设置不透明度为 20%，然后选择大小合适的画笔笔头，擦除荷花多余边缘。效果如图 3-30 所示。

图 3-28 用黑色画笔涂抹图像后的效果

图 3-29 删除荷花背景图像

图 3-30 最终合成效果

3. 保存文件

执行“文件”→“存储为”命令，将文件保存为“荷塘月色.jpg”。

3.2.3 知识拓展

1. 更改快速蒙版选项

在工具箱中双击“以快速蒙版模式编辑”按钮，弹出“快速蒙版选项”对话框，如图 3-31 所示，用户可以根据需要进行设置。

“快速蒙版选项”对话框中各项参数的含义如下：

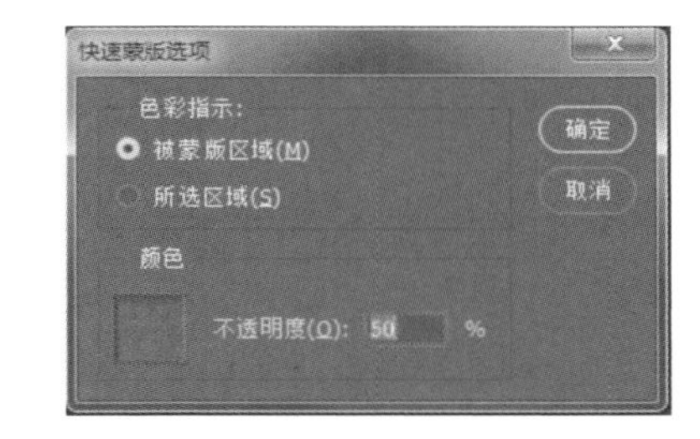

图 3-31 “快速蒙版选项”对话框

● 被蒙版区域：将被蒙版区域设置为黑色（不透明），并将所选区域设置为白色（透明）。用黑色绘画可扩大被蒙版区域，用白色绘画可扩大选中区域。选定此选项后，工具箱中的“以快速蒙版模式编辑”按钮将变为一个带有灰色背景的白圆圈。

● 所选区域：将被蒙版区域设置为白色（透明），并将所选区域设置为黑色（不透明）。用白色绘画可扩大被蒙版区域，用黑色绘画可扩大选中区域。选定此选项后，工具箱中的“以快速蒙版模式编辑”按钮将变为一个带有白色背景的灰圆圈。

要在快速蒙版的“被蒙版区域”和“所选区域”选项之间切换，可按住 Alt 键，并单击“以快速蒙版模式编辑”按钮。

要选取新的蒙版颜色，可单击颜色框并选取新颜色。

要更改不透明度，可输入介于 0% 和 100% 之间的值。颜色和不透明度设置都只是影响蒙版的外观，对如何保护蒙版下面的区域没有影响。更改这些设置能使蒙版与图像中的颜色对比更加鲜明，从而具有更好的可见性。

2. 添加矢量蒙版

使用钢笔或形状工具创建矢量蒙版。矢量蒙版是以灰色和白色来显示的，不能设置羽化效果，不能给背景层添加矢量蒙版。

（1）添加显示或隐藏整个图层的矢量蒙版。在图层面板中，选择要添加矢量蒙版的图层。要创建显示整个图层的矢量蒙版，则执行“图层”→“矢量蒙版”→“显示全部”命令；要创建隐藏整个图层的矢量蒙版，则执行“图层”→“矢量蒙版”→“隐藏全部”命令。

（2）添加显示形状内容的矢量蒙版。在图层面板中，选择要添加矢量蒙版的图层。选择一条路径或使用某一种形状或钢笔工具绘制工作路径，然后执行“图层”→“矢量蒙版”→“当前路径”命令，即创建矢量蒙版。

➡注意：

要使用形状工具创建路径，应单击形状工具选项栏中的“路径”[路径]选项。例如，原图像如图 3-32 所示，选择自定义形状工具，在其选项栏中选择“路径”[路径]选项，选择“心形”形状图形，在图像窗口中绘制路径，如图 3-33 所示。选择图层 2，执行“图层”→“矢量蒙版”→“当前路径”命令，即为图层 2 添加矢量蒙版，效果如图 3-34 所示。

图 3-32 原图像

图 3-33 绘制“心形”路径

图 3-34 添加矢量蒙版效果

3. 编辑矢量蒙版

单击图层面板中的矢量蒙版缩览图或路径面板的缩览图，然后使用形状、钢笔或直接选择工具更改形状即可。

4. 移去矢量蒙版

在图层面板中执行下列操作之一：

（1）将矢量蒙版缩览图拖到“删除”图标上；

（2）选择包含要删除的矢量蒙版的图层，执行“图层”→“矢量蒙版”→“删除”命令。

5. 停用或启用矢量蒙版

图 3-35　停用矢量蒙版

执行下列操作之一：

（1）按住 Shift 键并单击图层面板中的矢量蒙版缩览图；

（2）选择包含要停用或启用的矢量蒙版的图层，并执行“图层”→“矢量蒙版”→“停用”命令或“图层”→“矢量蒙版”→“启用”命令。

当蒙版处于停用状态时，图层面板中的蒙版缩览图上会出现一个红色的×，并且会显示出不带蒙版效果的图层内容，如图 3-35 所示。

6. 将矢量蒙版转换为图层蒙版

选择包含要转换的矢量蒙版的图层，然后执行“图层”→“栅格化”→“矢量蒙版”命令或右击矢量蒙版缩览图，在弹出的快捷菜单中选择“栅格化矢量蒙版”命令。矢量蒙版栅格化前后，图层如图 3-36 所示。

图 3-36　矢量蒙版栅格化前后

实例 3　利用“自由变换”命令制作精美包装盒

3.3.1　制作目的

掌握“自由变换”命令的使用方法，实现图像的变换合成。

3.3.2 制作步骤

1. 新建文件

执行“文件”→“新建”命令，弹出图 3-37 所示的“新建文档”对话框。在“名称”文本框中输入新文件名。新建文件的宽度为 1200 像素，高度为 900 像素，分辨率为 72 像素 /英寸，颜色模式为 RGB 颜色。

2. 填充背景

选择渐变工具，把前景色设定为白色，背景色设定为黑色，在渐变编辑器中确认颜色是从黑色到白色的渐变，将渐变方式设定为线性渐变，然后按住 Shift 键，在背景层上从上往下拉渐变直线，填充效果如图 3-38 所示。

图 3-37 “新建文档”对话框

图 3-38 背景层填充效果

3. 复制图像

打开图 3-39 所示素材文件“包装盒.jpg”，选择矩形选框工具，框选包装盒的一面，如图 3-40 所示，再将选区图像复制到新建的“包装盒制作”文件中，生成图层 1，执行“编辑”→“自由变换”命令或按快捷键 Ctrl+T 进行自由变换，将图层 1 调整到合适大小并移动到恰当的位置，效果如图 3-41 所示。

应用前面同样的方法将包装盒其他两面复制到新建的“包装盒制作”文件中，分别生成图层 2 和图层 3，并且分别执行“编辑”→“自由变换”命令或按快捷键 Ctrl+T 进行自由变换，将图层 2 和图层 3 调整到合适大小并移动到恰当的位置，效果如图 3-42 所示。

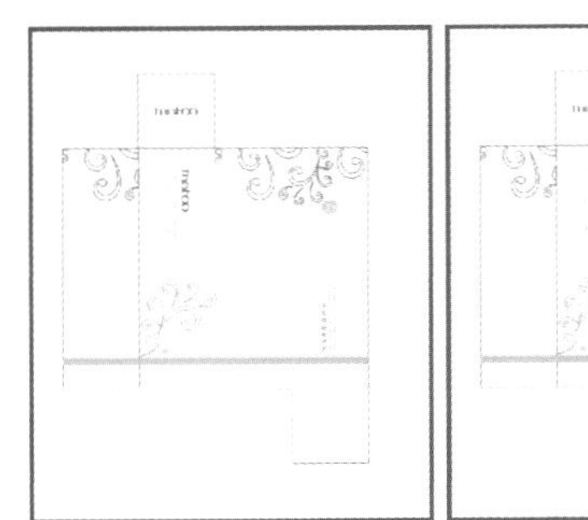
图 3-39 素材——包装盒

图 3-40 用矩形选框工具选择图像

图 3-41 将选区图像复制到新建文件中并调整(图层 1)

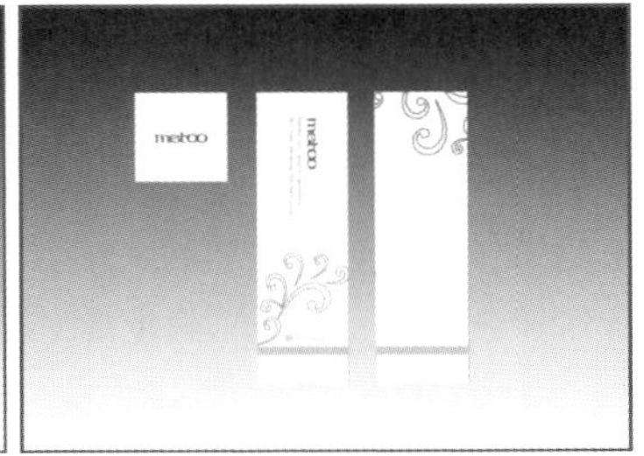
图 3-42 将选区图像复制到新建文件中并调整(图层 2 和图层 3)

4. 修改变换

选择图层 1，执行“编辑”→“自由变换”命令或按快捷键 Ctrl+T，这时图层 1 处于自由变换状态，如

图 3-43 所示，按住 Ctrl 键，可以单独调整图像四角的手柄(控制点)，最后将图像调整至图 3-44 所示。

应用前面同样的方法将包装盒其他两面变换成图 3-45 所示的效果。

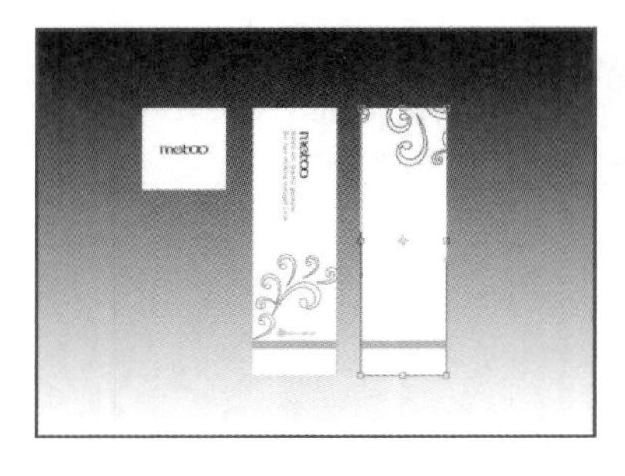

图 3-43　图层 1 处于自由变换状态

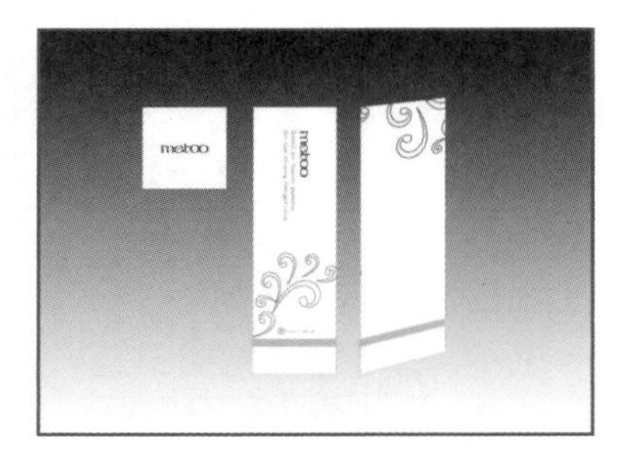

图 3-44　图层 1 自由变换效果

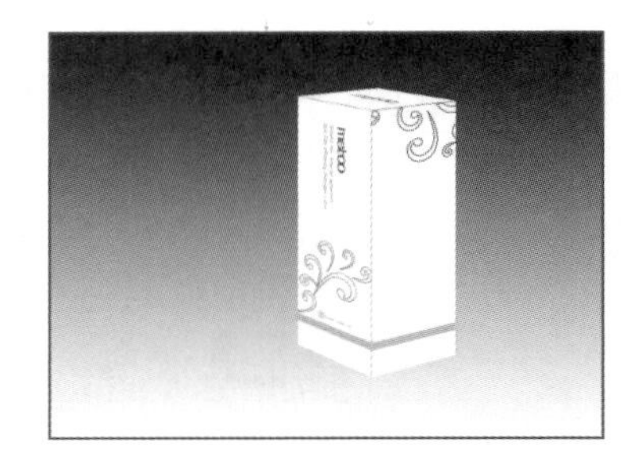

图 3-45　图层 2 和图层 3 自由变换效果

5. 调整图像明度

选择图层 2，执行“图像”→“调整”→“色相/饱和度”命令或按快捷键 Ctrl＋U，在弹出的“色相/饱和度”对话框中设置明度值为－35，其他的值保持默认设置，调整效果如图 3-46 所示。

选择图层 1，执行“图像”→“调整”→“色相/饱和度”命令或快捷键 Ctrl＋U，在弹出的“色相/饱和度”对话框中设置明度值为－8，其他的值保持默认设置，调整效果如图 3-47 所示。

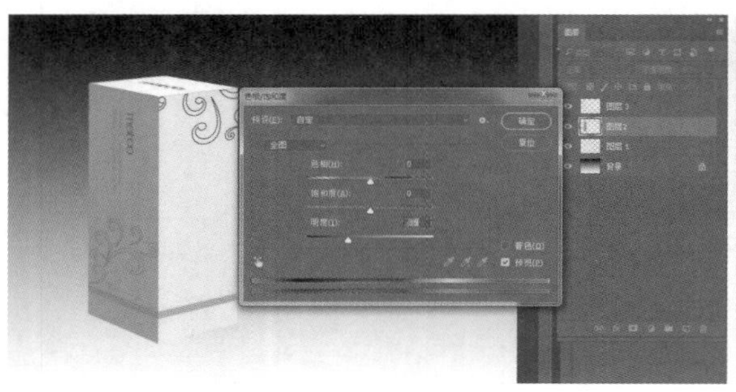

图 3-46　明度值为－35 时的效果

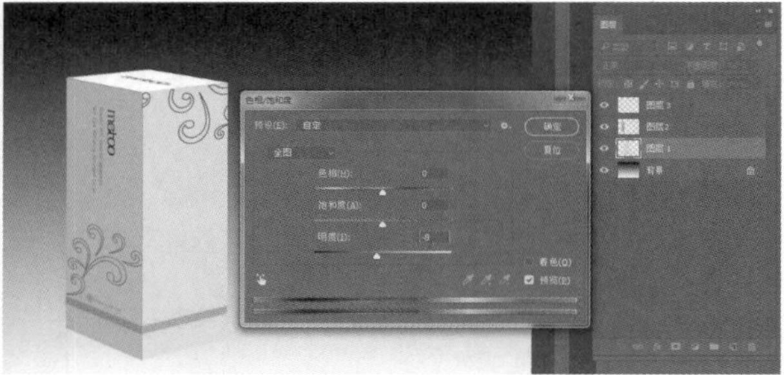

图 3-47　明度值为－8 时的效果

6. 制作投影效果

在背景层上面创建图层 4，选择多边形套索工具，在包装盒图像上绘制一个投影选区，如图 3-48 所示。执行“选择”→“修改”→“羽化”命令，在弹出的对话框中将羽化半径设置为 5 像素，如图 3-49 所示。

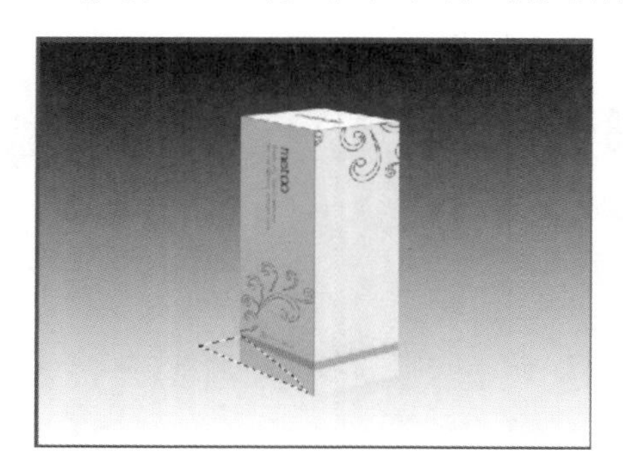

图 3-48　创建投影选区

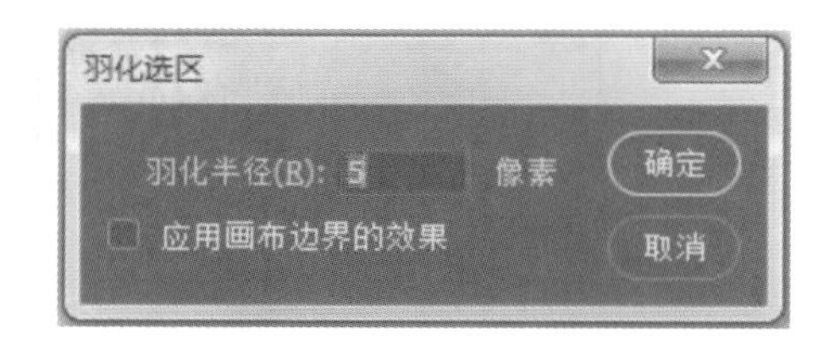

图 3-49　“羽化选区”对话框

用黑色对羽化后的选区进行填充，效果如图 3-50 所示。

按快捷键 Ctrl＋D 取消选区，将图层不透明度调整为 30％，效果如图 3-51 所示。

应用前面同样的方法制作包装盒另外一面，最终效果如图 3-52 所示。

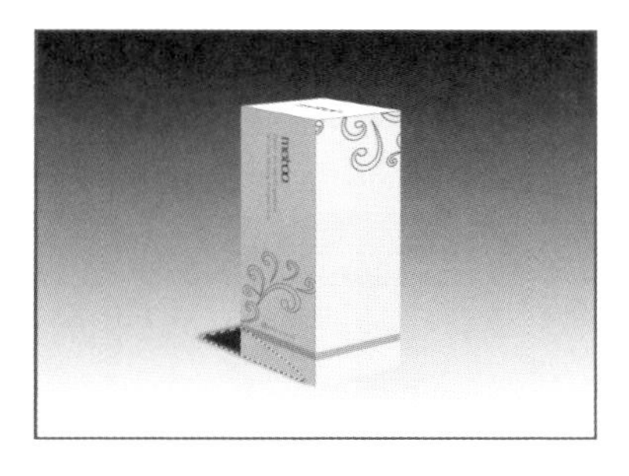

图 3-50 选区填充效果

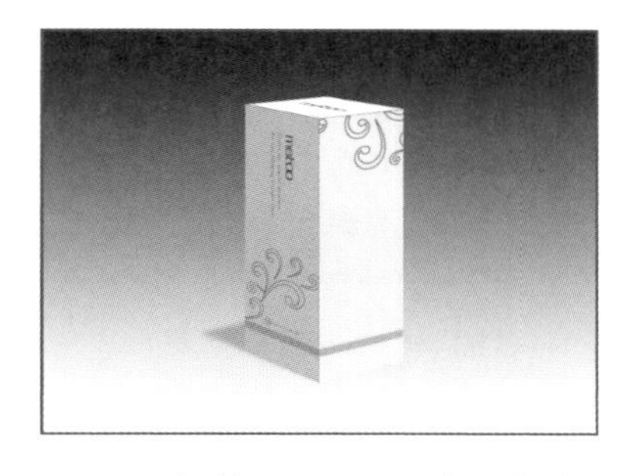

图 3-51 调整图层不透明度后的效果

图 3-52 最终效果图

7. 保存文件

执行"文件"→"存储为"命令,将文件保存为"包装盒制作.jpg"。

3.3.3 知识拓展

1. 自由变换

创建选区后,如果要对选取的对象进行调整,则可执行"编辑"→"自由变换"命令对对象进行旋转、缩放、斜切、扭曲和透视等调整。执行该命令后,选区的四周会出现矩形调整框(也称为定界框),矩形上的方形小框称为手柄(也称控制点)。对选取的对象进行调整也可利用移动工具,在其选项栏中选择"显示变换控件",然后拖动控制点进行调整。

如果仅对选区调整,可执行"选择"→"变换选区"命令。变换选区和自由变换的公共选项栏如图 3-53 所示。

图 3-53 变换选区和自由变换的公共选项栏

- 拖曳缩放:如果要通过拖曳进行缩放,则只需拖曳手柄即可。拖曳角手柄时按住 Shift 键可按比例缩放,拖动手柄时按住 Alt 键可同时缩放对边或四边。
- 根据数字进行缩放:在选项栏的宽度和高度文本框中输入百分比。如要保持长宽同比例缩放,则单击选项栏上的"保持长宽比"按钮。
- 拖移旋转:将鼠标指针移动到定界框的外部(鼠标指针变为弯曲的双向箭头),然后拖曳。按 Shift 键可将旋转限制为按 15°增量进行。
- 根据数字旋转:在选项栏的旋转文本框中输入角度值即可。
- 相对于定界框的中心点扭曲:按住 Alt 键并拖曳手柄。
- 自由扭曲:按住 Ctrl 键并拖曳手柄。
- 斜切:按住快捷键 Ctrl+Shift 并拖曳边手柄。当定位到边手柄上时,鼠标指针变为带一个小双向箭头的白色箭头。根据数字斜切,请在选项栏的 H(水平斜切)和 V(垂直斜切)文本框中输入角度值。
- 透视:按住 Ctrl+Alt+Shift 组合键并拖曳角手柄。当定位到角手柄上时,鼠标指针变为灰色箭头。
- 更改定位中心点:单击选项栏的中心点定位符上的方块,也可用鼠标直接拖动画布上选区的中心点到新位置。若要移动选择的对象,可在选项栏的 X(水平位置)和 Y(垂直位置)文本框中输入新中心的位置值。
- 按钮:单击选项栏中的"在自由变换和变形模式之间切换"按钮,则进入变形模式,这时选项栏变为图 3-54 所示的样子。用户可对当前选择的对象进行变形操作。拖曳控制点可变换对象的形状,也可从选项栏中的“变形”弹出式菜单中选取一种变形样式，变形菜单如图 3-55 所示。从“变形”弹出式菜单中选取一种变形样式(这里选择“凸起”)之后，可以使用方形手柄来调整变形的形状。在调整时可拖曳各个控制点，调整曲线时可拖动控制点手柄，如图 3-56 所示。

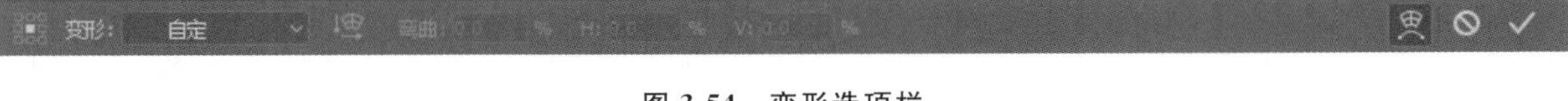

图 3-54　变形选项栏

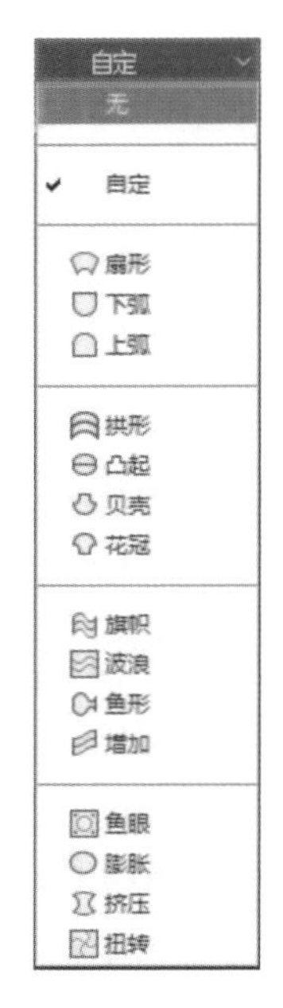

图 3-55　“变形”弹出式菜单

图 3-56　选择“凸起”变形样式后

自由变换设置完成后，再确认操作可执行下列操作之一：按 Enter 键，或单击选项栏中的“提交”按钮，或者在变换选框内双击。

如果要取消自由变换，可按 Esc 键或单击选项栏中的“取消”按钮。

➡注意：

利用快捷键 Ctrl＋Shift＋T 可以将上次做过的操作重复执行一次，也可通过执行“编辑”→“变换”→“再次”命令实现。

2. 变换图像

执行“编辑”→“变换”的下一级菜单命令(主要有旋转、缩放、斜切、扭曲和透视)，可按选定的特定方式对图像进行变换。选择相应命令后，选区的四周会出现矩形调整框、八个控制点和一个中心点标记。用鼠标拖动控制点可进行相应的变换，也可用鼠标拖动中心点标记的位置，改变相应变换的中心点位置。

Photoshop的核心——图层应用

Photoshop DE HEXIN——TUCENG YINGYONG

学习目标

本项目要求学习者掌握以下技能：

- 熟练掌握图层的基本概念和基本操作；
- 区分各类图层的功能与作用；
- 熟练应用图层样式完成效果制作；
- 熟练掌握并应用各种图层混合模式。

实例1 可爱表情——图层的基本操作

图 4-1 可爱表情效果图

制作的可爱表情效果图如图 4-1 所示。

4.1.1 制作目的

认识图层类型，掌握新建和移动图层等图层的基本操作。

4.1.2 制作步骤

1. 新建文件

选择“文件”→“新建”命令，弹出“新建文档”对话框。在“预设详细信息”文本框中输入文件名“可爱表情”。新建文件为 800 像素×600 像素，72 像素/英寸，RGB 颜色模式，背景内容为白色，如图 4-2 所示。

2. 新建图层组

选择“图层”→“新建”→“组”命令，弹出图 4-3 所示的“新建组”对话框。在“名称”文本框中输入文件名“左侧”，其他默认。“左侧”图层组的创建是为了将左边猴子的所有图层放到同一组中方便管理。

图 4-2 “新建文档”对话框(可爱表情)

图 4-3 “新建组”对话框

3. 左侧猴子的制作

选中“左侧”图层组，单击图层面板下面的“创建图层”图标，新建图层并取名“脸型”，将猴子的脸型复制到此图层中，利用移动工具将其移动到左侧的合适位置，效果如图 4-4 所示。

依次利用画笔或者选区绘画出左眼、右眼、腮红、嘴等，完成左侧猴子的制作，效果如图 4-5 所示。

4. 右侧猴子的制作

模仿步骤 3，完成右侧猴子的制作，效果如图 4-6 所示。

5. 添加"可爱表情"标题

选择"左侧"图层组，利用选择工具将左侧的猴子向下移动，使用同样的方法操作"右侧"图层组，给标题空出合适的位置，如图 4-7 和图 4-8 所示。

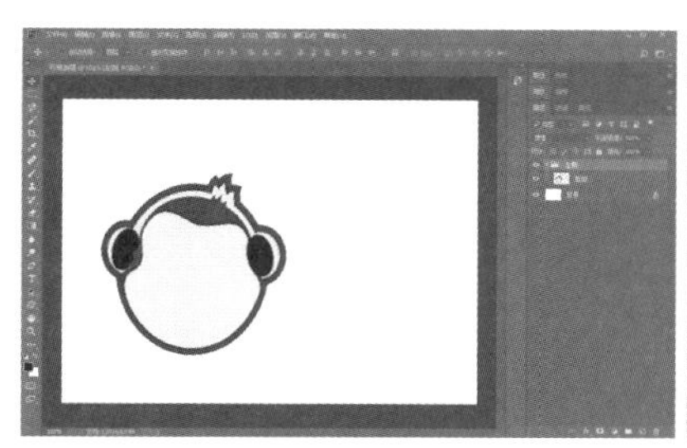

图 4-4　新建左侧"脸型"图层

图 4-5　左侧猴子可爱表情完成效果图

图 4-6　右侧猴子可爱表情完成效果图

选择文字工具（见图 4-9），字体设置为微软雅黑，字号设置为 80 点，字体颜色设置为蓝色 #234ed7。输入"可爱表情"，设置变形文字样式为"扇形""水平"，弯曲为 15%，如图 4-10 所示。效果如图 4-11 所示。

图 4-7　将左侧的猴子向下移动

图 4-8　将右侧的猴子向下移动

图 4-9　文字工具的设置

图 4-10　输入标题

图 4-11　完成标题

6. 绘制相框

新建图层，取名为"相框"，利用选框工具和前景色绘制蓝色相框，如图 4-12 所示。再利用样式，给相框添加"蓝色玻璃（按钮）"的样式效果，如图 4-13 所示。

最后将相框图层移动到背景层之上，完成最终效果，如图 4-14 所示。

图 4-12　添加蓝色相框

图 4-13　设置相框样式

图 4-14　最终效果

7. 保存文件

选择“文件”→“存储为”命令，将文件保存为“可爱表情.jpg”。

4.1.3　知识拓展

1. 图层的基本概念

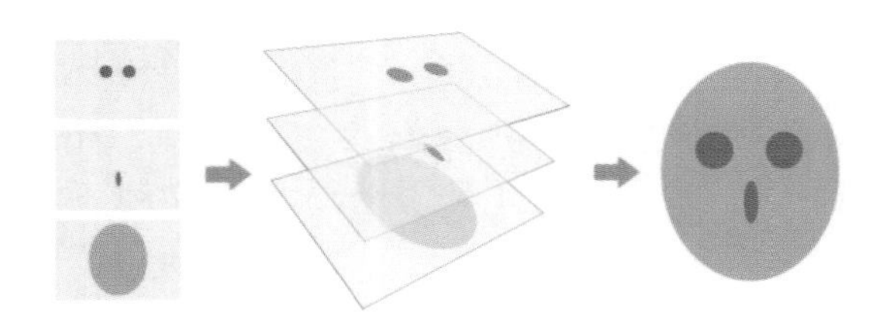

图 4-15　三个图层合成的脸

Photoshop 图层就如同堆叠在一起的透明纸，透过图层的透明区域可以看到下面的图层，移动图层来定位图层上的内容，也可以更改图层的不透明度以使内容部分透明。图层上的透明区域可让用户看到下面的图层，可以使用图层来执行多种任务，如复合多个图像、向图像添加文本或添加矢量图形形状；也可以应用图层样式来添加特殊效果，如投影或发光。

在 Photoshop 中画一张脸的时候，可以将脸型、嘴、眼睛分别花在三个图层上，组合在一起形成脸，如图 4-15 所示。这样的脸很容易修改，可以修改脸型，也可以修改嘴巴或者眼睛的形状，甚至对某个部位不满意，可以将该部位所处的图层删掉重新再画，而对其他部分不会造成任何影响。

2. 图层类型

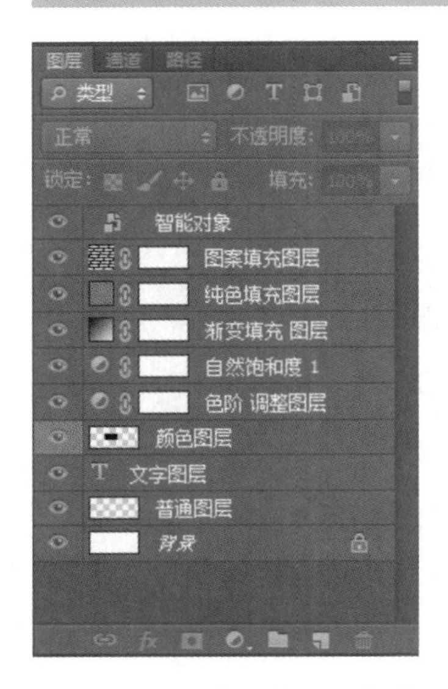

图 4-16　常见的图层类型

Photoshop CC 2018 共有背景图层（简称背景层）、普通图层（简称普通层）、文字图层、调整图层、形状图层和填充图层等几种图层，如图 4-16 所示。

背景图层是位于最下面的一个图层，名称以斜体字“背景”命名，背景图层为锁定状态，一个图像文件只能有一个背景图层，它是不透明的，无法与其他图层调换顺序，在该图层上不能应用任何类型的混合模式。

普通图层是 Photoshop 中最基本的图层类型，新建的普通图层都是透明的，所有的功能都可以在这种图层上得到应用，普通图层可以通过图层混合模式实现与其他图层的融合。

文字图层是使用文字工具后，系统自动生成的图层，只能进行文字输入和编辑。

调整图层是一种比较特殊的图层，它能从整体效果上调整图像的色彩。Photoshop 会将色调和色彩的设置（比如色阶、曲线）转换为一个调整图层，单独存放在文件中，使得可以修改其设置，而不会永久性改变原始图像（例如图 4-16 所示的调整图层就是从色阶上调整图像的色彩）。

形状图层中包含了位图、矢量图两种元素，可以以某种矢量形式保存图像。

填充图层是使用单一颜色、渐变色或者图案填充在新图层中形成的图像遮盖效果。

智能对象是包含栅格或矢量图像中的图像数据的图层。智能对象将保留图像的源内容及其所有原始特性，从而让用户能够对图层执行非破坏性的编辑。

3. 图层面板

图层面板列出了图像中的所有图层、图层组和图层效果，如图 4-17 所示。可以使用图层面板上的各种菜单命令来完成一些图像编辑任务，例如创建、隐藏、复制和删除图层等，如图 4-18 所示。还可以使用图层模式改变图层上图像的效果，如添加阴影、外发光、浮雕等。通过对图层的光线、色相、不透明度等参数的修改，可以制作不同的效果。

图 4-17 中显示了图层面板较简单的功能，图 4-18 是图层的菜单功能，包括新建、复制、删除图层，建立图层组，图层属性，锁定图层，混合选项，图层合并等功能。单击面板右上角的三角形可以从图层面板菜单选取命令。关闭缩览图可以提高性能和节省显示器空间。

图层工具栏中有常用的一些图层操作。例如图 4-17 所示，从右到左依次是删除图层、新建图层、新建组、图层样式、新建蒙版、图层混合模式和图层链接等操作。

4. 图层的基本操作

1）图层的选择

● 在图层面板中单击要选择的图层。

● 要选择多个连续的图层，可单击第一个图层，然后按住 Shift 键单击最后一个图层，如图 4-19 所示。

● 要选择多个不连续的图层，可按住 Ctrl 键（Windows）或 Command 键（Mac OS）并在图层面板中单击这些图层，如图 4-20 所示。

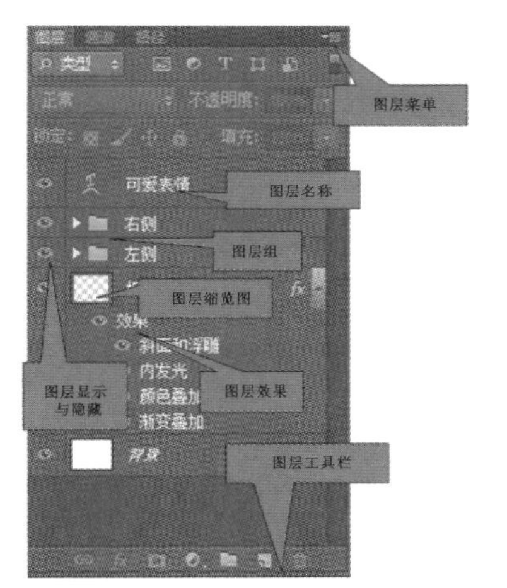

图 4-17　图层面板

图 4-18　图层菜单

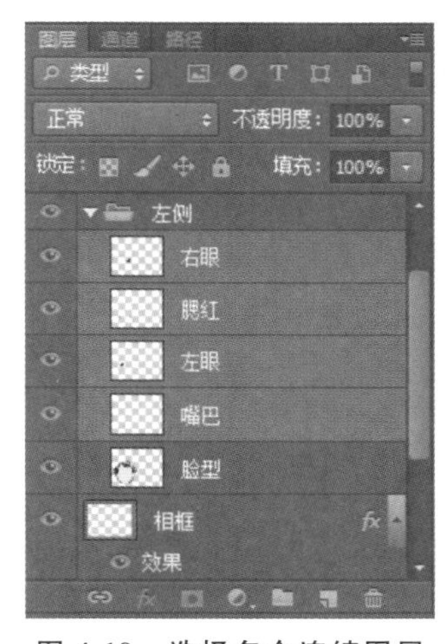

图 4-19　选择多个连续图层

图 4-20　选择多个不连续图层

小提示

在进行选择时，可按住 Ctrl 键（Windows）或 Command 键（Mac OS）并单击图层缩览图外部的区域。按住 Ctrl 键或 Command 键并单击图层缩览图可选择图层的非透明区域。

● 要选择所有图层，可选择"选择"→"所有图层"命令。

● 要选择所有相似类型的图层（如所有文字图层），可选择其中一个图层，然后选择"选择"→"相似图层"命令。

● 要取消选择某个图层，可按住 Ctrl 键（Windows）或 Command 键（Mac OS）的同时单击该图层。

- 要不选择任何图层，可在图层面板中的背景图层或底部图层下方进行单击，或者选择“选择”→“取消选择图层”命令。

2）图层的移动与重命名

选中某个要移动的图层，当出现蓝色选中状态时，用鼠标将其拖动到合适的位置即可完成图层的移动。

双击图层名称，在出现的编辑框中输入新的名称即可完成重命名。

3）图层的复制与删除

需要制作同样效果的图层，可以选中该图层，单击鼠标右键，选择“复制图层”选项；也可以选中该图层，然后用鼠标将该图层拖动到图层面板下方的新建图层工具处。

删除图层时，先选中该图层，单击鼠标右键，选择“删除图层”选项；也可以先选中该图层，然后用鼠标将该图层拖动到图层面板下方的垃圾箱工具处。

5. 图层的叠放次序

在 Photoshop 中，图像一般由多个图层组成，图层之间的叠放顺序直接影响到图像的显示效果，上方的图层总会遮盖其底层的图像。所以在编辑图像时，可以利用调整图层之间的叠放次序来实现不同的效果。具体移动的方法就是用鼠标拖动要移动的图层到合适的位置即可。

如图 4-21 所示，选择要进行调整的图层“人”，将其拖动到图层“树”下面，效果如图 4-22 所示。

图 4-21 选择要进行调整的图层“人”

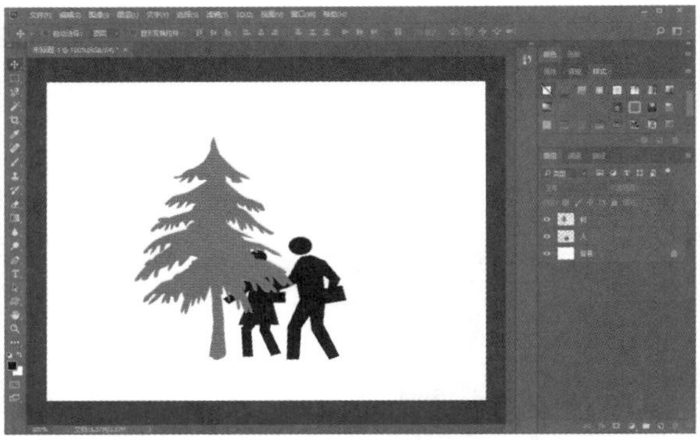

图 4-22 调整图层叠放次序后的效果

6. 图层的锁定

图层可以进行完全或部分锁定以保护其内容。图层锁定后，图层名称的右边会出现一个锁图标 。当图层被完全锁定时，锁图标是实心的；当图层被部分锁定时，锁图标是空心的。

在图层面板中，有 4 种锁定功能 ，从左到右分别是锁定透明像素、锁定图像像素、锁定位置和全部锁定。

- 锁定透明像素 ：将编辑范围限制为只针对图层的不透明部分。此选项与 Photoshop 早期版本中的“保留透明区域”选项等效。
- 锁定图像像素 ：防止使用绘画工具修改图层的像素。

小提示

对于文字图层和形状图层，“锁定透明像素”和“锁定图像像素”选项在默认情况下处于选中状态，而且不能取消选择。

- 锁定位置 ：防止图层的像素被移动。

● 全部锁定：完全锁定该图层，任何绘画操作、编辑操作（包括删除图层、图层混合模式、设置不透明度等功能）均不能在该图层上使用。

7. 图层的链接

图层的链接可以方便地移动多个图层，链接的图层将保持关联，可以同时进行旋转、翻转和自由变形等，不会对不相邻的图层产生影响，直至取消链接为止。

● 链接图层：在图层面板中选择图层或组，单击图层面板底部的链接图标。

● 要取消图层链接，可执行以下操作之一：

(1) 选择一个链接的图层，然后单击链接图标。

(2) 要临时停用链接的图层，可按住 Shift 键并单击链接图层的链接图标，将出现一个红×。按住 Shift 键并单击链接图标可再次启用链接。

(3) 选择链接的图层，然后单击链接图标。要选择所有链接图层，先选择其中一个图层，然后选择"图层"→"选择链接图层"命令。

8. 图层的合并

确定图层内容后可以通过合并图层来缩小图像文件的大小。在合并图层时，顶部图层上的数据替换它所覆盖的底部图层上的任何数据。在合并后的图层中，所有透明区域的交叠部分都会保持透明。

小提示

不能将调整图层或填充图层用作合并的目标图层。

Photoshop 提供了"向下合并""合并可见图层""拼合图像"三种图层合并的命令，如图 4-23 所示。可以利用"图层"菜单或者图层面板右上角的小三角图标调用这些命令。

向下合并(E)	Ctrl+E
合并可见图层	Shift+Ctrl+E
拼合图像(F)	

图 4-23　合并图层命令

● 向下合并：将当前图层与其下一层图层图像合并，其他图层保持不变。合并图层时，需要将当前图层下的图层设置为可视状态。

● 合并可见图层：将图像中所有显示的图层合并，而隐藏的图层则保持不变。

● 拼合图像：将图像中的所有图层合并，在合并过程中如果存在隐藏的图层，会提示是否要删除，确定后将删除所有隐藏图层。

小提示

先选择顶层项目，然后执行"图层"→"合并图层"命令可以合并两个相邻的图层或组。通过执行"图层"→"选择链接图层"命令，然后合并选定的图层，可以合并链接的图层。可以通过选择"图层"→"合并图层"命令来合并两个 3D 图层，它们将共享同一个场景，并且顶部图层将继承底部图层的 3D 属性（相机视图必须相同才能实现）。

9. 图层的对齐

对齐图层可以将 2 个及以上图层中的对象按照指定方式对齐。Photoshop 提供了"顶边""垂直居中""底边""左边""水平居中""右边"6 种对齐方式。可以利用"图层"菜单中的"对齐"来调用这些命令，如图 4-24 所示。

● 顶边：将选定图层上的顶端像素与所有选定图层上最顶端的像素对齐，或与选区边界的顶边

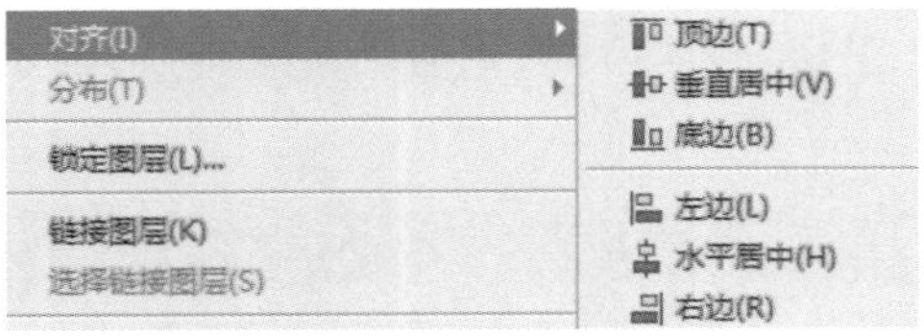

图 4-24 对齐图层命令

对齐。

● 垂直居中：将选定图层上的垂直中心像素与所有选定图层的垂直中心像素对齐，或与选区边界的垂直中心对齐。

● 底边：将选定图层上的底端像素与所有选定图层上最底端的像素对齐，或与选区边界的底边对齐。

● 左边：将选定图层上的左端像素与所有选定图层上的最左端像素对齐，或与选区边界的左边对齐。

● 水平居中：将选定图层上的水平中心像素与所有选定图层的水平中心像素对齐，或与选区边界的水平中心对齐。

● 右边：将选定图层上的右端像素与所有选定图层上的最右端像素对齐，或与选区边界的右边对齐。

图像原始效果如图 4-25 所示，应用 6 种对齐方式后的效果分别如图 4-26 至图 4-31 所示。

图 4-25 图像原始效果

图 4-26 “顶边”对齐效果

图 4-27 “底边”对齐效果

图 4-28 “垂直居中”对齐效果

图 4-29 “水平居中”对齐效果

图 4-30 “左边”对齐效果

图 4-31 “右边”对齐效果

10. 图层的分布

分布图层是根据不同图层上图形间的距离来进行的。Photoshop 提供了“顶边”“垂直居中”“底边”“左边”“水平居中”“右边”6 种分布方式。可以利用“图层”菜单中的“对齐”来调用这些命令，如图 4-32 所示。

● 顶边：从每个图层的顶端像素开始，间隔均匀地分布图层。

● 垂直居中：从每个图层的垂直中心像素开始，间隔均匀地分布图层。

● 底边：从每个图层的底端像素开始，间隔均匀地分布图层。

● 左边：从每个图层的左端像素开始，间隔均匀地分布图层。

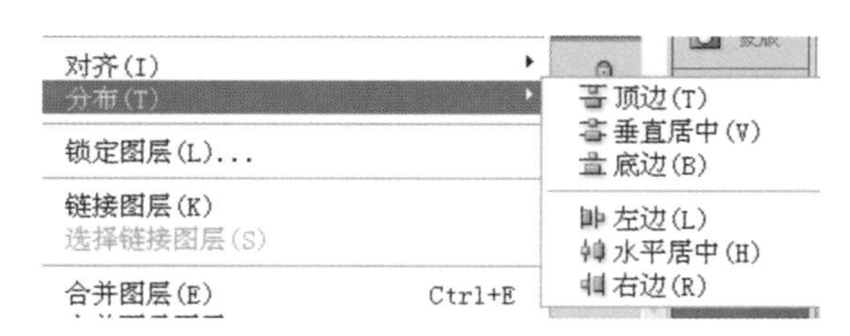

图 4-32 分布图层命令

● 水平居中：从每个图层的水平中心像素开始，间隔均匀地分布图层。

- 右边：从每个图层的右端像素开始，间隔均匀地分布图层。

小提示

图层分布要选择3个以上图层才能进行。

实例2 动物勋章——图层样式的应用

动物勋章素材图如图4-33所示，动物勋章效果图如图4-34所示。

4.2.1 制作目的

掌握应用各种图层样式的方法，并能够灵活应用图层样式进行效果设置。

4.2.2 制作步骤

1. 新建文件

选择“文件”→“新建”命令，弹出“新建文档”对话框。在“预设详细信息”文本框中输入文件名“动物勋章”。新建文件为500像素×400像素，72像素/英寸，RGB颜色模式，背景内容为白色，如图4-35所示。

图4-33 动物勋章素材图

图4-34 动物勋章效果图

图4-35 “新建文档”对话框(动物勋章)

2. 加入小狗的图像

选择“文件”→“打开”命令，打开素材文件“小狗.tif”，利用椭圆选框工具选择适当的图像大小，并将其复制到背景图层中，如图4-36所示。

在图层面板上双击背景图层，在弹出的对话框中输入名称“小狗”(见图4-37)，将其转换为普通图层。

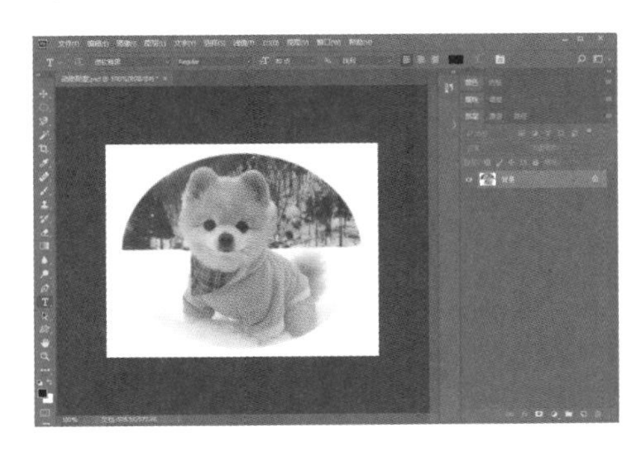

图4-36 复制小狗图像到背景图层

图4-37 将背景图层转换为普通图层

3. 去掉白边

利用魔棒工具、选框工具、套索工具中的任何一种，选中小狗旁边白色多余的部分，按住 Delete 键将其删除，效果如图 4-38 所示。

图 4-38　去白边的效果

4. 增加立体感

应用图层样式中的"斜面和浮雕"效果来设置立体感，选择"图层"→"图层样式"命令，或者在图层面板中双击"小狗"图层缩览图，都可调出"图层样式"对话框。

在"图层样式"对话框中选择"斜面和浮雕"效果，设置样式为"内斜面"，方法为"平滑"，深度为"225%"，方向为"上"，大小为"29 像素"，如图 4-39 所示。确定后生成立体效果，如图 4-40 所示。

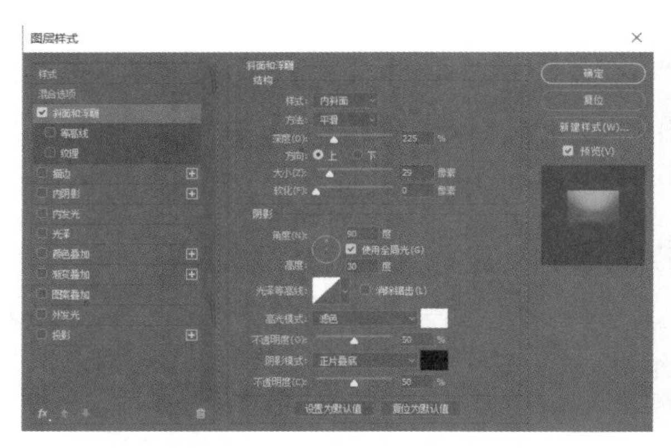

图 4-39　"斜面和浮雕"参数设置

图 4-40　"斜面和浮雕"设置效果

5. 增加彩虹渐变叠加效果

在图层面板中双击"小狗"图层缩览图，在弹出的"图层样式"对话框中选择"渐变叠加"，设置混合模式为"正常"，不透明度为"35%"，颜色为"透明彩虹渐变"，样式为"线性"，角度为"90 度"，缩放为"100%"，如图 4-41 所示。确定后生成彩虹渐变叠加效果，如图 4-42 所示。

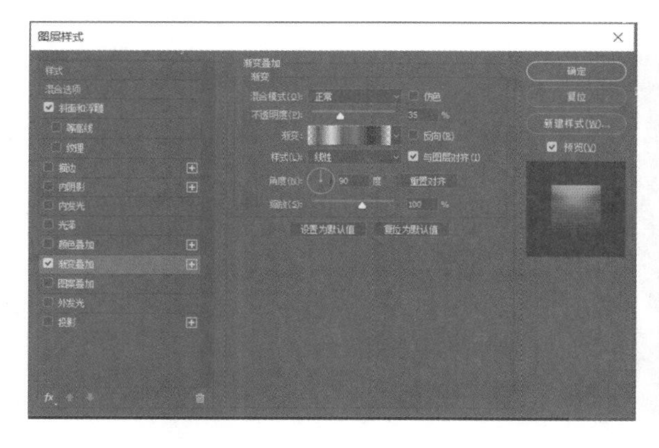

图 4-41　"渐变叠加"参数设置

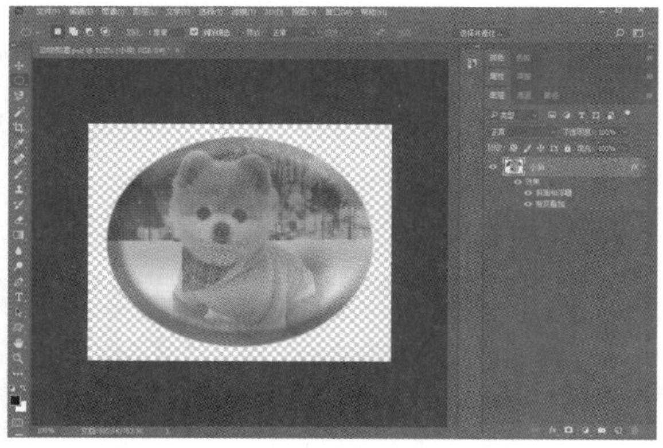

图 4-42　"渐变叠加"设置效果

6. 增加投影效果

在图层面板中双击"小狗"图层缩览图，在弹出的"图层样式"对话框中选择"投影"，设置混合模式为"正片叠底"，颜色为"#000000"，不透明度为"54%"，角度为"60 度"，距离为"11 像素"，扩展为"8%"，大小为“8 像素”,如图 4-43 所示。确定后生成投影效果,如图 4-44 所示。

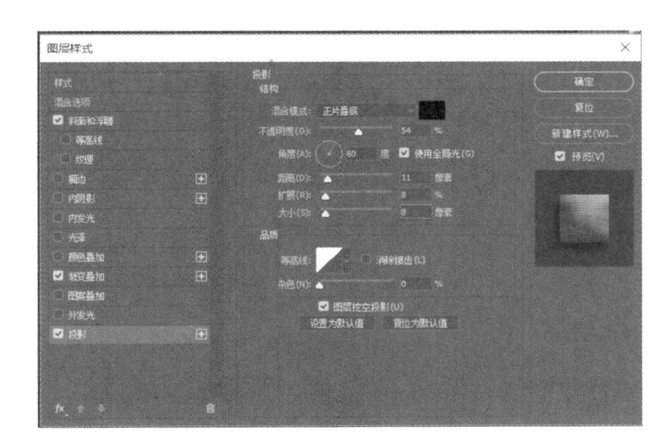

图 4-43 “投影”参数设置

图 4-44 “投影”设置效果

7. 保存文件

选择“文件”→“存储为”命令,将文件保存为“动物勋章.jpg”。

4.2.3 知识拓展

1. 图层之间的转换

1) 背景图层转换为普通图层

使用白色背景或彩色背景创建新图像时,图层面板中最下面的图像称为背景。一幅图像只能有一个背景图层。不能更改背景图层的堆栈顺序、混合模式或不透明度。只有将背景图层转换为普通图层,才能更改这些属性。将背景图层转换为普通图层的方法:在图层面板中,双击背景图层即可。

2) 普通图层转换为背景图层

在图层面板中选中要进行转换的图层,利用“图层”→“新建”→“图层背景”命令就可以把图层中的透明像素转换为背景色,并且该图层将放置到图层堆栈的底部。

特别提示:不能直接通过将普通图层命名为“背景”来创建背景图层,只能使用“图层背景”命令来创建背景图层。

3) 文字图层转换为普通图层

某些命令和工具(如滤镜效果和绘画工具)不可用于文字图层,必须在应用命令或使用工具之前栅格化文字。栅格化将文字图层转换为普通图层,并使其内容不能再作为文本编辑。如果选取了需要栅格化图层的命令或工具,则会出现一条警告信息。这条警告信息提供了一个“确定”按钮,单击此按钮即可栅格化图层。

方法一:“图层”→“栅格化”→“文字”命令。

方法二:在图层面板中,选中要转换的文本图层,在右键弹出的快捷菜单中选择“栅格化文字”。

2. 图层样式

图层样式是 Photoshop 中一项用于制作各种效果的强大功能,利用图层样式功能,可以简单快捷地制作出各种立体投影、各种质感以及光影效果的图像特效。图层样式具有速度更快、效果更精确、可编辑性更强等无法比拟的优势。

图层样式被广泛地应用于各种效果制作当中,其主要体现在以下几个方面:

(1) 通过不同的图层样式选项设置,可以很容易地模拟出各种效果。

(2) 图层样式可以被应用于各种普通的、矢量的和特殊属性的图层上,几乎不受图层类别的限制。

(3) 图层样式具有极强的可编辑性,当图层中应用了图层样式后,会随文件一起保存,可以随时进行参数选项的修改。

(4) 图层样式的选项非常丰富，通过不同选项及参数的搭配，可以创作出变化多样的图像效果。

(5) 图层样式可以在图层间进行复制、移动，也可以存储成独立的文件，将工作效率最大化。

当然，图层样式的操作同样需要在应用过程中注意观察，积累经验，这样才能准确迅速地判断出所要进行的具体操作和选项设置。

图层样式的优点：

① 应用的图层效果与图层紧密结合，即如果移动或变换图层对象文本或形状，图层效果就会自动随着图层对象文本或形状移动或变换。

② 图层效果可以应用于标准图层、形状图层和文本图层。

③ 可以为一个图层应用多种效果。

④ 可以从一个图层复制效果，然后粘贴到另一个图层。

3. 图层样式效果

在 Photoshop 中一共有十种图层样式效果，具体如下：

(1) 投影：为图层上的对象、文本或形状添加阴影效果。投影参数由“混合模式”“不透明度”“角度”“距离”“扩展”和“大小”等各种选项组成，通过对这些选项的设置可以得到需要的效果。

(2) 内阴影：在对象、文本或形状的内边缘添加阴影，让图层产生一种凹陷外观，内阴影效果对文本对象效果更佳。

(3) 外发光：从图层对象、文本或形状的边缘向外添加发光效果。设置相关参数可以让对象、文本或形状更精美。

(4) 内发光：从图层对象、文本或形状的边缘向内添加发光效果。

(5) 斜面和浮雕：其中的“样式”下拉菜单将为图层添加高亮显示和阴影的各种组合效果。

“样式”下拉菜单的解释如下。

① 外斜面：沿对象、文本或形状的外边缘创建三维斜面。

② 内斜面：沿对象、文本或形状的内边缘创建三维斜面。

③ 浮雕效果：创建外斜面和内斜面的组合效果。

④ 枕状浮雕：创建内斜面的反相效果，其中对象、文本或形状看起来下沉。

⑤ 描边浮雕：只适用于描边对象，即在应用描边浮雕效果时才打开描边效果。

(6) 光泽：对图层对象内部应用阴影，与对象的形状互相作用，通常创建规则波浪形状，产生光滑的磨光及金属效果。

(7) 颜色叠加：在图层对象上叠加一种颜色，即用一层纯色填充到应用样式的对象上。从“设置叠加颜色”选项可以通过“选取叠加颜色”对话框选择任意颜色。

(8) 渐变叠加：在图层对象上叠加一种渐变颜色，即用一层渐变颜色填充到应用样式的对象上。通过渐变编辑器还可以选择其他的渐变颜色。

(9) 图案叠加：在图层对象上叠加图案，即用一致的重复图案填充对象。从图案拾色器还可以选择其他的图案。

(10) 描边：使用颜色、渐变颜色或图案描绘当前图层上的对象、文本或形状的轮廓，对于边缘清晰的形状(如文本)，这种效果尤其有用。

应用图层样式的方法如下：

方法一：“图层”→“图层样式”命令。

方法二：在图层面板中，双击要进行设置的图层缩览图。

方法三：在图层面板中，选中要进行设置的图层，在右键快捷菜单中，或单击图层面板右上方的小三角，在弹出的菜单中，选择“混合选项”。

方法四：在图层面板中，选中要进行设置的图层，在面板的下方工具栏处选择 fx 工具进行设置。

在图4-45所示的图像上应用十种图层样式，效果分别如图4-46至图4-55所示。

图4-45　图像原始效果

图4-46　“投影”样式效果

图4-47　“内投影”样式效果

图4-48　“外发光”样式效果

图4-49　“内发光”样式效果

图4-50　“斜面和浮雕”样式效果

图4-51　“光泽”样式效果

图4-52　“颜色叠加”样式效果

图4-53　“渐变叠加”样式效果

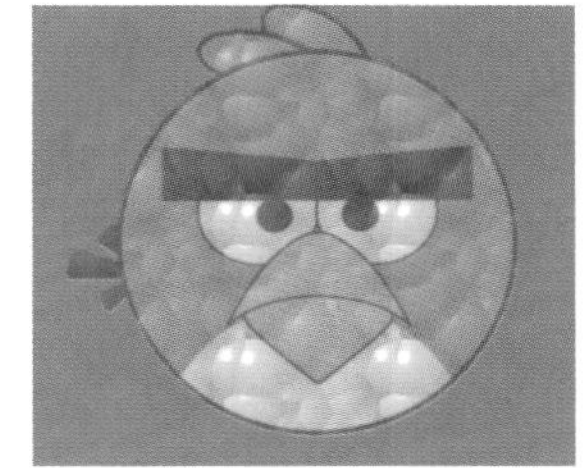

图4-54　“图案叠加”样式效果

图4-55　“描边”样式效果

4. 图层样式选项

在图层样式设置中，各种选项参数的具体含义如下：

- 高度：对于斜面和浮雕效果，设置光源的高度。值为0表示底边，值为90表示图层的正上方。
- 角度：确定效果应用于图层时所采用的光照角度。可以在文档窗口中拖动以调整投影、内阴影或光泽效果的角度。
- 消除锯齿：混合等高线或光泽等高线的边缘像素。此选项在具有复杂等高线的小阴影上最有用。
- 混合模式：确定图层样式与下层图层（可以包括也可以不包括现用图层）的混合方式。例如，内阴影与现用图层混合，因为此效果绘制在该图层的上部，而投影只与现用图层下的图层混合。在大多数情况下，每种效果的默认模式都会产生最佳结果。
- 阻塞：模糊之前收缩内阴影或内发光的杂边边界。
- 颜色：指定阴影、发光或高光。可以单击颜色框并选取颜色。
- 等高线：使用纯色发光时，等高线允许用户创建透明光环。使用渐变填充发光时，等高线允许用户创建渐变颜色和不透明度的重复变化。在斜面和浮雕中，可以使用等高线勾画在浮雕处理中被遮住的起伏、凹陷和凸起。使用阴影时，可以使用等高线指定渐隐。
- 距离：指定阴影或光泽效果的偏移距离。可以在文档窗口中拖动以调整偏移距离。
- 深度：指定斜面深度。它还指定图案的深度。

● 使用全局光：可以使用它来设置一个“主”光照角度，此角度可用于使用阴影的所有图层效果，如“投影”“内阴影”及“斜面和浮雕”。在任何这些效果中，如果选中“使用全局光”并设置一个光照角度，则该角度将成为全局光源角度。选定了“使用全局光”的任何其他效果将自动继承相同的角度设置。如果取消选择“使用全局光”，则设置的光照角度成为“局部的”并且仅应用于该效果。也可以通过选取“图层样式”→“全局光”来设置全局光源角度。

● 光泽等高线：创建有光泽的金属外观。光泽等高线是在为斜面和浮雕加上阴影效果后应用的。

● 渐变：指定图层效果的渐变。单击“渐变”以显示渐变编辑器，或单击倒箭头并从弹出式面板中选取一种渐变。可以使用渐变编辑器编辑渐变或创建新的渐变。在渐变叠加面板中，可以像在渐变编辑器中那样编辑颜色或不透明度。对于某些效果，可以指定附加的渐变选项。“反向”翻转渐变方向，“与图层对齐”使用图层的外框来计算渐变填充，而“缩放”则缩放渐变的应用。还可以通过在图像窗口中单击和拖动来移动渐变中心。“样式”指定渐变的形状。

● 高光模式或阴影模式：指定斜面和浮雕高光或阴影的混合模式。

● 抖动：改变渐变的颜色和不透明度的应用。

● 图层挖空投影：控制半透明图层中投影的可见性。

● 杂色：指定发光或阴影的不透明度中随机元素的数量。输入值或拖动滑块进行设置。

● 不透明度：设置图层效果的不透明度。输入值或拖动滑块进行设置。

● 图案：指定图层效果的图案。单击弹出式面板并选取一种图案。单击“新建预设”按钮，根据当前设置创建新的预设图案。单击“贴紧原点”，使图案的原点与文档的原点相同（在“与图层链接”处于选定状态时），或将原点放在图层的左上角（如果取消选择了“与图层链接”）。如果希望图案在图层移动时随图层一起移动，可选择“与图层链接”。拖动“缩放”滑块，或输入一个值以指定图案的大小。拖动图案可在图层中定位图案；通过使用“贴紧原点”按钮来重设位置。如果未载入任何图案，则“图案”选项不可用。

● 位置：指定描边效果的位置是“外部”“内部”还是“居中”。

● 范围：控制发光中作为等高线目标的部分或范围。

● 大小：指定模糊的半径和大小或阴影大小。

● 软化：模糊阴影效果可减少多余的人工痕迹。

● 源：指定内发光的光源。选取“居中”以应用从图层内容的中心发出的光，选取“边缘”以应用从图层内容的内部边缘发出的光。

● 扩展：模糊之前扩大杂边边界。

● 样式：指定斜面样式。“内斜面”在图层内容的内边缘上创建斜面；“外斜面”在图层内容的外边缘上创建斜面；“浮雕效果”模拟使图层内容相对于下层图层呈浮雕状的效果；“枕状浮雕”模拟将图层内容的边缘压入下层图层中的效果；“描边浮雕”将浮雕应用于图层的描边效果的边界。（如果未将任何描边应用于图层，则“描边浮雕”效果不可见。）

● 方法：“平滑”“雕刻清晰”和“雕刻柔和”可用于斜面和浮雕效果，“柔和”与“精确”应用于内发光和外发光效果。

平滑：稍微模糊杂边的边缘，可用于所有类型的杂边，不论其边缘是柔和的还是清晰的。此技术不保留大尺寸的细节特征。

雕刻清晰：使用距离测量技术，主要用于消除锯齿形状（如文字）的硬边杂边。它保留细节特征的能力优于平滑技术。

雕刻柔和：使用经过修改的距离测量技术，虽然不如“雕刻清晰”精确，但对较大范围的杂边更有用。它保留特征的能力优于平滑技术。

柔和：应用模糊，可用于所有类型的杂边，不论其边缘是柔和的还是清晰的。柔和不保留大尺寸的细节特征。

精确：使用距离测量技术创造发光效果，主要用于消除锯齿形状（如文字）的硬边杂边。它保留特征的能力优于柔和技术。

- 纹理：应用一种纹理。使用“缩放”来缩放纹理的大小。如果要使纹理在图层移动时随图层一起移动，要选择“与图层链接”。“反相”使纹理反相。“深度”改变纹理应用的程度和方向（上/下）。“贴紧原点”使图案的原点与文档的原点相同（如果取消选择了“与图层链接”），或将原点放在图层的左上角（如果“与图层链接”处于选定状态）。拖动纹理可在图层中定位纹理。

实例 3 特效画——图层混合模式的应用

特效画的素材图如图 4-56 所示，效果图如图 4-57 所示。

4.3.1 制作目的

熟悉和掌握各种图层混合模式，能够灵活应用混合模式完成效果图的制作。

4.3.2 制作步骤

1. 新建文件

选择“文件”→“新建”命令，弹出“新建文档”对话框。在“预设详细信息”文本框中输入文件名“特效画”。新建文件为 800 像素×800 像素，119.99 像素/英寸，RGB 颜色模式，背景内容为白色，如图 4-58 所示。

图 4-56 特效画素材

图 4-57 特效画效果图

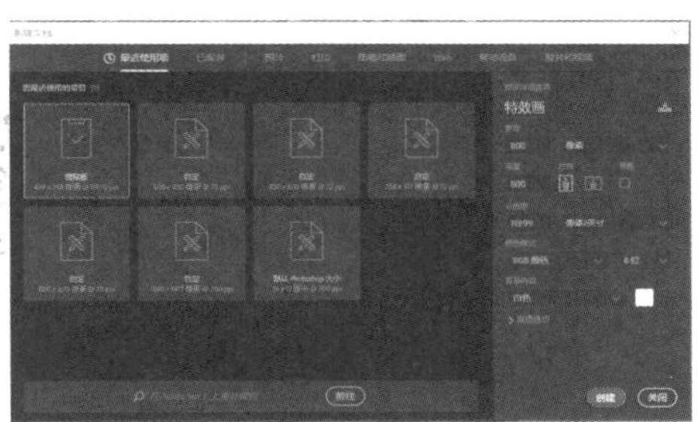

图 4-58 “新建文档”对话框（特效画）

2. 设置背景颜色

双击前景色，在弹出的“拾色器（前景色）”对话框中设置颜色为（227，135，5），如图 4-59 所示。选中背景图层，用前景色进行填充，效果如图 4-60 所示。

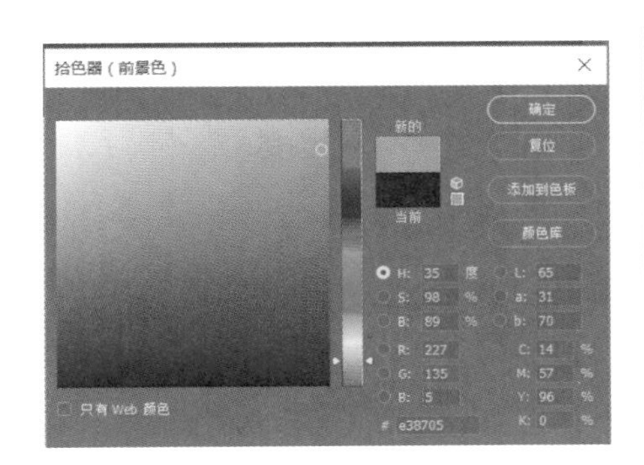

图 4-59 拾色器窗口

图 4-60 设置背景颜色

3. 加入底色

新建图层“底色”，将素材文件“底色.jpg”复制进来，并适当调整大小，效果如图 4-61 所示。

4. 设置正片叠底

选中“底色”图层，在图层混合模式下拉框中选择“正片叠底”，效果如图 4-62 所示。

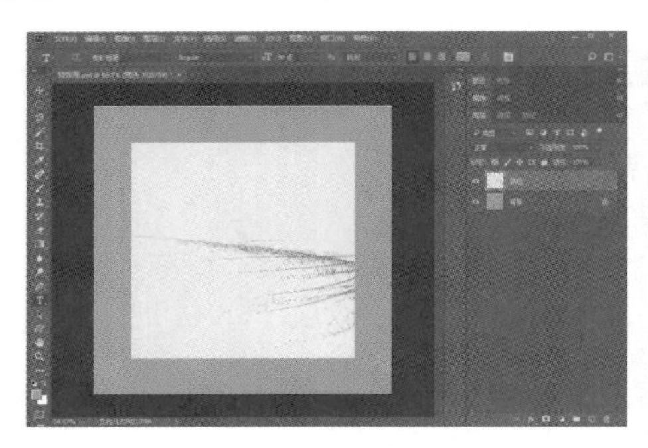

图 4-61　加入“底色”图层并调整大小

图 4-62　设置“底色”图层正片叠底效果

5. 复制并设置马

新建图层“马”，将素材文件“马.tif”复制进来，并将图层模式设置为“正片叠底”，效果如图 4-63 所示。

6. 设置滤色效果

新建图层“滤色”，将素材文件“滤色.jpg”复制进来，如图 4-64 所示。然后按 Ctrl+I 对其进行反相处理，变成中间黑色，四周白色，如图 4-65 所示。最后再将其图层模式设置为“滤色”，完成最终效果如图 4-66 所示。

图 4-63　“马”图层正片叠底效果

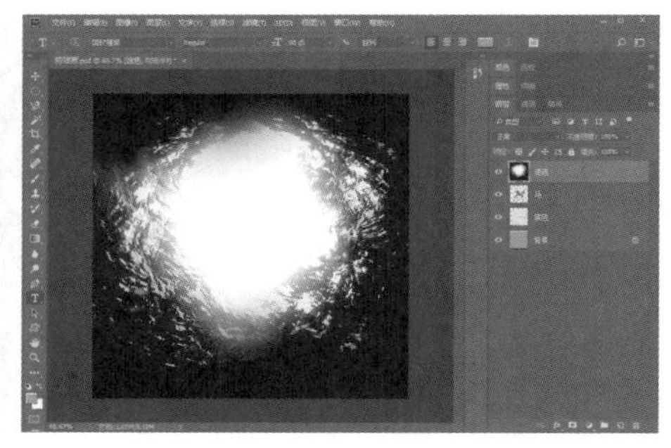

图 4-64　加入“滤色”图层

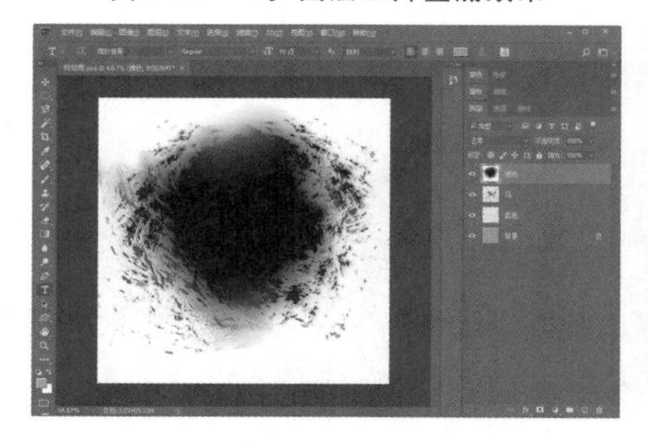

图 4-65　“滤色”图层完成反相效果

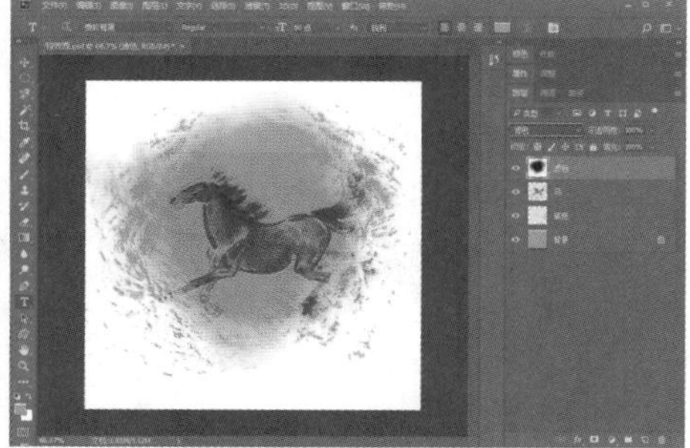

图 4-66　“滤色”图层完成滤色效果

7. 保存文件

选择“文件”→“存储为”命令，将文件保存为“特效画.jpg”。

4.3.3 知识拓展

图层的混合模式

图层的混合模式包括“图层不透明度”“填充不透明度”和“混合模式”的功能，通过这 3 类功能可以制作出很多图像合成效果。其中：“图层不透明度”用于设置图层的整体不透明度；“填充不透明度”用于设置图层内容的不透明度；“混合模式”是指当图像叠加时，上方图像的像素如何与下方图像的像素进行混合，以得到最终效果。

Photoshop 提供了多种图层混合模式，具体如下：

- 正常模式：系统默认模式，绘图时将使用前景色完全覆盖原图像的像素颜色，可以通过工具属性栏上“不透明度”选项来设置覆盖的程度。在运算或应用图像时使用该模式，完全不加混合地将源图层或通道复制到目标图层、通道，替代目标。
- 溶解模式：可以随机地挑选绘图颜色，然后覆盖图像原来的颜色，也可通过“不透明度”来设置溶解效果。
- 变暗模式：将原图像中比前景色更亮的像素颜色替换成前景色。
- 正片叠底模式：把当前颜色与原图像颜色混合相乘，得到比原来的两种颜色更深的第 3 种颜色。(在正片叠底模式下将任何颜色与黑色相乘仍为黑色，将任何颜色与白色相乘仍为白色，因此该模式用在非黑白色下的效果较明显。)此模式就像是将两幅透明的图像重叠夹在一起放在一张发光的桌子上。任何在原来每幅图像上黑的部分在结果中为黑，任何在原来每幅图像上白的或是被清除的部分会让用户透过它看到另外一幅图像上相同位置的部分。
- 滤色模式：和正片叠底正好相反，它是将两个颜色的互补色素值相乘，然后再除以 255 得到最终色的像素值。通常执行滤色模式后的颜色都较浅。
- 变亮模式：使上方图层的暗调区域变为透明，通过下方的较亮区域使图像更亮。
- 颜色加深模式：使用前景色变暗原图像颜色，以反映出混合色，但对原图像中的白色区域无任何效果。
- 线性加深模式：使用前景色变暗原图像颜色，但对原图像中的白色区域也有同样作用。
- 颜色减淡模式：使用前景色变亮原图像颜色，但对黑色图像无任何效果。
- 线性减淡模式：同样使用前景色变亮原图像颜色，但对黑色也有同样作用。
- 叠加模式：使用前景色与原图像颜色叠加作为混合颜色，并反映出原颜色的明暗程度，它是正片叠底和屏幕模式的合并。效果：原图像中黑暗的区域被叠底而光亮的区域被屏幕化，最亮的部分和阴影部分被一定程度地保存下来。
- 柔光模式：根据前景色的灰度值来对原图像进行处理。当绘图工具颜色比原图像颜色淡时，原图像颜色就变亮；比原图像颜色暗时，原图像颜色将变暗。
- 强光模式：与柔光模式类似，效果就像一束强光照射在图像上一样，当前景色的灰度小于 50%时，其效果相当于漂白模式，当混合色的灰度大于 50%时，其效果相当于重叠模式。
- 亮光模式：根据图像，通过增加或者降低对比度，来加深或者减淡颜色。如果图像色比 50%的灰亮，图像通过降低对比度被照亮；如果图像色比 50%的灰暗，图像通过增加对比度变暗。
- 线性光模式：根据图像色，通过增加或者降低亮度，来加深或者减淡颜色。如果图像色比 50%的灰亮，图像通过增加亮度被照亮；如果图像色比 50%的灰暗，图像通过降低亮度变暗。
- 点光模式：根据图像色来替换颜色。如果图像色比 50%的灰亮，比图像色暗的像素被替换，比图像色亮的像素不变；如果图像色比 50%的灰暗，比图像色亮的像素被替换，比图像色暗的像素不变。
- 实色混合模式：通常情况下，两个图层的混合结果是亮色更加亮了，暗色更加暗了。
- 差值模式：将前景色与原图像颜色的亮度值进行比较，两者的差值作为结果颜色通道的值。通常黑色图像将不发生变化。
- 排除模式：其效果与差值模式基本相同，只是其效果颜色更为柔和。

- 色相模式：将前景色的色相用于原图像中，但并不改变原图像的亮度与饱和度。
- 饱和度模式：只将前景色的饱和度用于原图像中，并不改变原图像的亮度与色相。
- 颜色模式：只将前景色的色相和饱和度用于原图像中，而不改变其亮度。
- 明度模式：与颜色模式正好相反，明度模式采用底色的色相和饱和度，以及绘画色的亮度来创建最终色。
- 深色模式：可以对图片的局部进行变暗处理。
- 浅色模式：跟深度模式正好相反，可以对图片的局部进行变亮处理。

对图 4-67 所示的图像进行各种图层混合模式设置，效果分别如图 4-68 至图 4-91 所示。

图 4-67　图像原始效果

图 4-68　溶解模式效果

图 4-69　变暗模式效果

图 4-70　正片叠底模式效果

图 4-71　颜色加深模式效果

图 4-72　线性加深模式效果

图 4-73　深色模式效果

图 4-74　变亮模式效果

图 4-75　滤色模式效果

图 4-76　颜色减淡模式效果

图 4-77　线性减淡模式效果

图 4-78　浅色模式效果

图 4-79　叠加模式效果

图 4-80　柔光模式效果

图 4-81　强光模式效果

图 4-82　亮光模式效果

图 4-83 线性光模式效果

图 4-84 点光模式效果

图 4-85 实色混合模式效果

图 4-86 差值模式效果

图 4-87 排除模式效果

图 4-88 颜色模式效果

图 4-89 明度模式效果

图 4-90 色相模式效果

图 4-91 饱和度模式效果

举一反三，课后练兵

利用图层的各种知识，完成照片撕开的效果。素材图如图 4-92 所示，效果图如图 4-93 所示。

图 4-92 素材图

图 4-93 效果图

图像的校正与改善

TUXIANG DE JIAOZHENG YU GAISHAN

学习目标

本项目要求学习者掌握以下技能：

- 能够使用“色彩平衡”命令调整图片的色彩；
- 能利用色阶、色相/饱和度、亮度/对比度、照片滤镜等命令对照片进行调整；
- 能利用“匹配颜色”命令将图片制作成夕阳效果；
- 能用阈值、渐变映射等命令制作完成个性画效果；
- 能使用“色调分离”和“色调均化”命令将照片制作成油画效果。

实例1 黑白图片上色

5.1.1 制作目的

本实例讲述了“色彩平衡”命令的应用原理，以及使用“色彩平衡”命令调整图片色彩的方法。使用“色彩平衡”命令可以更改图像的总体颜色混合，并且在阴影区、中间调区和高光区通过控制各个单色的成分来平衡图像的色彩。

5.1.2 制作步骤

1. 打开素材

分别打开图5-1和图5-2所示的素材，并激活图5-1所示的素材。

2. 调整素材

选择移动工具，将图5-1所示的素材拖动到图5-2所示的视图里，并按快捷键Ctrl+T，水平翻转图像，调整角度，效果如图5-3所示。

图5-1 素材图1

图5-2 素材图2

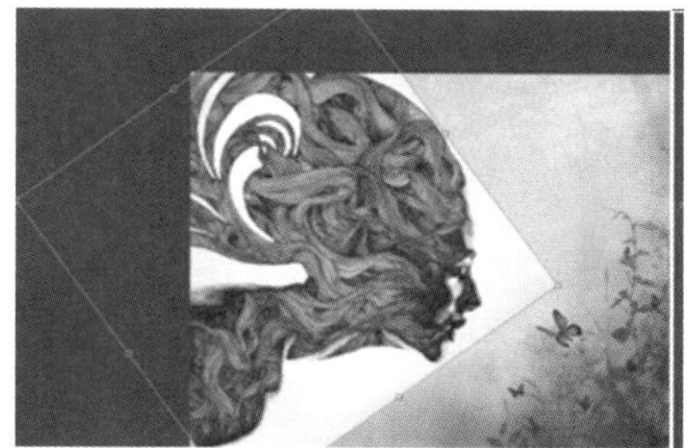

图5-3 调整图像角度

3. 选择魔棒工具去除图像背景

选择魔棒工具，选择白色背景色，并将其删除掉，然后适当调整图像的大小，如图5-4所示。

图5-4 去除白色背景

4. 用“色彩平衡”命令调整图像色彩

执行“图像”→“调整”→“色彩平衡”命令，打开“色彩平衡”对话框。默认状态下“中间调”处于选择状态，参数调整为图5-5所示，效果如

图 5-6 所示。

在“色调平衡”对话框中选择“阴影”选项，修改图像阴影部分的颜色，参数调整为图 5-7 所示，效果如图 5-8 所示。

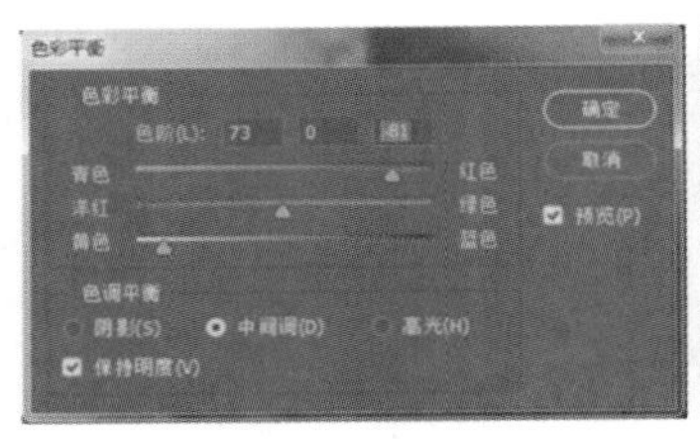

图 5-5　色彩平衡“中间调”选项

图 5-6　效果图 1

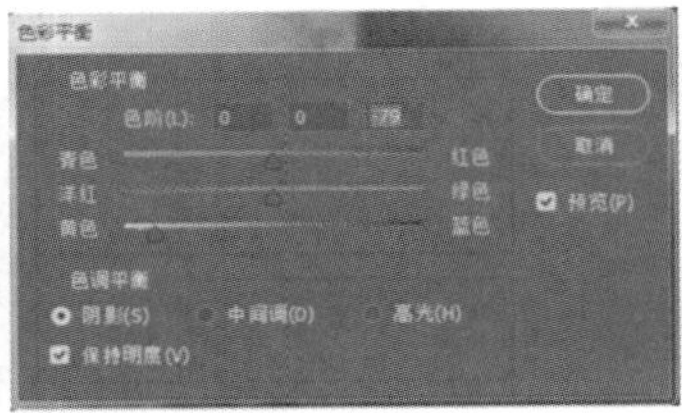

图 5-7　色彩平衡“阴影”选项

图 5-8　效果图 2

在“色调平衡”对话框中选择“高光”选项，此时调整高光部分的黄色。参数调整为图 5-9 所示，效果如图 5-10 所示。

5. 用“色阶”命令调整图像色彩

执行“图像”→“调整”→“色阶”命令，在“色阶”对话框中设置参数如图 5-11 所示，最终效果如图 5-12 所示。

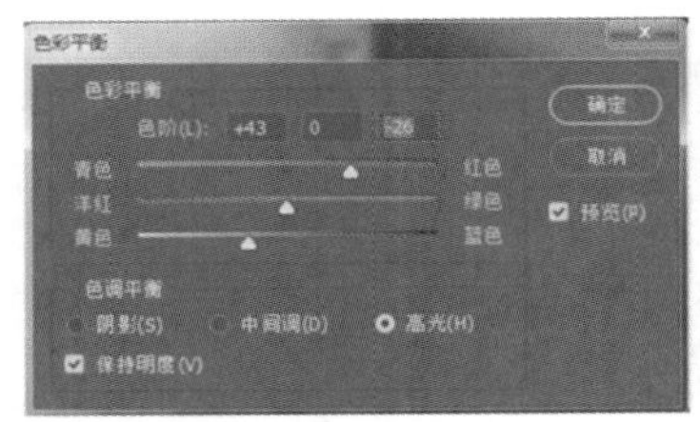

图 5-9　色彩平衡“高光”选项

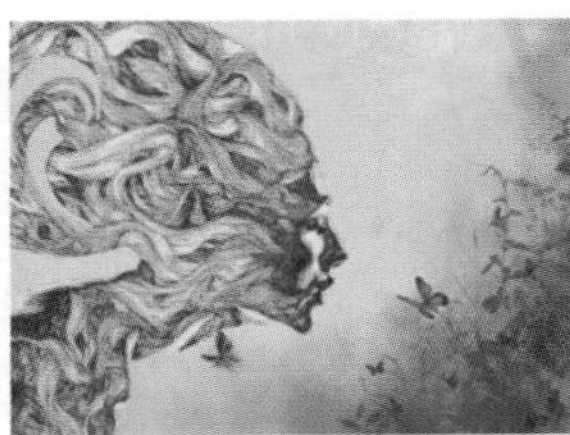

图 5-10　效果图 3

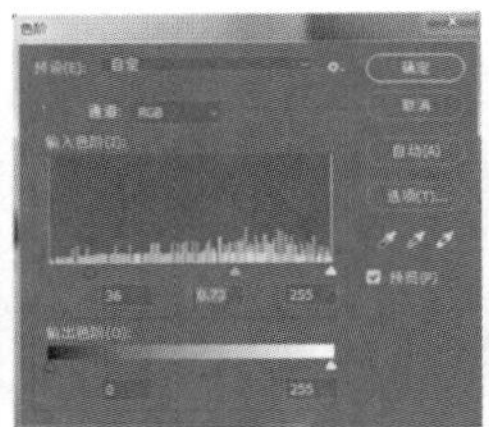

图 5-11　“色阶”对话框

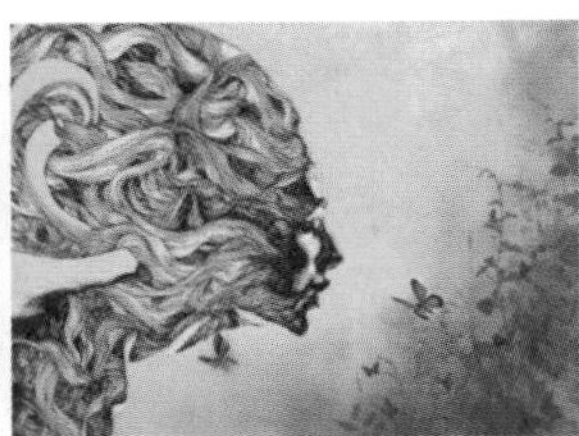

图 5-12　最终效果图

6. 保存文件

执行“文件”→“存储为”命令，将文件保存为“黑白图片上色.jpg”。

5.1.3　知识拓展

1. “色阶”命令

1）色阶的概念

色阶是指图像像素的亮度值，它有 $2^8=256$ 个等级，范围是 0 至 255。色阶值越小，像素越亮；色阶值越大，像素越暗。

通过色阶工具可以调整图像的阴影、中间调和高光的强度级别，可以校正图像的色调范围和颜色平衡。一幅图像中的色阶等级越多，图像的亮度层次越丰富，图像色调看起来越舒服。色阶直方图用作调整图像基本色调的直观参考。

2）色阶直方图

图像的色阶直方图用图形表示图像的每个亮度级别的像素数量，显示像素在图像中的分布情况。直方图面板提供许多选项，供用户查看有关图像的色调和颜色信息。默认情况下，直方图显示整个图像的色调范围。若仅显示图像某一部分的直方图数据，应先选择该部分。

3）直方图面板

单击“窗口”→“直方图”命令，即可调出直方图面板。素材图如图 5-13 所示，图像的直方图如图 5-14 所示。

图 5-14 所示的直方图面板中各项参数的含义如下：

通道：在其下拉列表中选择亮度和颜色通道。

平均值：整个图像或选区内像素的平均亮度值。

标准偏差：亮度值的变化范围。

中间值：亮度值范围内的中间值。

像素：整个图像内或选区内的像素总数。

色阶：显示指针所指区域的亮度级别。

数量：当前指针所指处的像素总数，若有色阶选区，则显示的是选区内像素的数量。

百分位：显示指针所指的级别或该级别以下的像素累计数。该值表示图像中所有像素的百分数，从最左侧的 0%到最右侧的 100%。如有色阶选区，则表示该选区内像素总数所占百分数。

高速缓存级别：显示当前用于创建直方图的图像高速缓存，当高速缓存级别大于 1 时，直方图将显示的更快，因为它是通过对图像中的像素进行典型性取样而衍生出的，原始图像的高速缓存级别为 1。

4）用色阶调整图像

当图像需要变亮或变暗时，可以执行“色阶”命令对图像进行调整。“色阶”命令可以通过调整图像的阴影、中间调和高光等的强度级别，修正图像的色彩范围和色彩平衡。

选择“图像”→“调整”→“色阶”命令，素材图如图 5-13 所示，进入“色阶”对话框，如图 5-15 所示。

图 5-13 素材图

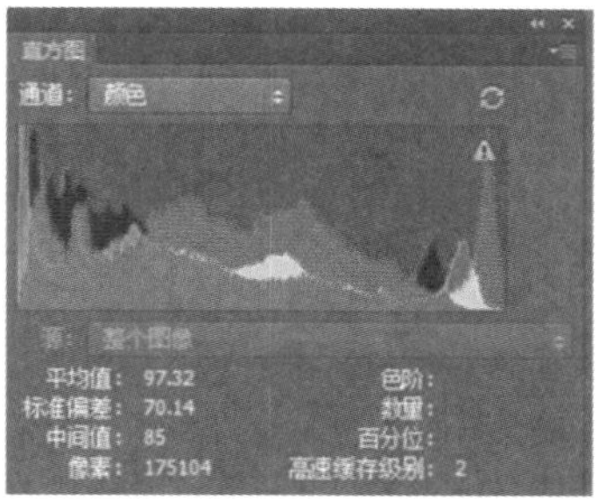

图 5-14 直方图面板

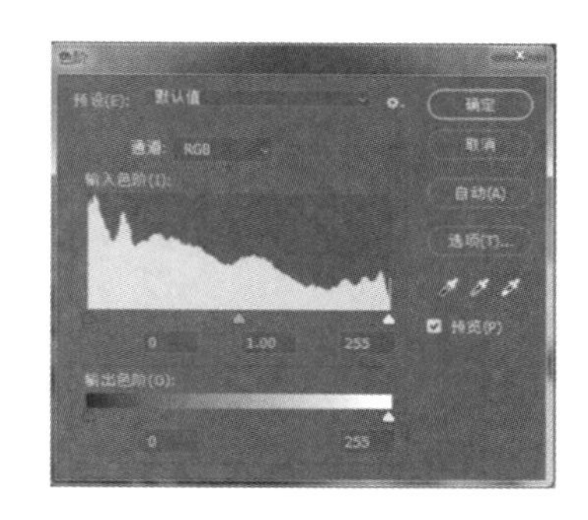

图 5-15 “色阶”对话框

在“色阶”对话框中，可以设置以下参数：

- “通道”下拉列表框：可以选择要进行色调调整的通道。
- 输入色阶：用于显示当前的数值，三个数值分别对应图像的阴影、中间调和高光。可以直接在框中输入数值，也可以拖动三个滑块来调整。
- 输出色阶：用于显示将要输出的数值，可以限定处理后图像的亮度范围。

打开一幅图片，如图 5-16 所示。选择“图像”→“调整”→“色阶”命令，进入色阶参数设置，将参数设置为图 5-17 所示，效果如图 5-18 所示。

图 5-16 素材图

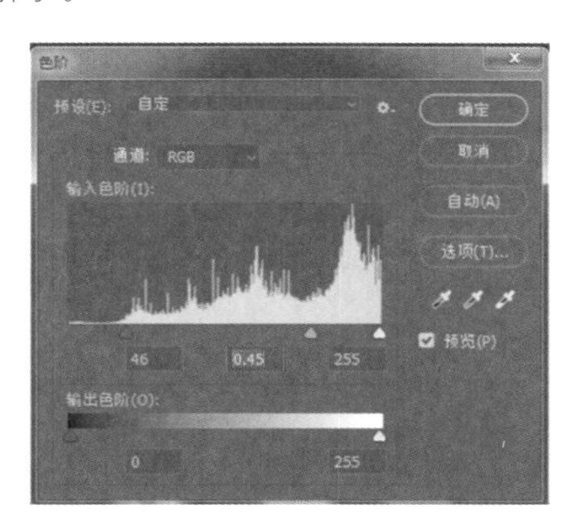

图 5-17 “色阶”对话框（设置参数）

图 5-18 效果图

2. “色彩平衡”命令

“色彩平衡”命令可以对图像的色彩进行校正，可更改图像的总体混合颜色。此命令只在查看图像的复合通道时才可用。选择“图像”→“调整”→“色彩平衡”命令或按快捷键 Ctrl＋B，可调出“色彩平衡”对话框，如图 5-19 所示。

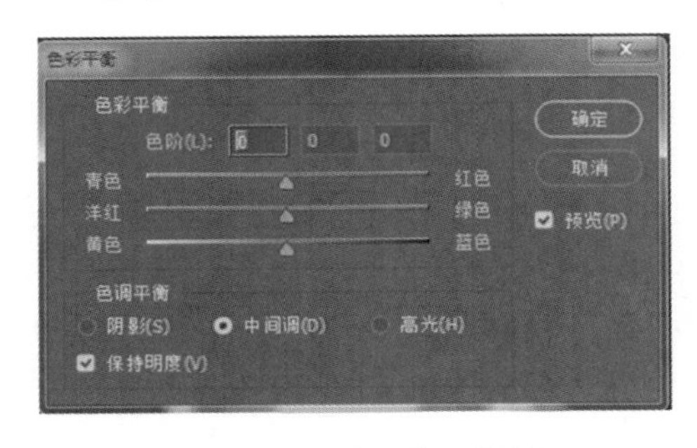

图 5-19 “色彩平衡”对话框

图 5-19 中“色阶”右边的三个文本框中的数值分别与其下面的三个滑块对应的数据一致。拖动滑块或在文本框中输入数值都可以调整图像的颜色平衡。在“色调平衡”栏中，可选择“阴影”“中间调”“高光”，来确定图像中更改的色调范围。选择“保持明度”可防止图像的明度值随颜色的更改而改变。该项可以保持图像的色调平衡。

实例 2 日出照片效果

5.2.1 制作目的

本实例主要对照片进行优化，并运用一些强化色彩的小技巧，让照片变得更新鲜。利用 Photoshop 的简单工具(色阶、色相/饱和度、亮度/对比度、照片滤镜等)，可以把色彩不够艳丽的照片调整得鲜亮夺目。

5.2.2 制作步骤

1. 用“色阶”命令强化色彩

打开素材图片，如图 5-20 所示，执行“图像”→“调整”→“色阶”命令，打开“色阶”对话框，参数调整如图 5-21 所示，效果如图 5-22 所示。

图 5-20 素材图

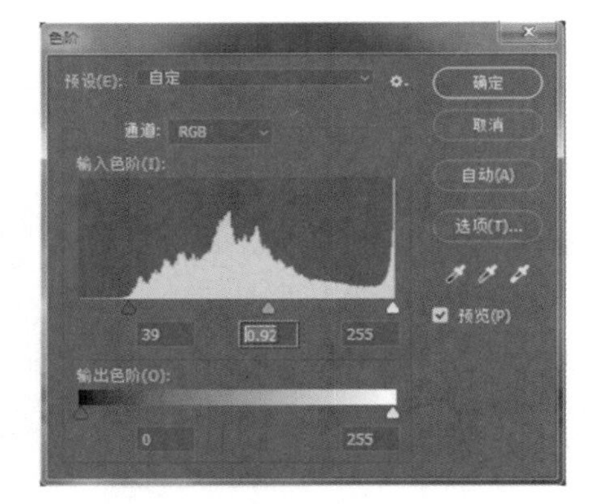

图 5-21 “色阶”对话框

图 5-22 效果图 1

2. 用“曲线”命令强化色彩

执行“图像”→“调整”→“曲线”命令，打开“曲线”对话框，单击添加 3 个锚点，1 的锚点输出值和输入值分别为 251 和 235，2 的锚点输出值和输入值分别为 188 和 182，3 的锚点输出值和输入值分别为 39 和 59，对 RGB 曲线进行调节，参数如图 5-23 所示。效果如图 5-24 所示。

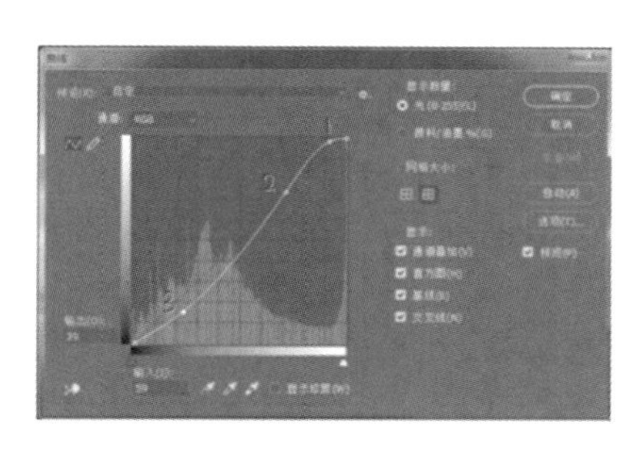

图 5-23 “曲线”对话框

图 5-24 效果图 2

3. 用“亮度/对比度”命令调整色彩

执行“图像”→“调整”→“亮度/对比度”命令，打开“亮度/对比度”对话框，参数如图 5-25 所示，效果如图 5-26 所示。

4. 用“色相/饱和度”命令调整色彩

执行“图像”→“调整”→“色相/饱和度”命令，打开“色相/饱和度”对话框，参数如图 5-27 所示，效果如图 5-28 所示。

图 5-25 “亮度/对比度”对话框

图 5-26 效果图 3

图 5-27 “色相/饱和度”对话框

图 5-28 效果图 4

5. 用“照片滤镜”命令调整色彩

执行“图像”→“调整”→“照片滤镜”命令，打开“照片滤镜”对话框，参数如图 5-29 所示，最终效果如图 5-30 所示。

图 5-29 “照片滤镜”对话框

图 5-30 最终效果图

➡注意：

根据图片颜色的不同，对不同的选项进行调整，绝不能照搬参数。

6. 保存文件

执行“文件”→“存储为”命令，将文件保存为“日出照片效果.jpg”。

5.2.3 知识拓展

1.“曲线”命令

曲线是 Photoshop 中最重要的调整工具。使用“曲线”对话框可调整图像的整个色调范围。在“曲

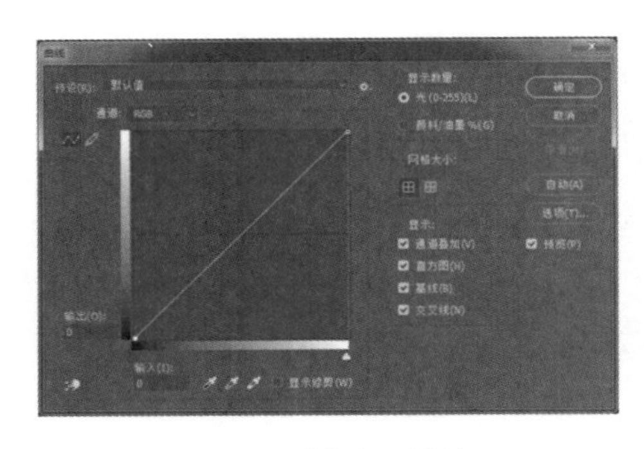

图 5-31 “曲线”对话框

线”对话框中，从阴影到高光的色调调整范围内最多可以设置14个不同的调整点，使用“曲线”对话框也可对图像中的个别颜色通道进行精确调整。

“曲线”命令是一个应用非常广泛的色调调整命令，使用它可以灵活地调整图像的对比度及色彩等。

选择“图像”→“调整”→“曲线”命令，进入“曲线”对话框，如图5-31所示。

“曲线”对话框中各选项的作用如下：

- 色阶水平轴：表示输入色阶。
- 色阶垂直轴：表示输出色阶，即调整后图像的色阶值。
- 编辑点以修改曲线：可用鼠标在曲线上单击添加控制点，也可拖动控制点，调整曲线的形状，进而调整图像的色阶。
- 通过绘制来修改曲线：可通过拖动鼠标来绘制曲线。
- 输入和输出：显示某个点调整前和调整后的色阶值。
- 三个吸管：“设置黑场”“设置灰场”“设置白场”按钮，单击某个吸管后，当鼠标移到图像或颜色面板上时，单击鼠标，即可获取单击处像素的亮度值。它们的作用是将单击处的像素作为纯黑、纯灰、纯白，常用来修正图像中的偏色。

(1) 打开一幅图片，如图5-32所示。

(2) 执行“图像”→“调整”→“曲线”命令，打开“曲线”对话框，设置参数如图5-33所示，效果如图5-34所示。

图 5-32 素材图

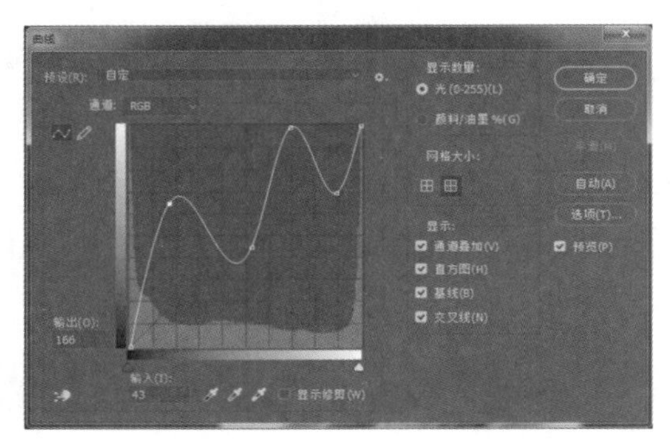

图 5-33 “曲线”对话框(设置参数)

图 5-34 效果图

2. “色相/饱和度”命令

“色相/饱和度”命令可以改变图像颜色的相对关系，调整图像的饱和度以及图像的明度，可以调整出更加丰富的颜色组合。

执行“图像”→“调整”→“色相/饱和度”命令，进入“色相/饱和度”对话框，如图5-35所示。

“色相/饱和度”对话框中各选项的功能如下：

- 编辑：选择要调整的颜色。可选择全图，也可以选择单一的颜色。
- 色相：可以拖动滑块，也可以在数值框中输入一个数值来改变图像的色彩变化。
- 饱和度：控制色彩的浓淡程度。当全图的饱和度为0时，图像变为灰度图。
- 明度：控制图像像素的亮度，当数值为-100时，为黑色，反之，为白色。
- 着色：将画面改为同一种颜色的效果，用一种单色替代彩色，保留原来像素的明暗度。
- 色谱条：当在编辑选项中选择某种单色时，色谱条上会出现一个区域指示，这时吸管工具就变为可用。

(1) 打开一幅图片，如图5-36所示。

（2）执行“图像”→“调整”→“色相/饱和度”命令，在“色相/饱和度”对话框中调整参数设置，如图5-37所示，效果如图 5-38 所示。

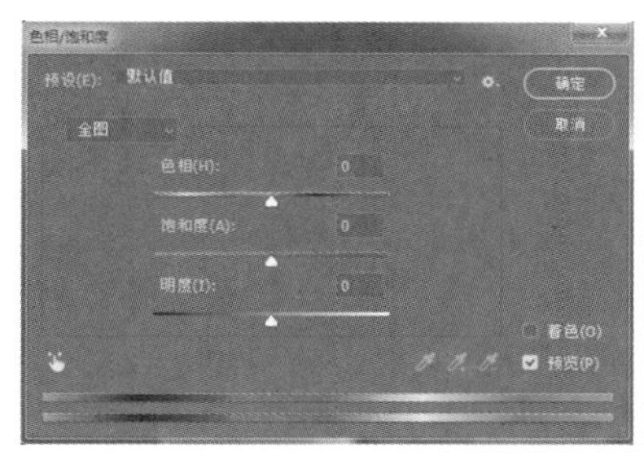

图 5-35 “色相/饱和度”对话框

图 5-36 素材图

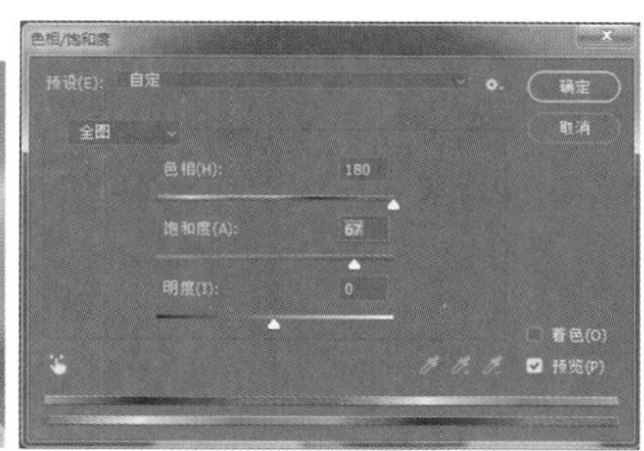

图 5-37 “色相/饱和度”对话框(设置参数)

图 5-38 效果图

3.“亮度/对比度”命令

“亮度/对比度”命令可以对图像的色调范围进行简单的调整。拖动亮度滑块，向右移动，会增大色调值并扩展图像高光，而将亮度滑块向左移动，会减小色调值并扩展阴影。对比度滑块可扩展或收缩图像中色调值的总体范围。

（1）打开一幅图片，如图 5-39 所示。

（2）执行“图像”→“调整”→“亮度/对比度”命令，在“亮度/对比度”对话框中调整参数设置，如图5-40所示，效果如图 5-41 所示。

图 5-39 素材图

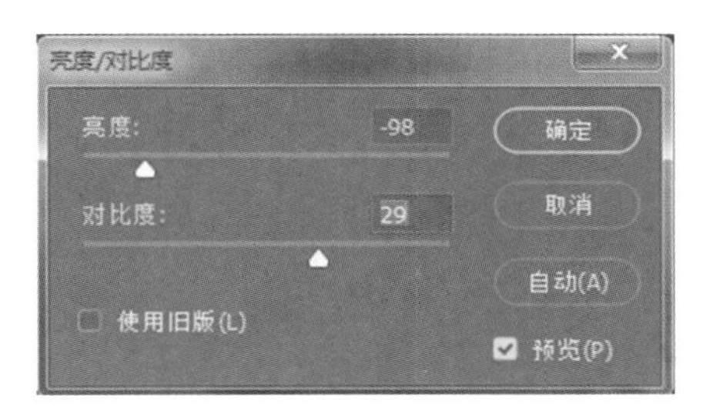

图 5-40 “亮度/对比度”对话框

图 5-41 效果图

4.“照片滤镜”命令

“照片滤镜”命令是模仿在相机镜头前面加彩色滤镜，从而调整通过镜头传输的光的色彩平衡和色温，使胶片曝光的效果。利用“照片滤镜”命令可选择系统预设的颜色，对图像进行色相调整，也可以自定颜色调整。比如可以利用照片滤镜制作怀旧风格照片。素材图如图 5-42 所示，“照片滤镜”对话框参数设置如图 5-43 所示，效果如图 5-44 所示。

图 5-42 素材图

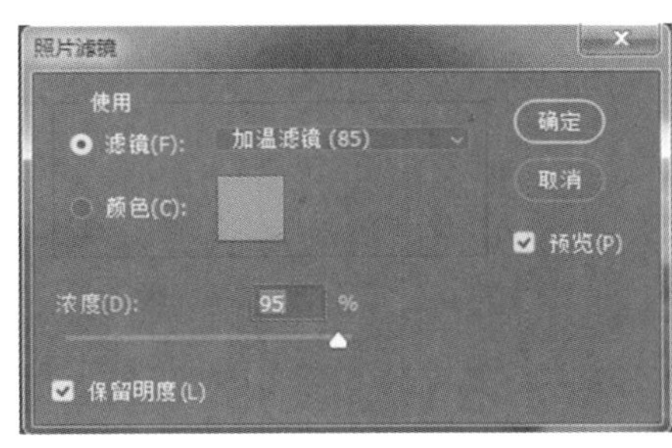

图 5-43 “照片滤镜”对话框

图 5-44 效果图

实例 3 制作夕阳下的建筑

5.3.1 制作目的

本实例利用“匹配颜色”命令将一幅图像(源图像)的颜色与另一幅图像(目标图像)的颜色相匹配。尝试使不同照片中的颜色看上去一致,或者当一幅图像中特定元素的颜色(如肤色)必须与另一幅图像中某个元素的颜色相匹配时,该命令非常有用。图 5-45 和图 5-46 是两种不同风格的照片,假设希望图 5-45 所示的照片的色调变成图 5-46 所示的照片的效果,就可以使用“匹配颜色”命令。

5.3.2 制作步骤

1. 打开素材

按先后顺序打开图 5-45 和图 5-46 两张素材图片,激活图 5-45.jpg 文档。

2. 使用“匹配颜色”命令

执行“图像”→“调整”→“匹配颜色”命令,打开“匹配颜色”对话框,然后单击源对象下拉列表,单击选择图 5-46,如图 5-47 所示。

3. 调整“图像选项”中的各参数

在“匹配颜色”对话框的“图像选项”栏中将明亮度调整为 126,颜色强度调整为 113,渐隐调整为 42,改变匹配色彩明暗、鲜艳度等。效果满意后,单击“确定”按钮,最终效果如图 5-48 所示。

4. 保存文件

执行“文件”→“存储为”命令,将文件保存为“夕阳下的建筑.jpg”。

图 5-45 素材图 1

图 5-46 素材图 2

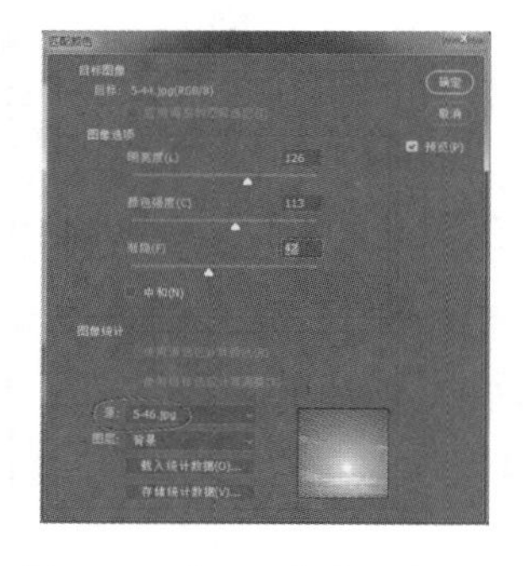

图 5-47 “匹配颜色”对话框

图 5-48 调整后的效果

5.3.3 知识拓展

1. “匹配颜色”命令

“匹配颜色”命令将一幅图像(源图像)的颜色与另一幅图像(目标图像)中的颜色相匹配,也可匹配同一幅图像中不同图层之间的颜色。该命令非常适用于使不同照片中的颜色保持一致,或者一幅图像中的某些颜色必须与另一幅图像中的颜色匹配。该命令仅对 RGB 颜色模式的图像起作用。

执行“图像”→“调整”→“匹配颜色”命令,可打开“匹配颜色”对话框。特别注意在执行该命令时,源图片和目标图片均需处于打开状态。

2."替换颜色"命令

执行"图像"→"调整"→"替换颜色"命令,可弹出"替换颜色"对话框。选择"替换颜色"对话框中的显示选区选项,则对话框中灰度图像中呈现白色的表示选区,黑色则表示未选。该命令可以选择图像中的特定颜色,然后替换这些颜色,也可以设置选定区域的色相、饱和度和亮度,还可以使用拾色器来选择替换颜色。

打开图5-49所示的素材图,打开"替换颜色"对话框,先选择图像,在红色花朵区域单击,将颜色容差调整为200,色相为−120,饱和度为100,参数如图5-50所示,效果如图5-51所示。

图 5-49　素材图

图 5-50　"替换颜色"对话框

图 5-51　效果图

3."可选颜色"命令

可选颜色调整是高端扫描仪和分色程序使用的一种技术,用于为图像中的每个主要原色成分更改印刷色的数量。用户可以有选择性地修改任何主要颜色中的印刷色数量,而不会影响其他主要颜色。

执行"图像"→"调整"→"可选颜色"命令,可打开"可选颜色"对话框,如图5-52所示。

利用"可选颜色"命令调整荷花的通透效果,素材图如图5-53所示,分别调整红色通道、黄色通道、绿色通道、洋红通道和中性色通道,通道参数分别如图5-54至图5-58所示,然后用"曲线"命令调整,"曲线"对话框如图5-59所示,最后荷花的效果如图5-60所示。

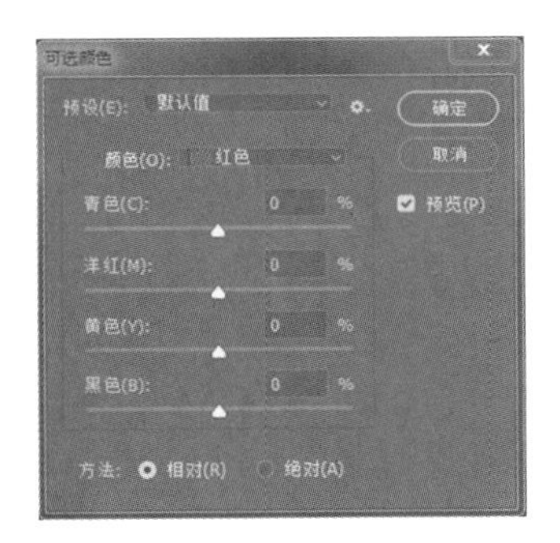

图 5-52　"可选颜色"对话框

图 5-53　素材图

图 5-54　调整红色通道

图 5-55　调整黄色通道

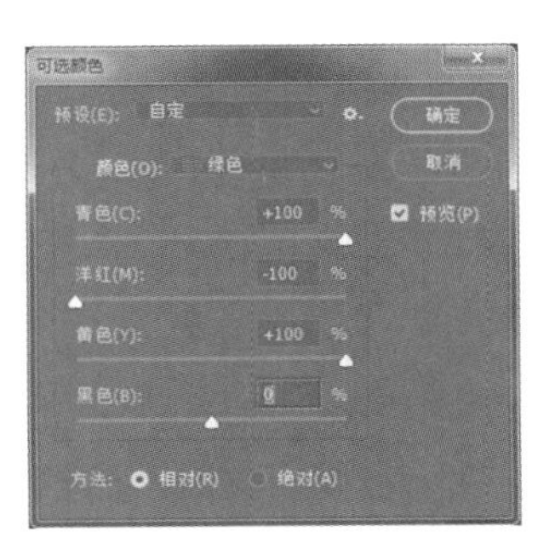

图 5-56　调整绿色通道

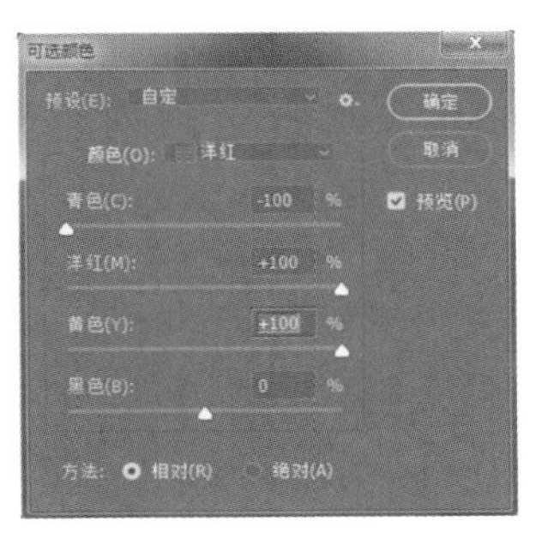

图 5-57　调整洋红通道

➡注意：

要确保在通道面板中选择了复合通道。只有查看复合通道时，“可选颜色”命令才可用。

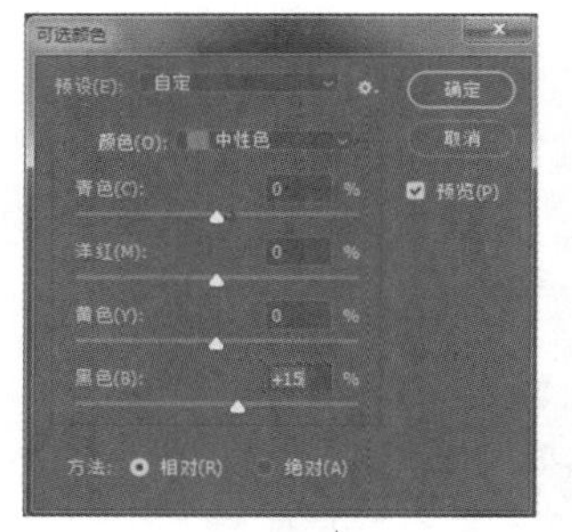
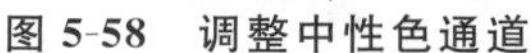

图 5-58　调整中性色通道

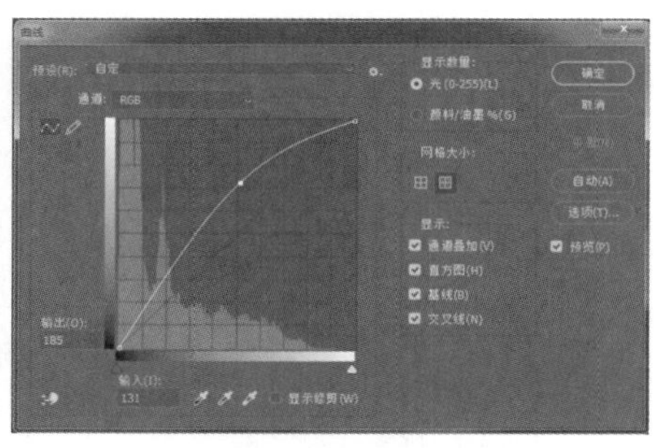

图 5-59　“曲线”对话框

图 5-60　效果图

4.“通道混合器”命令

“通道混合器”命令可以将图像中的颜色通道相互混合，起到对目标颜色通道进行调整和修复的作用。图像的偏色，通常是由某种颜色过多或缺失造成的，这时候可以执行“通道混合器”命令对问题通道进行调整。

执行“图像”→“调整”→“通道混合器”命令，可打开“通道混合器”对话框，如图 5-61 所示。

例如，应用“通道混合器”命令将春天的景色变成秋天的景色。素材图如图 5-62 所示，参数设置如图 5-63 所示，效果如图 5-64 所示。

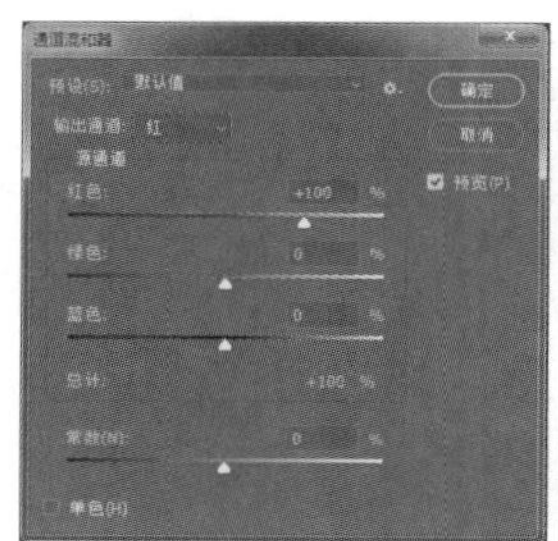

图 5-61　“通道混合器”对话框

图 5-62　素材图

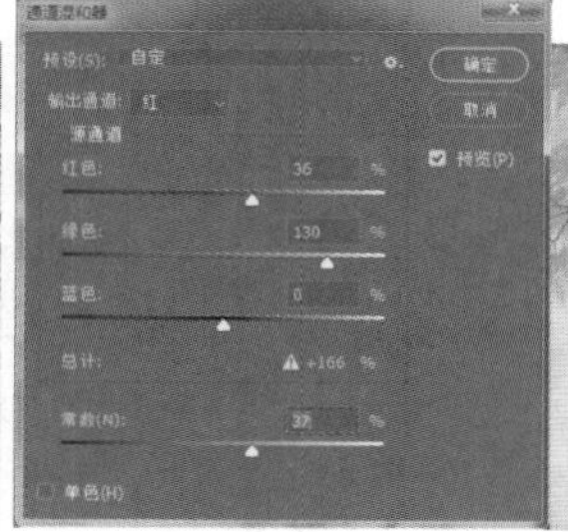

图 5-63　“通道混合器”对话框（设置参数）

图 5-64　效果图

5.“阴影/高光”命令

“阴影/高光”命令适用于校正因强逆光而形成剪影的照片，或者校正由于太接近相机闪光灯而有些发白的焦点。“阴影/高光”命令也可用于使阴影区域变亮。

打开素材图如图 5-65 所示，执行“图像”→“调整”→“阴影/高光”命令，打开“阴影/高光”对话框，按图 5-66 所示设置参数，效果如图 5-67 所示。

图 5-65　素材图

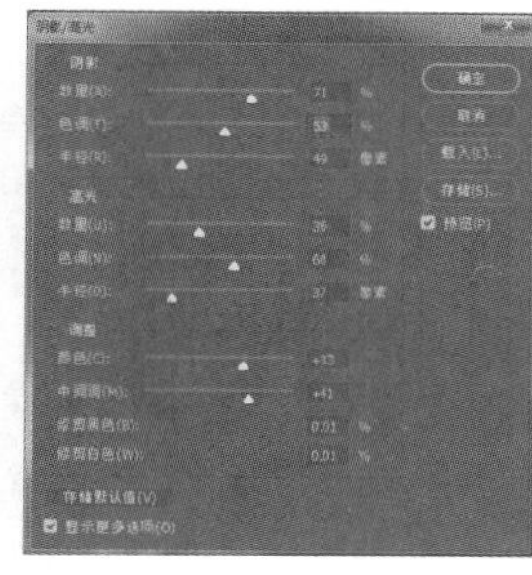

图 5-66　“阴影/高光”对话框

图 5-67　效果图

6.“HDR 色调”命令

“HDR 色调”命令可用来修补太亮或太暗的图像，制作出高动态范围的图像效果。

打开素材图如图 5-68 所示，执行“图像”→“调整”→“HDR 色调”命令，打开“HDR 色调”对话框，按图 5-69 所示设置参数，效果如图 5-70 所示。

图 5-68　素材图

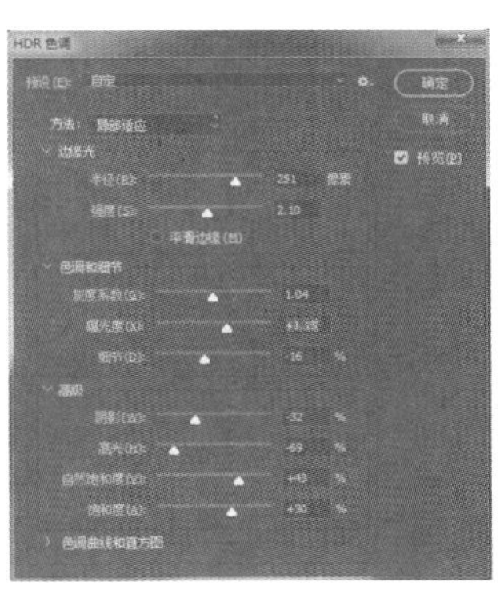

图 5-69　“HDR 色调”对话框

图 5-70　效果图

实例 4 制作个性图像画

5.4.1　制作目的

本实例主要由阈值、渐变映射等命令的配合制作完成。

5.4.2　制作步骤

1. 新建文件

执行“文件”→“新建”命令，在弹出的“新建文档”对话框中新建一个宽度为 14 厘米，高度为 10 厘米的文件，如图 5-71 所示，单击“创建”按钮。然后打开素材文件，如图 5-72 所示。

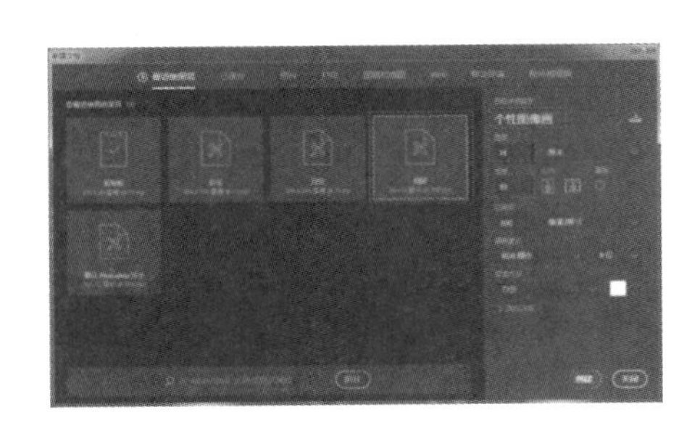

图 5-71　新建窗口

图 5-72　素材图 1

2. 设置阈值参数

执行“图像”→“调整”→“阈值”命令，在弹出的“阈值”对话框中设置阈值色阶参数为 197，如图 5-73 所示，效果如图 5-74 所示。

3. 修饰图片

选择移动工具，将图片拖到新建的文件中，选择套索工具，将边缘不需要的颜色清除掉，然后按下快捷键 Ctrl＋T，旋转并调整图片的大小，效果如图 5-75 所示。

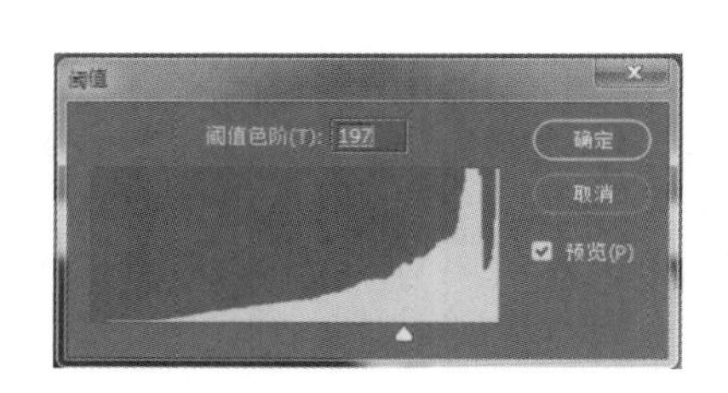

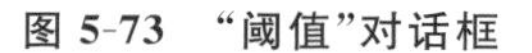

图 5-73 “阈值”对话框

图 5-74 效果图

图 5-75 旋转并调整图片大小后的效果

4. 继续修饰图片

打开另一幅素材图，如图 5-76 所示，并将此素材图拖到制作步骤 3 完成的图片中，然后按快捷键 Ctrl＋T，旋转并调整图片的大小，如图 5-77 所示。

5. 设置图层的混合模式

图层的混合模式下拉列表如图 5-78 所示。设置图层的混合模式为“正片叠底”，效果如图 5-79 所示。

图 5-76 素材图 2

图 5-77 调整图片大小的效果

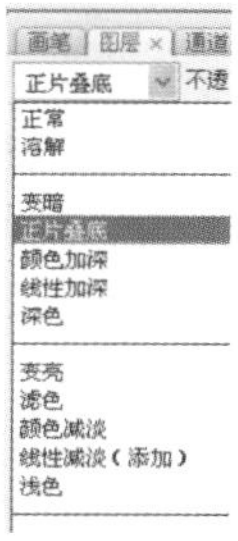

图 5-78 混合模式下拉列表

图 5-79 正片叠底效果图

6. 使用“渐变映射”命令

按快捷键 Ctrl＋E，合并最上面的两个图层，执行“图像”→“调整”→“渐变映射”命令，在弹出的“渐变映射”对话框中选择“紫、橙渐变”，如图 5-80 所示，最终效果如图 5-81 所示。

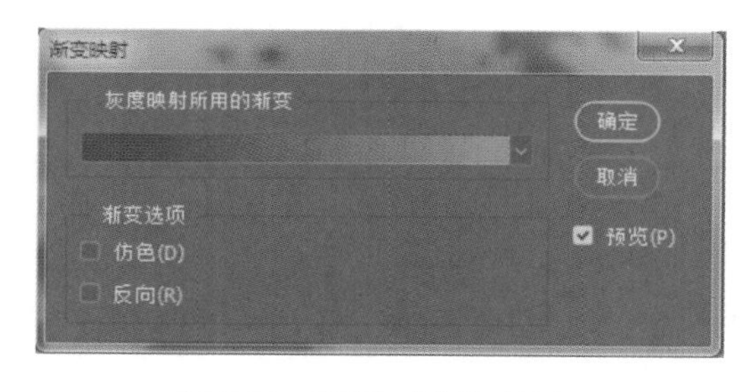

图 5-80 “渐变映射”对话框

图 5-81 最终效果图

7. 保存文件

执行“文件”→“存储为”命令，将文件保存为“个性图像画.jpg”。

5.4.3 知识拓展

1. “渐变映射”命令

“渐变映射”命令可以将图像映射到指定的渐变填充色。执行“图像”→“调整”→“渐变映射”命令，可打开“渐变映射”对话框，如图 5-82 所示。例如在灰度映射所用的渐变中选择色谱渐变，素材图如图 5-83 所示，“渐变映射”对话框的设置如图 5-84 所示，效果如图 5-85 所示。

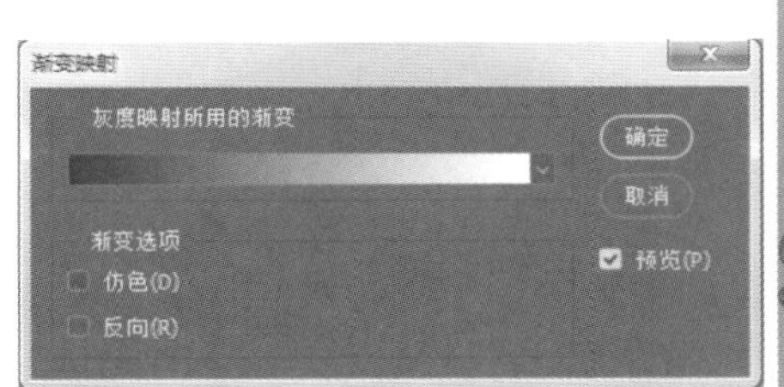

图 5-82 “渐变映射”对话框(灰度)

图 5-83 素材图

图 5-84 “渐变映射”对话框(色谱)

图 5-85 色谱渐变映射效果图

2.“阈值”命令

利用“阈值”命令可以将色彩图像转换为对比度很高的黑白图像。此命令可以将某个色阶指定为阈值，所有比该阈值亮的像素会转换为白色，所有比该阈值暗的像素会转换为黑色。

例如打开图 5-86 所示的图片，执行“图像”→“调整”→“阈值”命令，打开“阈值”对话框，在该对话框中拖动滑块或在文本框中输入数值 159，如图 5-87 所示，调整所需的颜色，效果如图 5-88 所示。

图 5-86 素材图

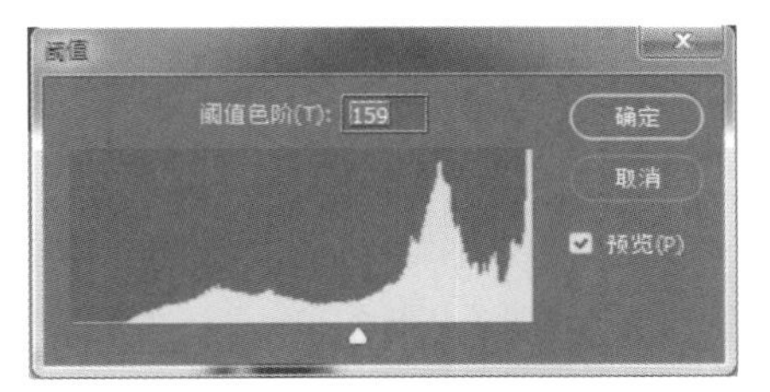

图 5-87 “阈值”对话框

图 5-88 阈值效果图

3.“黑白”命令

“黑白”命令可将彩色图像转换为灰度图像，同时可对各颜色的转换进行调整，也可通过“色调”选项对灰度图像添加色调，使用“黑白”命令还可以轻松创建各种色调的照片。

例如打开图 5-89 所示的图片，执行“图像”→“调整”→“黑白”命令，打开“黑白”对话框，默认对话框中的参数，如图 5-90 所示，效果如图 5-91 所示。

图 5-89 素材图

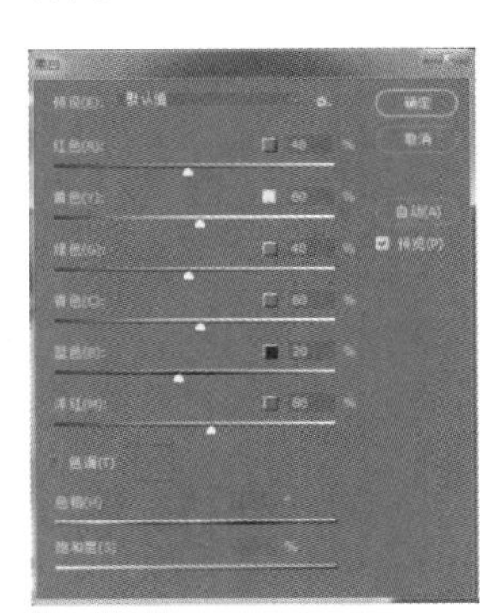

图 5-90 “黑白”对话框

图 5-91 黑白效果图

如果在“黑白”对话框中选择“色调”选项，对话框中的参数如图 5-92 所示，调整不同的颜色，整个图像会出现不同的色调效果，效果如图 5-93 所示。

4. “去色”命令

利用“去色”命令可以去除图像中整幅图像的彩色或选定区域，从而将其转换为灰度图像，但它并不改变图像的模式。素材图如图 5-94 所示，去色效果图如图 5-95 所示。

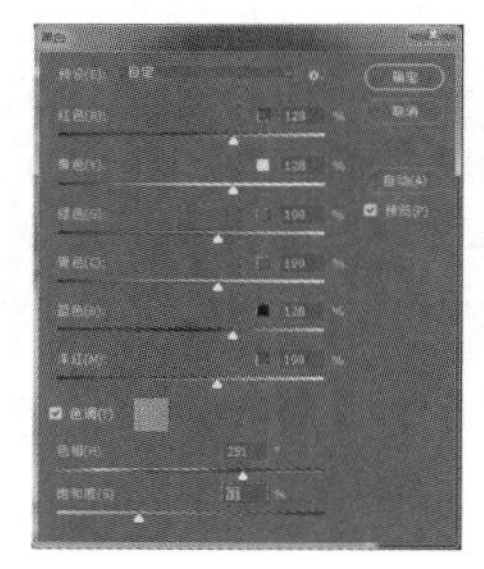

图 5-92　选择“色调”选项

图 5-93　调整后的效果图

图 5-94　素材图

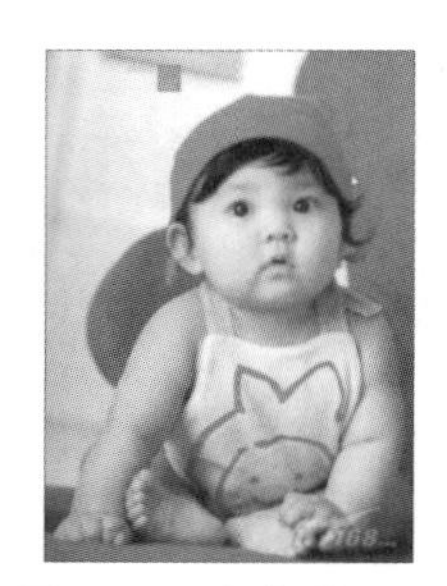

图 5-95　去色效果图

实例 5 制作油画效果

5.5.1　制作目的

本实例主要介绍使用“色调分离”和“色调均化”命令将照片制作成油画效果的方法，通过制作掌握相应的知识。

5.5.2　制作步骤

1. 打开素材文件

打开一幅图片，如图 5-96 所示。

2. 使用“色调分离”命令

执行“图像”→“调整”→“色调分离”命令，在“色调分离”对话框中设置参数如图 5-97 所示，效果如图 5-98 所示。

3. 使用“色调均化”命令

执行“图像”→“调整”→“色调均化”命令，最后效果如图 5-99 所示。

图 5-96　素材图

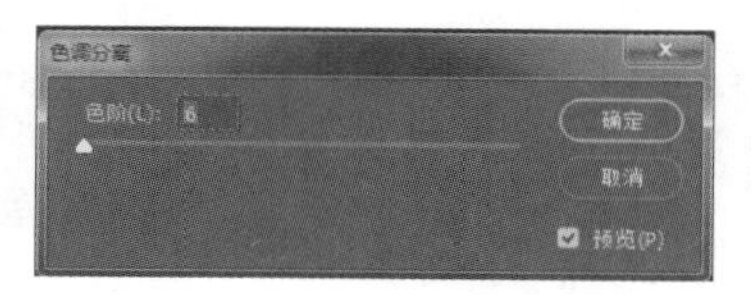

图 5-97　“色调分离”对话框

图 5-98　色调分离效果图

图 5-99　色调均化效果图

4. 保存文件

执行“文件”→“存储为”命令，将文件保存为“油画效果.jpg”。

5.5.3 知识拓展

1.“色调分离”命令

执行“图像”→“调整”→“色调分离”命令，可以指定图像的每个通道的色调级数目，也就是亮度级数目。一般在创建大面积的单色调区域时，“色调分离”命令非常有用，可以减少灰度图像中的灰阶数，对于彩色图像可以有效减少颜色数，同时产生特殊的视觉效果，因为减少了过渡色阶，往往能产生强对比的视觉效果。

2.“反相”命令

“反相”命令是用来反转图像中的颜色的。素材图如图5-100所示，效果图如图5-101所示，它们清楚地表明了反相的颜色数值变化。

3.“色调均化”命令

“色调均化”命令用于快速全面调整色调，重新分布图像中像素的亮度值，使它们更均匀地呈现所有范围的亮度级，使原有最亮的映射呈现为白色，最暗的呈现为黑色，中间值则均匀分布在整个灰度中，这对于数码相机拍摄的色调分布不均衡的照片非常管用。调整直方图，用户可以清楚地看到重新分布像素的亮度值。对于相机曝光不足，还有扫描图片略暗的情况，这种调色一般会很快地将其校正。

执行“图像”→“调整”→“色调均化”命令，素材图如图5-102所示，效果如图5-103所示，色调均化前和色调均化后的直方图参数对比，如图5-104所示和图5-105所示。

图5-100 素材图

图5-101 反相效果图

图5-102 素材图

图5-103 色调均化效果图

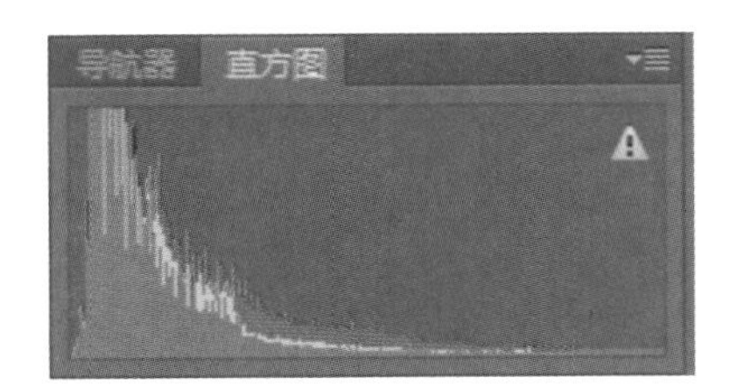

图5-104 色调均化前

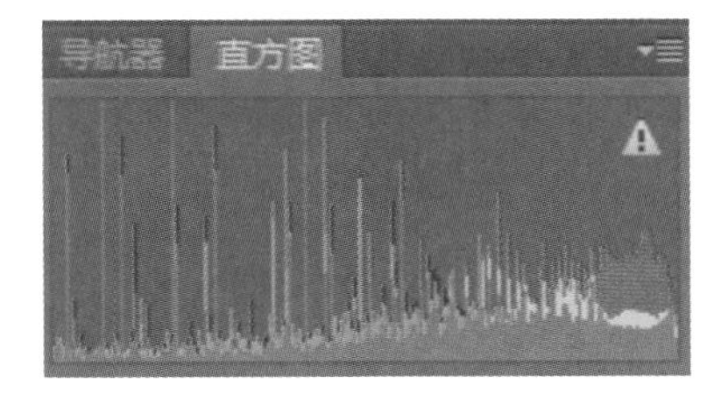

图5-105 色调均化后

4.“阈值”命令

“阈值”命令可以将图像转变为黑白两色，类似于位图模式，是在0～255色阶之间任意指定一个阈值色阶，原图中高于此色阶亮度的像素均为纯白色，低于此色阶亮度的像素均为纯黑色，也就是画面只有高光和阴影，没有任何过渡的中间色调，这种效果常被用于模仿黑白版画的单纯硬朗效果。

素材图如图5-100所示，执行“图像”→“调整”→“阈值”命令，“阈值”对话框的参数设置如图5-106所示，效果如图5-107所示。

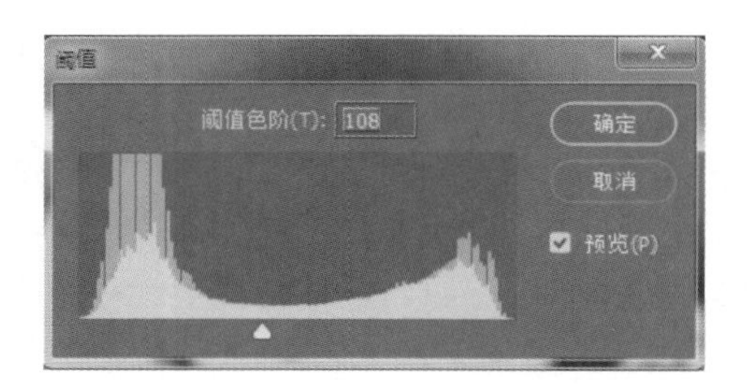

图 5-106 “阈值”对话框

图 5-107 阈值效果图

举一反三，课后练兵

（1）使用通道混合器调整图片颜色，调整前和调整后分别如图 5-108 和图 5-109 所示。

图 5-108 调整前（使用通道混合器）

图 5-109 调整后（使用通道混合器）

（2）使用色相/饱和度强化照片色彩，调整前和调整后分别如图 5-110 和图 5-111 所示。

图 5-110 调整前（使用色相/饱和度）

图 5-111 调整后（使用色相/饱和度）

通道与蒙版应用

TONGDAO YU MENGBAN YINGYONG

学习目标

本项目要求学习者掌握以下技能：

- 熟练掌握通道的基本概念和应用方法；
- 熟练掌握蒙版的基本概念和应用原理；
- 熟练掌握图层蒙版的应用技巧；
- 熟练掌握创建剪贴蒙版的方法。

实例 1 利用通道制作墙绘艺术字

6.1.1 制作目的

掌握通道的应用技巧。

6.1.2 制作步骤

1. 打开素材

打开素材文件“墙壁.jpg”，如图 6-1 所示。

2. 在通道中输入文字

切换到通道面板，单击“创建新通道”按钮，创建“Alpha 1”，如图 6-2 所示，然后选择工具箱中的文字工具，在其选项栏中设置字体为“华文行楷”，将颜色面板的前景色设定为白色，在通道中输入文字“街头艺术”，最后单击选项栏中的✓按钮。执行“编辑”→“自由变换”命令或按快捷键 Ctrl＋T 进行自由变换，把它调整到合适的大小及方向，效果如图 6-3 所示。

图 6-1　素材图——墙壁

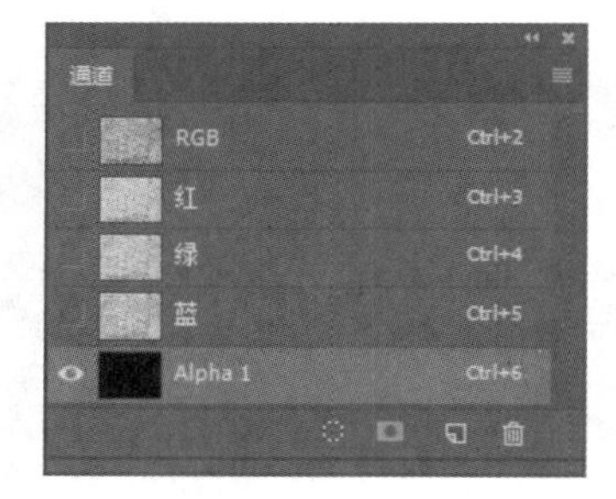

图 6-2　创建新通道

图 6-3　通道文字效果

3. 复制通道，制作文字效果

将“Alpha 1”通道拖动到“创建新通道”按钮上，创建“Alpha 1 拷贝”通道，如图 6-4 所示，选择“Alpha 1 拷贝”通道，执行“滤镜”→“模糊”→“高斯模糊”命令，在弹出的“高斯模糊”对话框中设置参数如图 6-5 所示，图像效果如图 6-6 所示。

再一次选择“Alpha 1 拷贝”通道，执行“滤镜”→“滤镜库”→“艺术效果”→“干画笔”命令，在弹出的对话框中设置参数如图 6-7 所示，图像效果如图 6-8 所示。

复制“Alpha 1 拷贝”通道为“Alpha 1 拷贝 2”通道。按快捷键 Ctrl＋L，弹出“色阶”对话框，设置参数如图 6-9 所示，图像效果如图 6-10 所示。

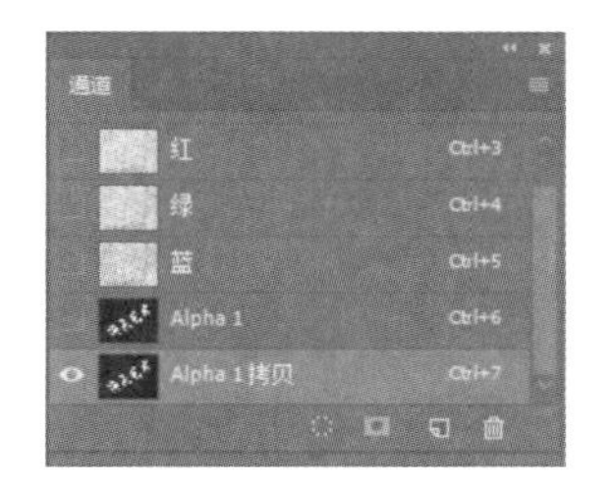
图 6-4　复制通道

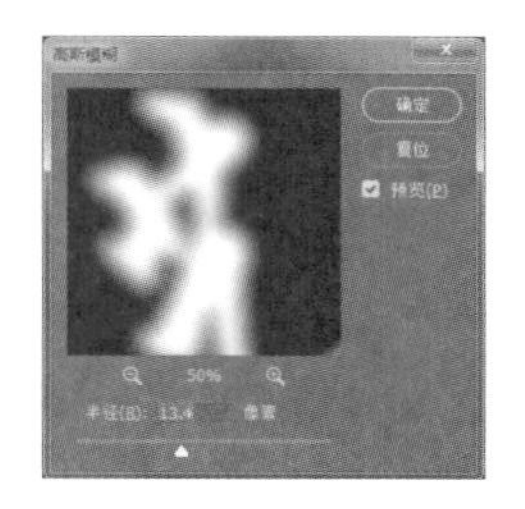
图 6-5　“高斯模糊”对话框

图 6-6　高斯模糊效果

图 6-7　干画笔对话框

图 6-8　干笔画效果

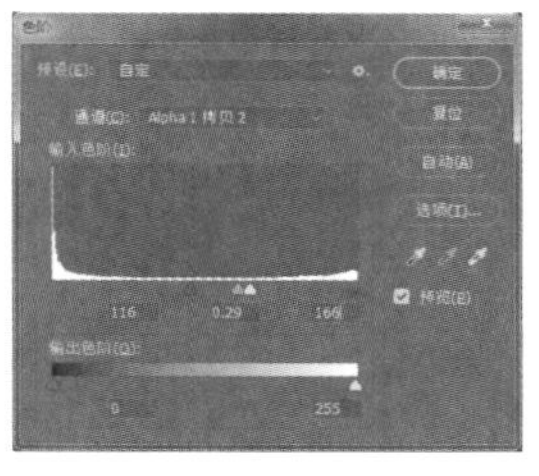
图 6-9　“色阶”对话框

图 6-10　色阶效果

选中“Alpha 1 拷贝 2”通道，执行“滤镜”→“滤镜库”→“艺术效果”→“绘画涂抹”命令，在弹出的对话框中设置画笔类型为“宽锐化”，如图 6-11 所示，图像效果如图 6-12 所示。

按住 Ctrl 键单击“Alpha 1 拷贝 2”通道，将通道载入选区，然后切换到图层面板，新建图层 1，设置前景色为褐色 RGB(159,128,2)，按快捷键 Alt＋Backspace 填充选区效果，再按快捷键 Ctrl＋D 取消选区，图像效果如图 6-13 所示。设置图层的混合模式为“正片叠底”，不透明度为 55%，图像效果如图 6-14 所示。

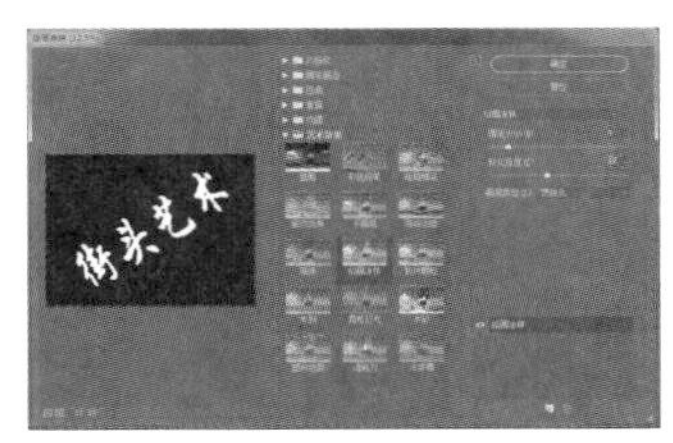
图 6-11　绘画涂抹对话框

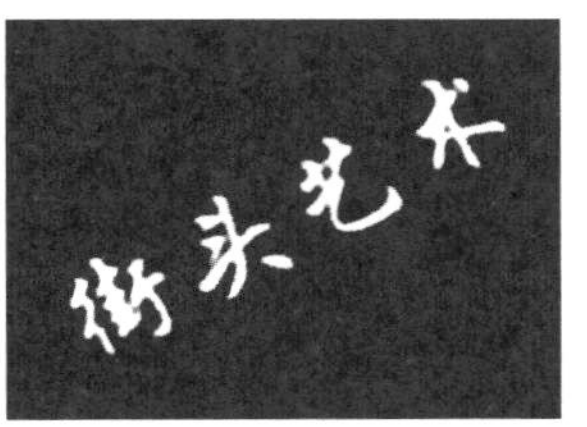
图 6-12　绘画涂抹效果

图 6-13　填充选区效果

图 6-14　正片叠底效果

隐藏图层 1，切换到通道面板，复制“绿”通道，得到“绿　拷贝”通道。按快捷键 Ctrl＋L 打开“色阶”对话框，设置参数如图 6-15 所示，图像效果如图 6-16 所示。

按住 Ctrl 键单击“绿　拷贝”通道，将通道载入选区，然后切换到图层面板，选择背景图层，然后按快捷键 Ctrl＋J 复制背景图层选区内容到新图层，得到图层 2，调整图层 2 到最顶层，取消图层 1 的隐藏，图像效果如图 6-17 所示。

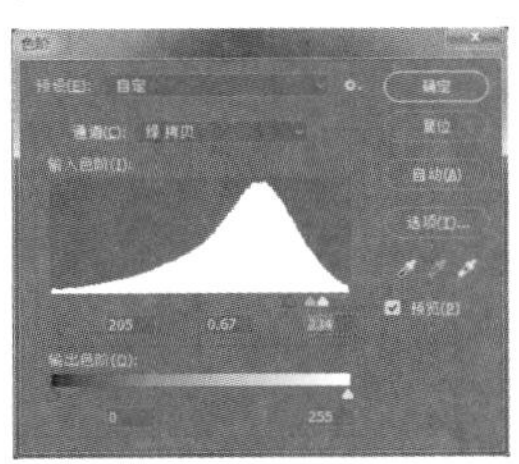
图 6-15　“色阶”对话框

图 6-16　色阶效果

图 6-17　墙绘艺术字最终效果

4. 保存文件

执行“文件”→“存储为”命令，将文件保存为“墙绘艺术字.jpg”。

6.1.3 知识拓展

1. 关于通道

通道主要有三种：颜色通道、专色通道和 Alpha 通道。

- 颜色通道：在打开新图像时自动创建的。图像的颜色模式决定了所创建的颜色通道的数目。例如，RGB 图像的每种颜色（红色、绿色和蓝色）都有一个通道，并且还有一个用于编辑图像的复合通道。
- Alpha 通道：将选区存储为灰度图像。可以添加 Alpha 通道来创建和存储蒙版，这些蒙版用于处理或保护图像的某些部分。
- 专色通道：指定用于专色油墨印刷的附加印版。

所有的新通道都具有与原图像相同的尺寸和像素数目。

2. 通道面板

通道面板列出图像中的所有通道，对于 RGB、CMYK 和 Lab 图像，将最先列出复合通道。通道内容的缩览图显示在通道名称的左侧，编辑通道时会自动更新缩览图。

通道类型如图 6-18 所示。A 为颜色通道，B 为专色通道，C 为 Alpha 通道。

3. 选择和编辑通道

可以在通道面板中选择一个或多个通道。将突出显示所有选中或现用的通道的名称。

选择多个通道，如图 6-19 所示。

图 6-19 中，A 为不可见或不可编辑的通道；B 为可见但未选定以进行编辑的通道；C 为已选定以进行查看和编辑的通道；D 为可以选择进行编辑，但不能进行查看的通道。

要选择一个通道，可直接单击通道名称。按住 Shift 键单击通道可选择（或取消选择）多个连续的通道。要编辑某个通道，可选择该通道，然后使用绘画或编辑工具在图像中绘画。一次只能在一个通道上绘画。用白色绘画可以按 100% 的强度添加选中通道的颜色，用灰色绘画可以按较低的强度添加通道的颜色，用黑色绘画可以完全删除通道的颜色。

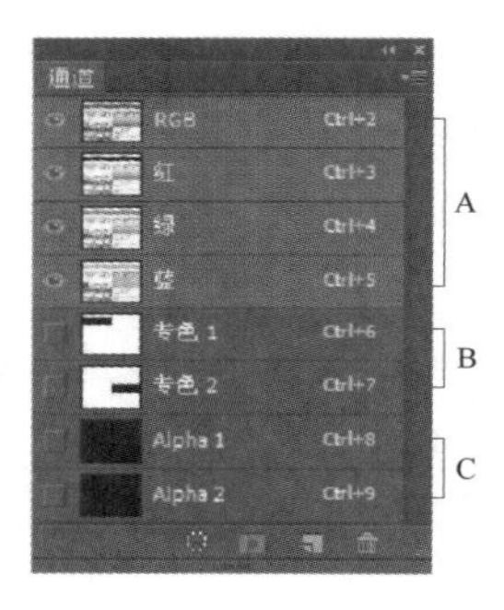

图 6-18 通道类型

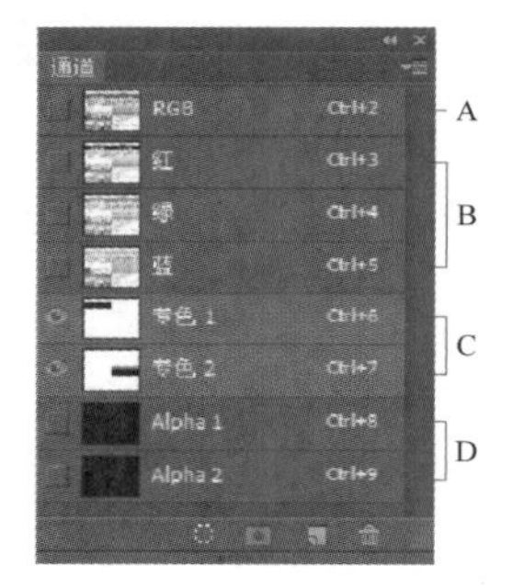

图 6-19 选择和编辑通道

4. 复制通道

可以将通道复制到当前文档，也可以将通道复制到其他文档中。

单击通道面板上方的图标，在弹出的菜单中选择“复制通道”命令，将弹出“复制通道”对话框，如图 6-20 所示。

“复制通道”对话框中的“为”选项用于设置复制的新通道的名称。“文档”选项用于设置新通道所在的目标文件。“名称”选项是当“文档”选项设置为“新建”时，为新建文件命名的。当勾选“反相”时，创建的新通道中的灰度图像将与源通道颜色相反，即黑色区域复制后变成白色，白色则变成黑色。

也可以在通道面板中选择要复制的通道，将该通道拖动到面板底部的“创建新通道”按钮上，松开鼠标左键即复制得到新通道。

5. 删除通道

删除不再需要的专色通道或 Alpha 通道，可以减少文档。在通道面板上先选择要删除的通道，然后单击通道上方的▾☰图标，在弹出的菜单中选择“删除通道”命令，即可删除通道。也可右击要删除的通道，在弹出的快捷菜单中选择“删除通道”命令，即可删除通道；或将要删除的通道拖到通道面板下方的“删除当前通道”按钮🗑上来删除通道。

6. 将选区存储到新的或现有的通道

可以将当前的选区存储起来，供以后再用，系统会在通道中建立相应的 Alpha 通道。执行“选择”→“存储选区”命令，系统会打开“存储选区”对话框，如图 6-21 所示。

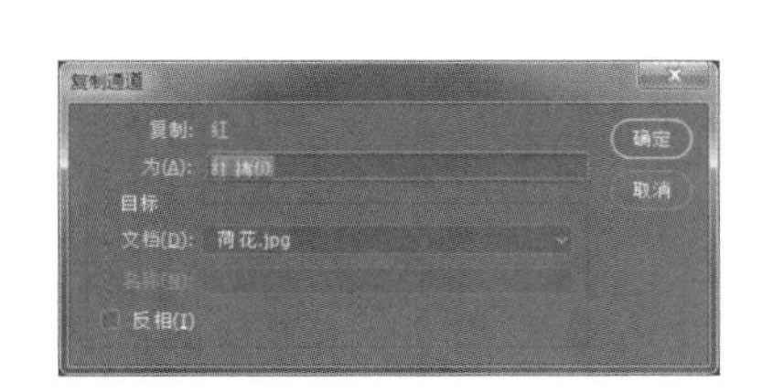

图 6-20　“复制通道”对话框

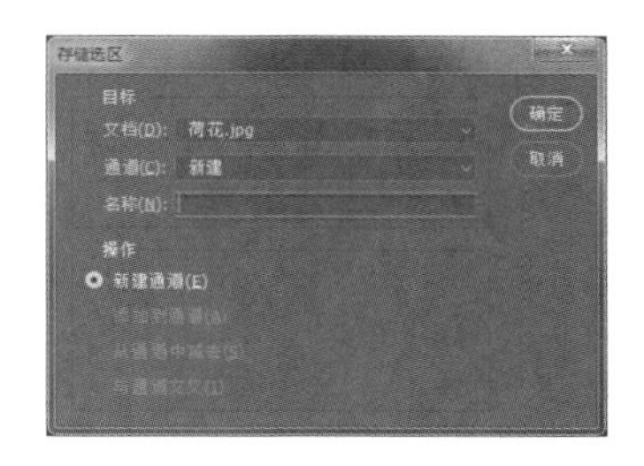

图 6-21　“存储选区”对话框

“存储选区”对话框中各项的含义如下：

- 文档：为选区选取一幅目标图像。默认情况下，选区放在现用图像中的通道内。可以选择将选区存储到其他打开的且具有相同像素尺寸的图像的通道中，或存储到新图像中。
- 通道：为选区选取一个目标通道。默认情况下，选区存储在新通道中。可以选取将选区存储到选中图像的任意现有通道中，或存储到图层蒙版中（如果图像包含图层）。如果要将选区存储为新通道，可在“名称”文本框中为该通道输入一个名称，也可以不命名，系统会自动命名。

如果要将选区存储到现有通道中，可选择以下组合选区的方式：

- 新建通道：以当前选区新建立一个通道。
- 添加到通道：将选区添加到当前通道内容中。
- 从通道中减去：从通道内容中删除选区。
- 与通道交叉：保留与通道内容交叉的新选区的区域。

7. 从通道面板载入以前存储的选区

可通过将选区载入图像重新使用以前存储的选区。在完成修改 Alpha 通道后，用户可以将选区载入图像中。

在通道面板中执行下列任一操作，将载入选区：

- 选择 Alpha 通道，单击通道面板底部的“将通道作为选区载入”按钮，然后单击面板顶部的复合颜色通道。
- 将包含要载入选区的通道拖动到“将通道作为选区载入”按钮上方。
- 按住 Ctrl 键（Windows）或 Command 键（Mac OS）并单击包含要载入选区的通道。
- 若要将蒙版添加到现有选区，可按快捷键 Ctrl＋Shift（Windows）或快捷键 Command＋Shift（Mac OS）并单击通道。

● 要从现有选区中减去蒙版，可按快捷键 Ctrl＋Alt（Windows）或快捷键 Command＋Option（Mac OS）并单击通道。

● 若要载入存储的选区和现有的选区的交集，可按快捷键 Ctrl＋Alt＋Shift（Windows）或快捷键 Command＋Option＋Shift（Mac OS）并选择通道。

实例 2 利用图层蒙版合成艺术照

6.2.1 制作目的

利用图层蒙版实现图像的合成，掌握图层蒙版的应用技巧。

6.2.2 制作步骤

1. 打开素材文件

打开素材文件“背景 01.jpg”“背景 02.jpg”和“人物.jpg”，分别如图 6-22、图 6-23、图 6-24 所示。

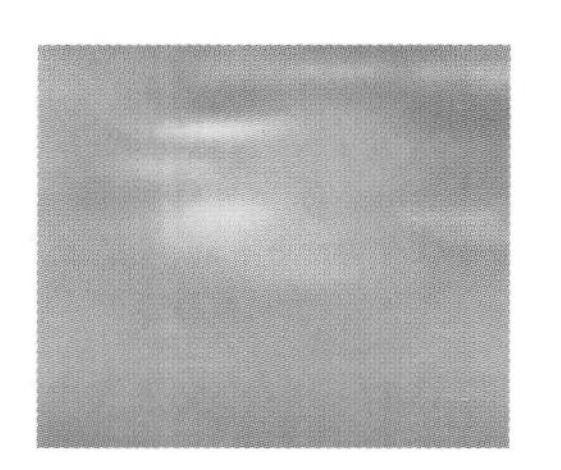

图 6-22 素材——背景 01

图 6-23 素材——背景 02

6-24 素材——人物

2. 合成“背景 01.jpg”和“背景 02.jpg”

将素材背景 02 拖动到素材背景 01 中，执行“编辑”→“自由变换”命令或按快捷键 Ctrl＋T 进行自由变换，将素材背景 02 调整到适当大小并移动到恰当位置，效果如图 6-25 所示。

3. 添加图层蒙版

在图层面板下面单击“添加图层蒙版”按钮，为图层 1 添加图层蒙版，可以看到当前图层上出现了蒙版，如图 6-26 所示。

图 6-25 合成效果

图 6-26 添加图层蒙版

4. 设置蒙版

选择渐变工具，设置为线性渐变，颜色设置为黑到白渐变，按住 Shift 键在画布中间位置向左拉渐变线，如图 6-27 所示，这样两个图层左边的位置就完全融合在一起，效果如图 6-28 所示。（特别提示：本步操作是在图层 1 的蒙版上完成的，这时蒙版处于选择状态，图层 1 后面有一个被激活的白色外框。）

在图层 1 后面图层蒙版缩览图位置右击，在弹出的快捷菜单中选择“应用图层蒙版”命令，如图 6-29 所示，这样图层 1 蒙版已经被应用，如图 6-30 所示。

图 6-27　向左拉渐变线

图 6-28　拉渐变线后的效果

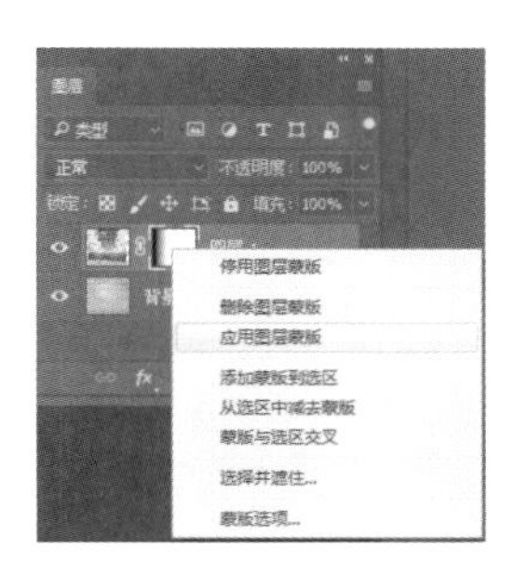

图 6-29　右键单击图层蒙版缩览图

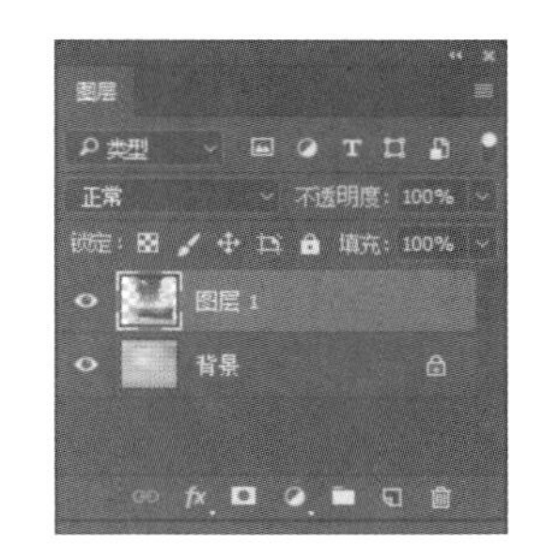

图 6-30　应用图层蒙版

按前面的方法继续添加图层蒙版，完成右边图层融合，效果如图 6-31 所示。

5. 继续将素材“人物.jpg”进行合成

将素材人物拖动到图 6-31 所示的图片中，执行“编辑”→“自由变换”命令或按快捷键 Ctrl＋T 进行自由变换，将素材人物调整到适当大小并移动到恰当位置，效果如图 6-32 所示。

图 6-31　完成图层蒙版后的效果

图 6-32　调整人物的大小，移动位置

在图层面板下面单击“添加图层蒙版”按钮，为图层 2 添加图层蒙版，可以看到当前图层上出现了蒙版，如图 6-33 所示。

将前景色设置为黑色，背景色设置为白色，选择画笔工具，灵活设置并且切换画笔大小、硬度和不透明度，在图层 2 蒙版区域涂抹，将不需要部分遮挡起来，效果如图 6-34 所示。

6. 添加文字效果

选择工具箱中的文字工具，在选项栏中设置字体，调整颜色面板前景色的颜色，输入对应的文字，最后单击选项栏中的按钮。选择“编辑”→“自由变换”命令或按快捷键 Ctrl＋T 进行自由变换，把它们调整到合适的大小，效果如图 6-35 所示。

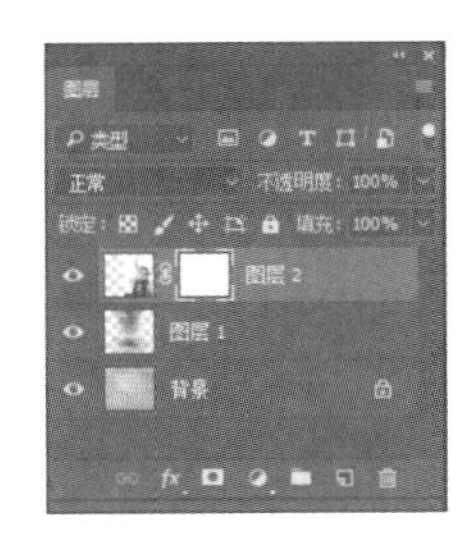

图 6-33　为图层 2 添加蒙版

图 6-34　应用图层蒙版后的效果

图 6-35　添加文字后的效果

7. 保存文件

执行“文件”→“存储为”命令，将文件保存为“艺术照.jpg”。

6.2.3 知识拓展

1. 关于蒙版

蒙版是将不同灰度色值转化为不同的透明度，并作用到它所在的图层，使图层不同部位透明度产生相应的变化。黑色为完全透明，白色为完全不透明，灰色为半透明，效果如图 6-36 所示。

图 6-36 蒙版示例

图 6-36 中 A 为用于保护背景并编辑“蝴蝶”的不透明蒙版；B 用于保护“蝴蝶”并为背景着色的不透明蒙版；C 用于为背景和部分“蝴蝶”着色的半透明蒙版。

2. 修改蒙版

要修改蒙版时，一定要先选择蒙版，即在图层面板中单击相应蒙版缩览图。当蒙版处于被选状态时，前景色和背景色均自动变回默认的黑色和白色。这是因为在蒙版中只存在黑色、白色以及其间的过渡色（称为“灰度”）。蒙版与色相无关。

修改蒙版常用绘制工具，最常用的是画笔工具。如果需将显示的内容隐藏，则应用黑色对蒙版进行涂抹，如图 6-37 所示；如需将已被隐藏的内容重新显示，就用白色对蒙版进行涂抹，如图 6-38 所示；如将内容以半透明效果显示，则用灰色对蒙版进行涂抹，如图 6-39 所示。

图 6-37 用黑色画笔涂抹

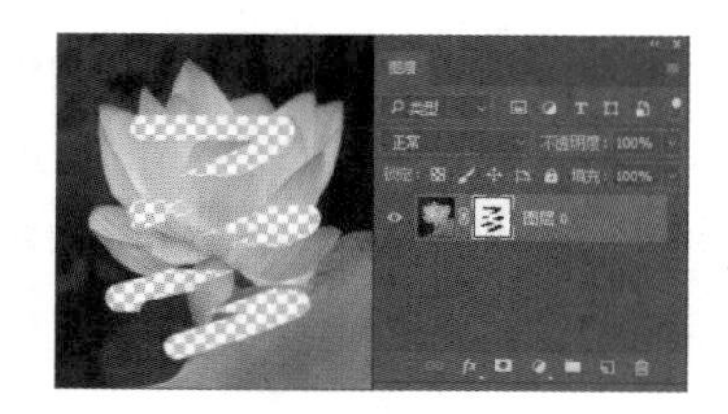

图 6-38 用白色画笔涂抹

图 6-39 用灰色画笔涂抹

3. 停用和启用图层蒙版

可以执行“图层”→“图层蒙版”→“停用”命令，还可以按 Shift 键的同时单击图层面板中的图层蒙版缩览图，图层蒙版停用，图像全部显示，如图 6-40 所示。在按住 Shift 键的同时再单击图层面板中的图层蒙版缩览图，图层蒙版重新启用。也可以右击图层蒙版缩览图，在弹出的快捷菜单中选择“停用图层蒙版”命令，如图 6-41 所示。

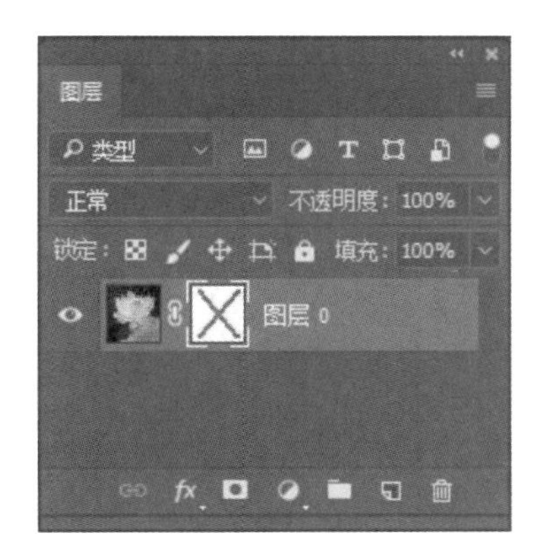

图 6-40　停用图层蒙版

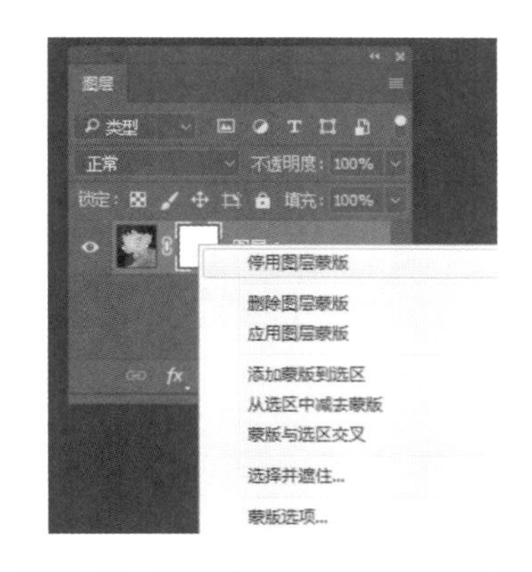

图 6-41　选择“停用图层蒙版”命令

4. 应用和删除图层蒙版

要应用图层蒙版时，先在图层面板中选择图层蒙版所在图层或者图层蒙版，再执行“图层”→“图层蒙版”→“应用”命令，图层蒙版消失，并删除图层的隐藏部分；也可将图层蒙版拖到图层面板底部的“删除图层”按钮上，松开鼠标后系统弹出图 6-42 所示的对话框，单击“应用”按钮，系统会删除图层蒙版，并将蒙版效果应用到图像上，应用前后的效果如图 6-43 所示。

图 6-42　确认是否应用图层蒙版

(a)　(b)

图 6-43　应用图层蒙版前后

5. 根据图层蒙版创建选区

可将图层蒙版转换为选区，按住 Ctrl 键的同时单击图层蒙版缩览图，即可创建图层中未被图层蒙版隐藏的区域，如图 6-44 所示。

也可将图层蒙版与已创建的选区进行运算，右击图层面板上图层蒙版缩览图，系统弹出一个快捷菜单，如图 6-45 所示，可根据操作需要选择“添加蒙版到选区”“从选区中减去蒙版”或“蒙版与选区交叉”。

图 6-44　将图层蒙版转换为选区

图 6-45　图层蒙版快捷菜单

实例3 利用创建剪贴蒙版制作贴纸效果

6.3.1 制作目的

掌握创建剪贴蒙版的应用技巧。

6.3.2 制作步骤

1. 打开素材

打开素材文件“背景.jpg”，如图 6-46 所示。

2. 制作方格

打开素材文件“背景.jpg”，新建图层 1，选择圆角矩形工具，设置圆角半径为 40 像素，绘制一个倒圆角正方形路径图形，按 Ctrl+Enter 键将路径变为选区，然后用黑色填充，效果如图 6-47 所示。复制多个倒圆角正方形并进行有序排列，效果如图 6-48 所示。

图 6-46　背景

图 6-47　绘制倒圆角正方形

图 6-48　复制多个倒圆角正方形并排列

3. 利用剪贴蒙版命令制作图形

复制背景图层“背景 拷贝”，选中背景图层，将它填充为白色，然后将图层“背景 拷贝”移至“图层 1”上面，如图 6-49 所示。

在图层“背景 拷贝”和“图层 1”之间按着 Alt 键单击，完成创建剪贴蒙版，图层面板和最终效果图分别如图 6-50 和图 6-51 所示。

图 6-49　图层上下关系

图 6-50　创建剪贴蒙版后的图层面板

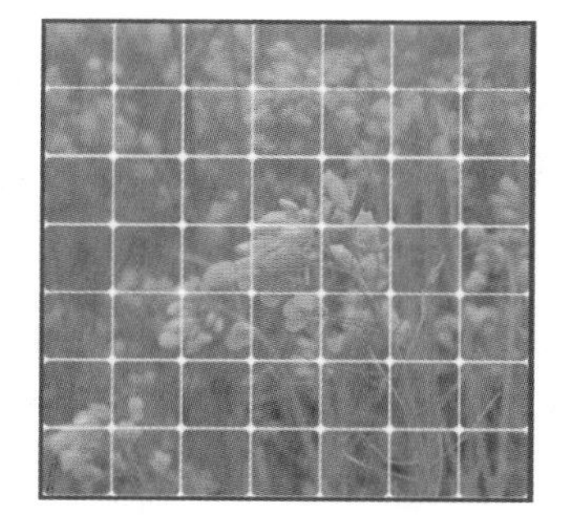

图 6-51　创建剪贴蒙版效果

4. 保存文件

执行“文件”→“存储为”命令，将文件保存为“艺术贴纸.jpg”。

6.3.3 知识拓展

1. 关于剪贴蒙版

剪贴蒙版可让用户使用某个图层的内容来遮盖其上方的图层。遮盖效果由底部图层或基底图层决定内容。基底图层的非透明内容将在剪贴蒙版中裁剪(显示)它上方的图层的内容,效果如图 6-52 所示。

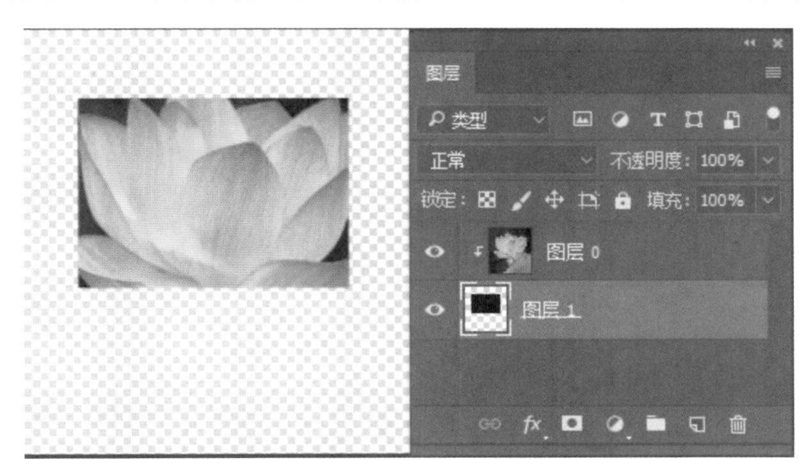

图 6-52 图层被遮盖掉的效果

另外,可以在剪贴蒙版中使用多个图层,但它们必须是连续的图层。蒙版中的基底图层名称带下划线,上层图层的缩览图是缩进的。叠加图层将显示一个剪贴蒙版图标。

2. 剪贴蒙版创建

(1) 在图层面板中排列图层,以使带有蒙版的基底图层位于要蒙盖的图层的下方。

(2) 执行下列操作之一:

① 按住 Alt 键,将指针放在图层面板上用于分隔要在剪贴蒙版中包含的基底图层和其上方的第一个图层的线上(指针会变成),然后单击;

② 选择图层面板中的基底图层上方的第一个图层,并执行"图层"→"创建剪贴蒙版"命令。

(3) 向剪贴蒙版添加其他图层,可使用(2)中的两种方法之一并同时在图层面板向上前进一级。

3. 移去剪贴蒙版中的图层

执行下列操作之一:

(1) 按住 Alt 键,将指针放在图层面板中分隔两组图层的线上(指针会变成图标),然后单击。

(2) 在图层面板中,选择剪贴蒙版中的图层,并执行"图层"→"释放剪贴蒙版"命令。此命令用于从剪贴蒙版中移去所选图层及它上面的任何图层。

矢量图制作

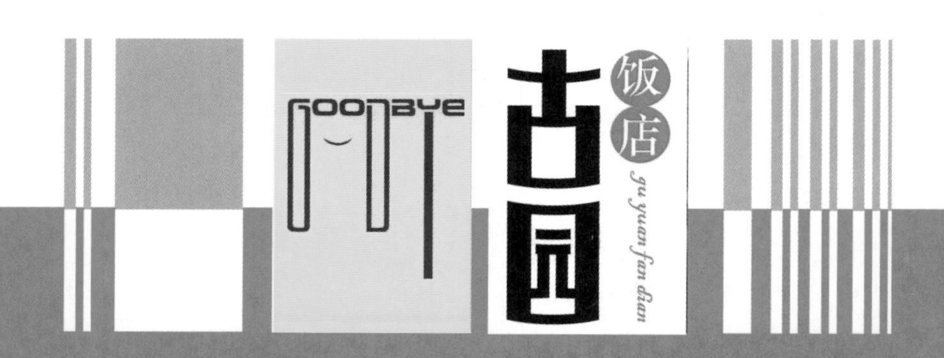

SHILIANGTU ZHIZUO

学习目标

本项目要求学习者掌握以下技能：

- 熟练使用钢笔工具，把图像抠取出来，变为可用的设计素材；
- 正确运用文字工具进行版式设计；
- 熟练运用路径选择工具修改文字路径；
- 正确运用矢量图形工具进行标志设计。

实例1 路 径 抠 图

7.1.1 制作目的

掌握钢笔工具和路径调节的方法与技巧。

7.1.2 制作步骤

1. 新建文件

选择“文件”→“打开”命令，弹出图7-1所示的“打开”对话框。选择以“苹果”命名的图片素材，单击 打开(O) 按钮。

2. 选择放大镜工具

在工具栏中选择放大镜工具，把图片放大至细节较清楚的程度，如图7-2所示。

3. 选择钢笔工具

在工具箱中找到钢笔工具并选择钢笔工具，如图7-3所示。

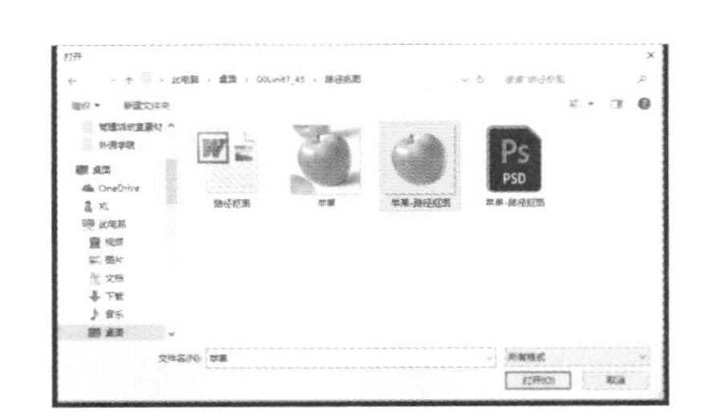

图7-1 “打开”对话框

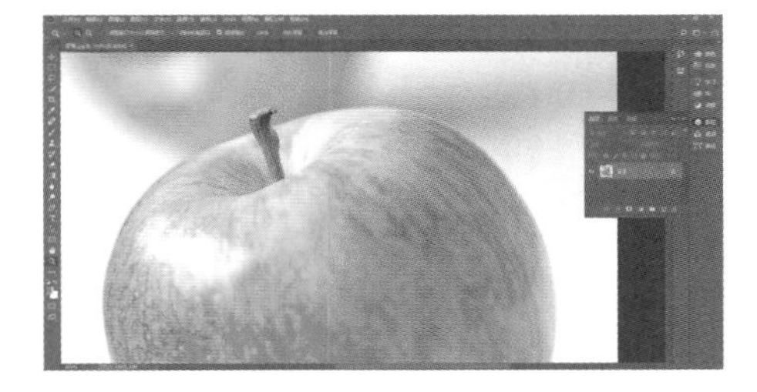

图7-2 放大效果

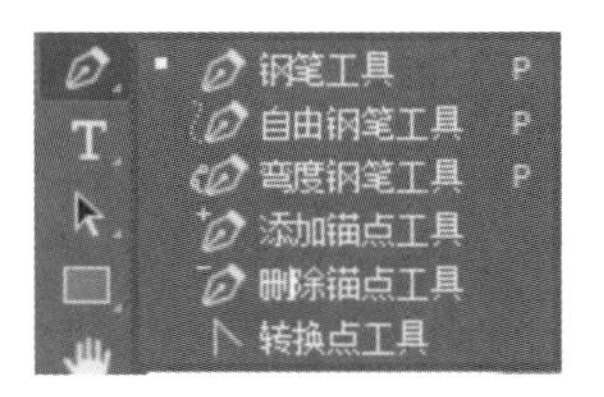

图7-3 钢笔工具展开图

在钢笔工具选项栏中选择 路径 选项，如图7-4所示。

路径 建立： 选区... 蒙版 形状 自动添加/删除 对齐边缘

图7-4 钢笔工具选项栏

4. 路径描绘

用钢笔工具在苹果边缘上的任意处单击鼠标的左键，松开左键，然后在苹果边缘的不远处再单击，不松开鼠标的左键，移动鼠标就可以拉出有弧度的路径，如图7-5所示。

按照以上方法围绕苹果的边缘描绘，直至回到连接始点，如图7-6所示。

5. 建立选区

在窗口右边浮动面板上找到 路径 ,单击路径会弹出路径面板,如图 7-7 所示。

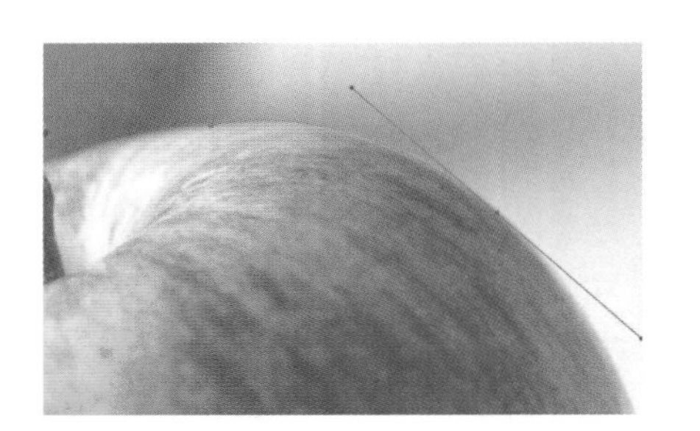

图 7-5　路径描绘效果

图 7-6　路径描绘完成效果

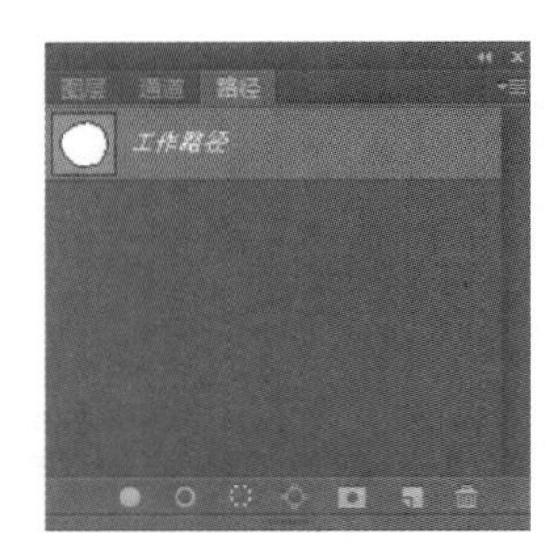

图 7-7　路径面板

单击路径面板底部工具栏的 ,画面中的路径将转为选区,变为闪动的虚线,如图 7-8 所示。

6. 去底

选择工具栏中的选区工具 ,在画面的苹果上单击右键,弹出快捷菜单,如图 7-9 所示。

选择"羽化"命令,弹出"羽化选区"对话框,在"羽化半径"文本框里输入 1,单击"确定"按钮,目的是使边缘没那么生硬,如图 7-10 所示。

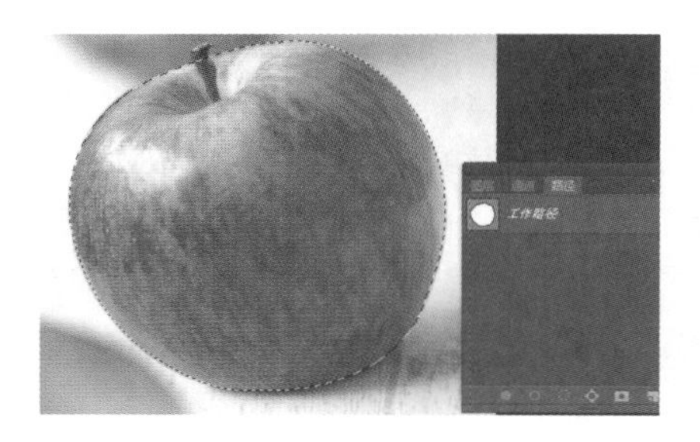

图 7-8　路径转为选区效果

图 7-9　弹出快捷菜单

图 7-10　"羽化选区"对话框

执行"选择"→"修改"→"收缩",设置参数值为"2"。

在苹果上再单击右键,选择"选择反向"命令,在右边浮动面板上单击 图层 ,弹出图层面板,如图 7-11 所示。

双击图层面板里的背景图层,弹出"新建图层"对话框,单击"确定"按钮,解锁图层,如图 7-12 和图 7-13 所示。

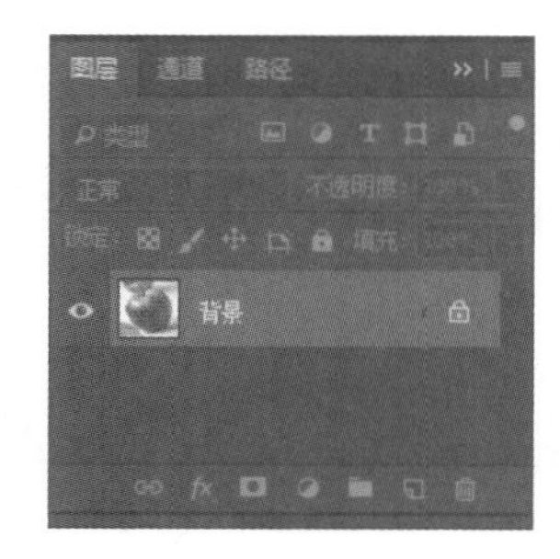

图 7-11　图层面板

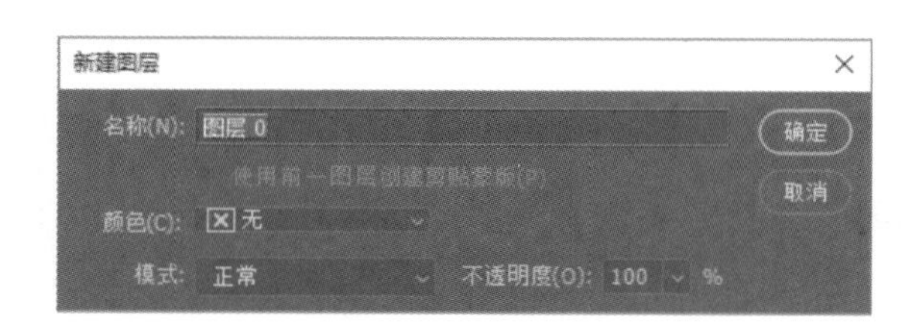

图 7-12　"新建图层"对话框

按键盘上的 Delete 键,就可以将苹果以外的底图删除,取消选区,最终效果如图 7-14 所示。

图 7-13　解锁后面板效果

图 7-14　完成效果图

7. 保存文件

选择“文件”→“存储为”命令，将文件保存为格式“仅限图像”的“苹果-路径抠图.jpg”。

7.1.3　知识拓展

1. 路径的概念

路径是指使用贝赛尔曲线所构成的一段闭合或开放的曲线段，它主要用于绘制光滑线条、图像。路径主要由锚点、方向点、方向线、平滑点、角点等元素组成，锚点标记路径段的端点，通过编辑路径的锚点，可以修改路径的形状。

2. 路径的创建和编辑

钢笔工具可创建和编辑矢量图形，它是最基本的路径绘制工具。工具箱中提供了钢笔工具、自由钢笔工具、弯度钢笔工具、添加锚点工具、删除锚点工具和转换点工具，如图 7-15 所示。

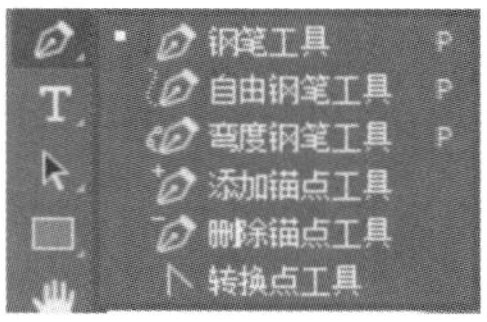

钢笔工具　P
自由钢笔工具　P
弯度钢笔工具　P
添加锚点工具
删除锚点工具
转换点工具

图 7-15　钢笔工具展开图

3. 添加/删除锚点工具

通过添加锚点工具可以增强对路径的控制，同时可以扩展开放路径，但最好不要添加过多的锚点，锚点数较少的路径更易于编辑、显示和打印。也可以通过删除锚点工具来降低路径的复杂性。

4. 转换点工具

选择转换点工具，将指针放在需更改的路径锚点上，可在平滑点和角点之间进行转换，方法如下：

（1）如果要将直线转换成平滑的曲线，使用转换点工具，选择锚点并拖动出方向线，可得到一个平滑点，如图 7-16 所示。

（2）如果要将平滑的曲线变为尖突的曲线，选择方向线其中的一个端点并拖动，可得到一个具有独立方向线的角点，如图 7-17 所示。

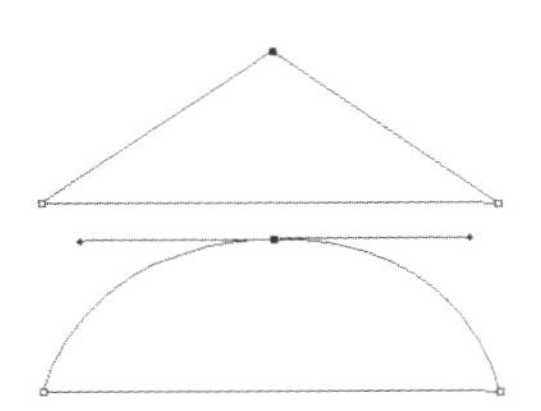
图 7-16　将直线转换成平滑曲线示意图

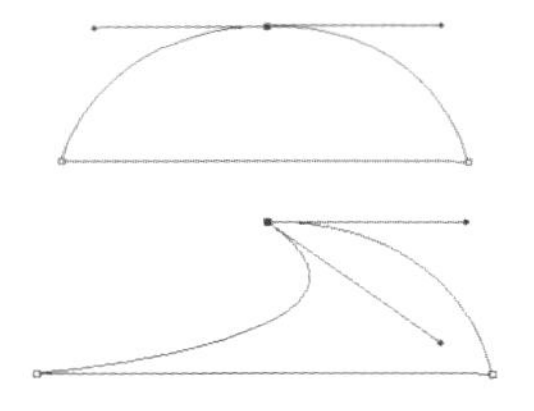
图 7-17　将平滑曲线转换成尖突曲线示意图

在操作中，钢笔工具配合键盘快捷键 Ctrl，可以快速切换成直接选择工具，配合 Alt 键，可以快速切换成转换点工具，这样会让我们事半功倍。

实例 2 文字版式设计

7.2.1 制作目的

掌握使用文字工具和路径选择工具的方法与技巧，能够随心所欲地进行版式设计。

7.2.2 制作步骤

1. 新建文件

选择“文件”→“新建”命令，打开图 7-18 所示的“新建文档”对话框。

2. 输入正确文档资料

在“预设详细信息”文本框中输入“文字版式设计”，在宽度和高度文本框中输入相应参数，如图 7-19 所示。单击 创建 按钮，建立一个尺寸为 A4 的空白文档，如图 7-20 所示。

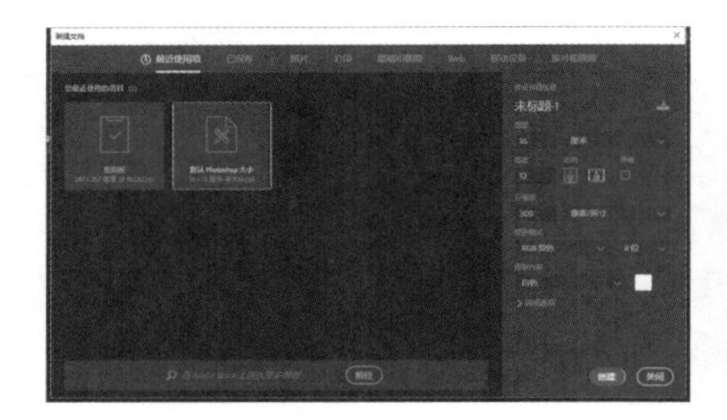

图 7-18 “新建文档”对话框

图 7-19 设置文档参数值

图 7-20 空白文档

3. 更改背景颜色

单击“编辑”菜单，弹出下拉菜单，如图 7-21 所示，单击“填充”命令，弹出“填充”对话框，如图 7-22 所示。

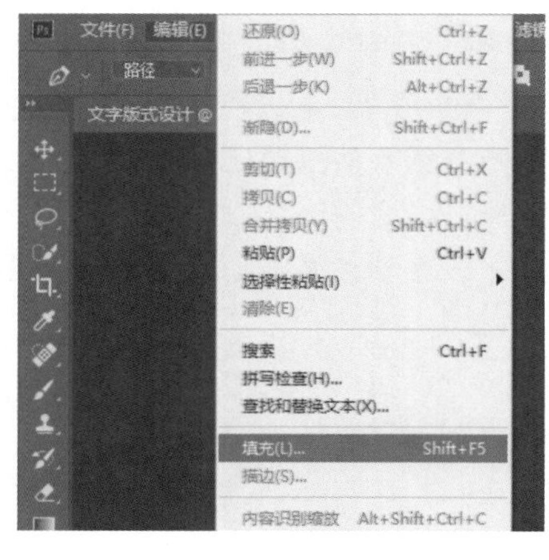

图 7-21 “编辑”下拉菜单

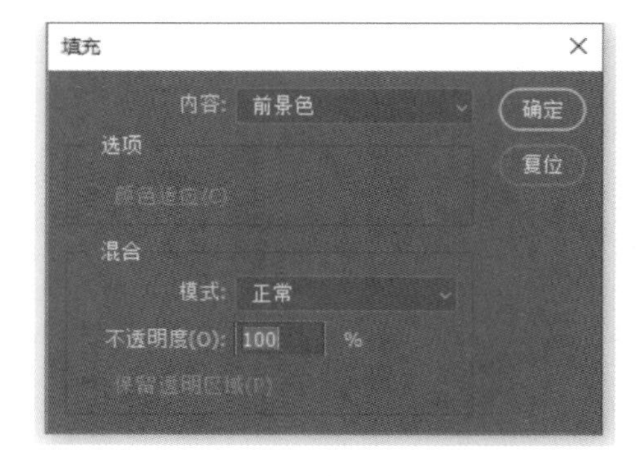

图 7-22 “填充”对话框

单击“内容”右侧的下拉箭头，选择“颜色”选项，弹出“拾色器（填充颜色）”对话框，如图 7-23 所示。在颜色模式里设置 CMYK 值为(0,0,100,0)，颜色为黄色，如图 7-24 所示。输入参数后单击 确定 按钮，再单击“填充”对话框中的“确定”按钮，黄色就自动填充在白色画布中，如图 7-25 所示。

图 7-23 “拾色器(填充颜色)”对话框

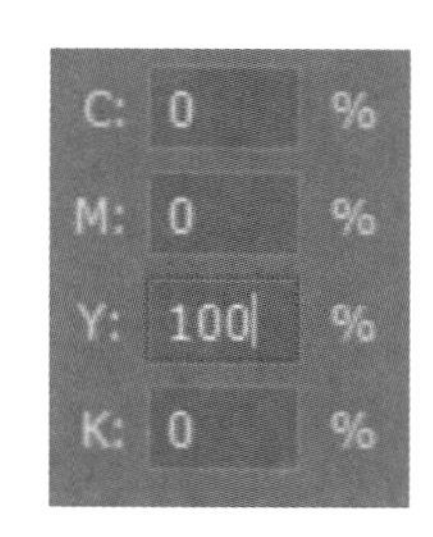

图 7-24 CMYK 参数设置

图 7-25 填充黄色的文档窗口

4. 选择文字工具

在工具箱中找到文字工具T,单击文字工具右下角的三角形,弹出图 7-26 所示的菜单,选择“横排文字蒙版工具”。

在横排文字蒙版工具选项栏上选择字体为 Earth,字号为 80 点,文字颜色为黑色,如图 7-27 所示。

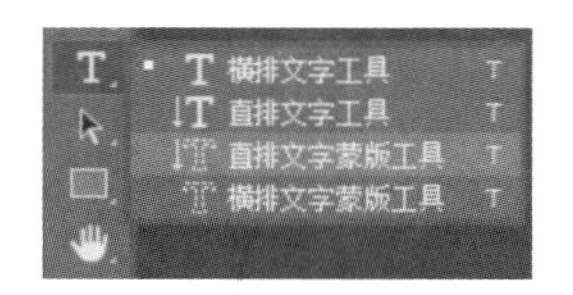

图 7-26 文字工具展开菜单

图 7-27 横排文字蒙版工具选项栏

5. 输入文字

在文档中单击一下,会出现图 7-28 所示的符号,输入大写英文单词“GOODBYE”,然后单击选项栏末端的✓按钮。文档会出现图 7-29 所示的效果。

图 7-28 文字输入状态

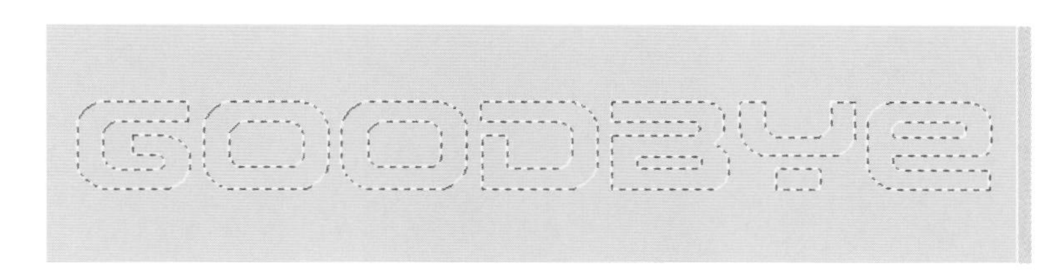

图 7-29 选区文字效果

6. 选区转为路径

在右边浮动面板上找到 路径 ,单击弹出路径面板,如图 7-30 所示。

单击路径面板上的“选区转为路径”按钮,文字选区转变为路径,如图 7-31 所示。

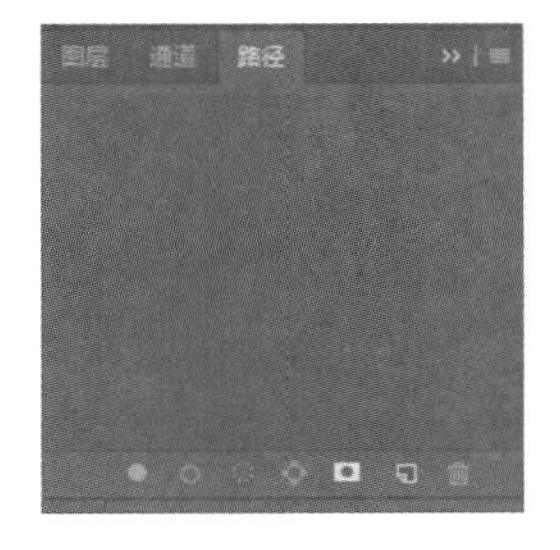

图 7-30 路径面板

图 7-31 路径文字效果

7. 使用路径选择工具

单击工具箱中的路径选择工具，在文字路径的左上角，按着鼠标左键拉至首个字母的右下角，如图 7-32 所示。

选择工具箱中的缩放工具，将文字路径放大至图 7-33 所示。

选择工具箱中的钢笔工具，在文字路径上单击以添加节点，如图 7-34 所示。

图 7-32　选中路径文字状态

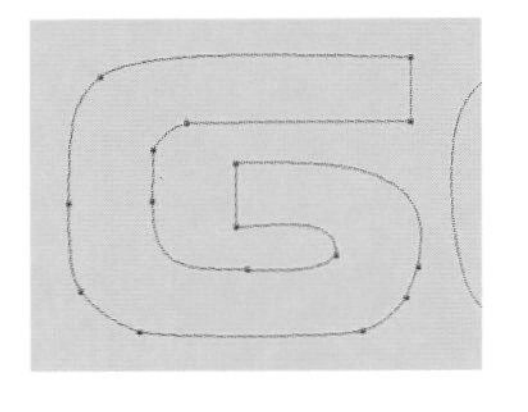

图 7-33　放大画面效果

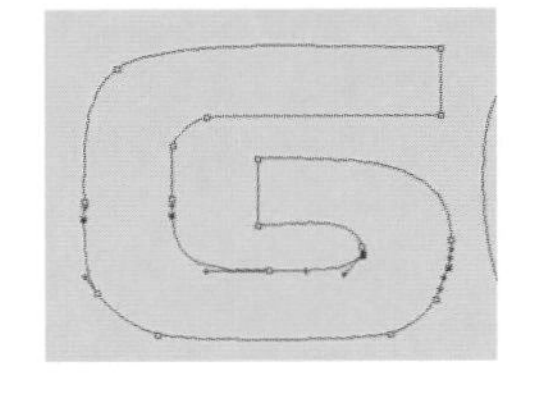

图 7-34　添加节点效果

用钢笔工具添加完节点后，按着键盘上的快捷键 Shift 和 Ctrl 将字母下半段的节点选中后，松开 Shift 键，继续按着 Ctrl 键，将节点向下拉至适当位置，如图 7-35 所示。

用同样的方法，为路径字母“D”和“Y”添加节点，然后拉至适当大小，用钢笔工具绘制“笑容”符号，如图 7-36 所示。

8. 将路径转变为选区，填色

在路径面板上单击路径转为选区按钮，路径转变为图 7-37 所示的选区效果。

单击 图层，弹出图层面板，单击新建图层按钮，生成“图层 1”，如图 7-38 所示。

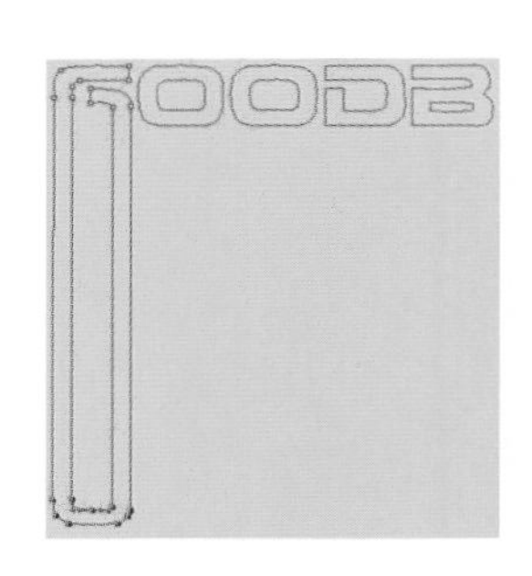

图 7-35　拉长效果

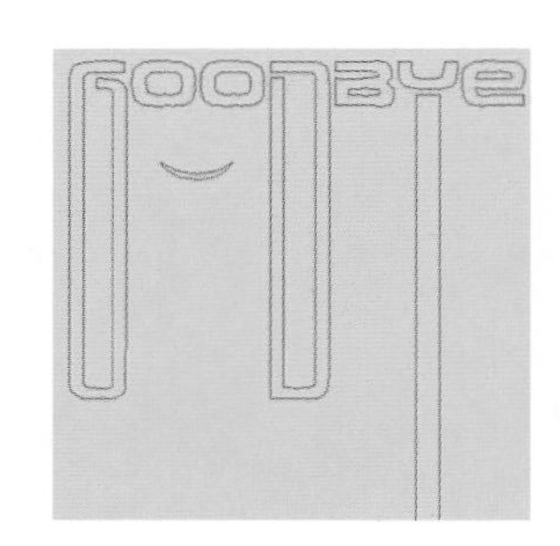

图 7-36　路径调整效果

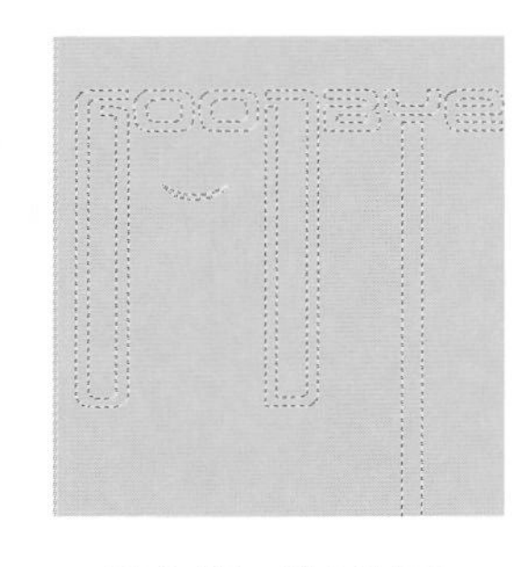

图 7-37　选区效果

图 7-38　图层面板(生成图层 1)

单击“编辑”菜单，弹出下拉菜单，如图 7-39 所示，单击“填充”命令，弹出“填充”对话框，如图 7-40 所示。

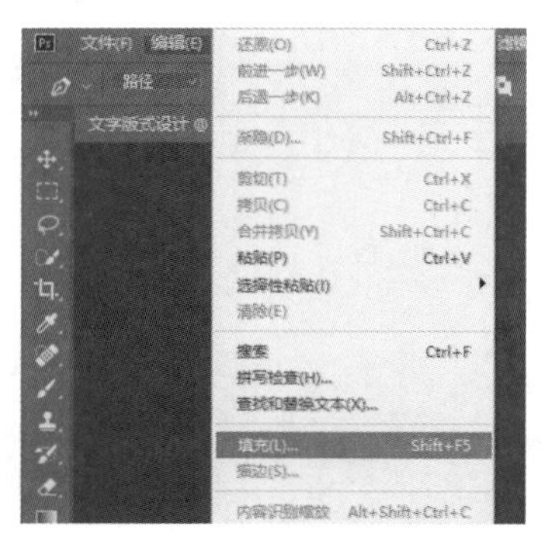

图 7-39　“编辑”下拉菜单

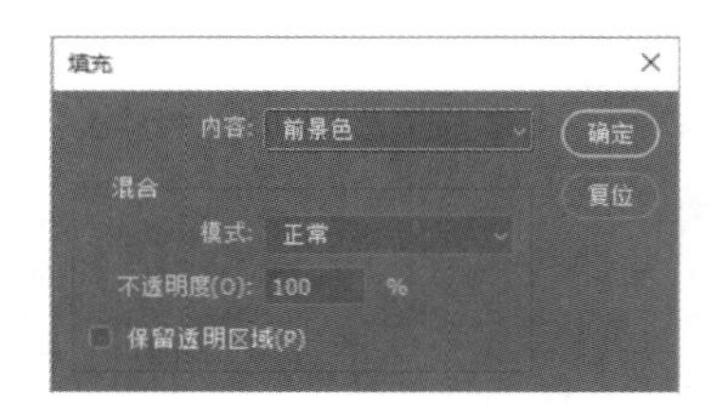

图 7-40　“填充”对话框

单击“内容”右侧的下拉箭头，选择“颜色”选项，弹出“拾色器(填充颜色)”对话框，如图 7-41 所示。

在颜色模式里设置 CMYK 值为（0，0，0，100），颜色为黑色，如图 7-42 所示。输入参数后单击 确定 按钮，再单击“填充”对话框中的“确定”按钮，黑色就自动填充在文字选区当中，取消选区，如图 7-43 所示。

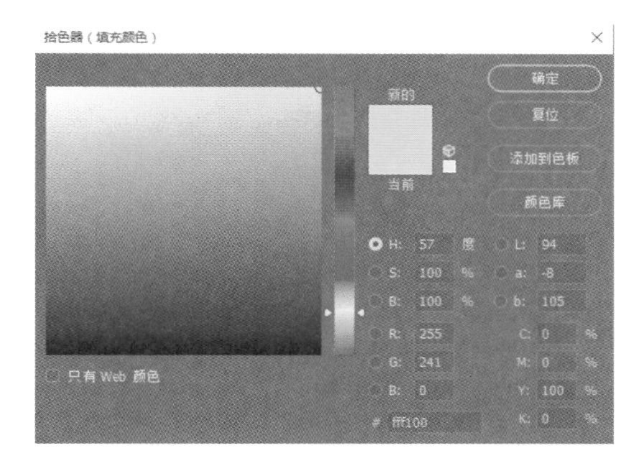

图 7-41　“拾色器（填充颜色）”对话框

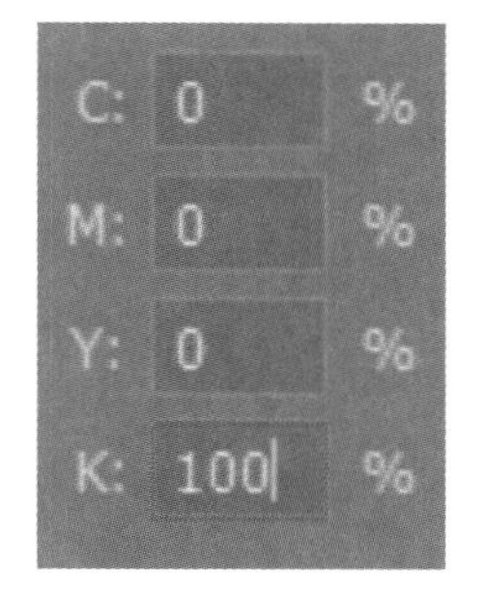

图 7-42　颜色参数设置

图 7-43　填充后效果

9. 文字版式设计

选择文字工具 T 中的横排文字工具，如图 7-44 所示。

修改选项栏中的字体为黑体，字号为 12 点，字体颜色为黑色，如图 7-45 所示。

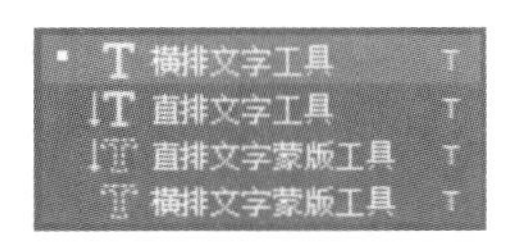

图 7-44　文字工具展开图

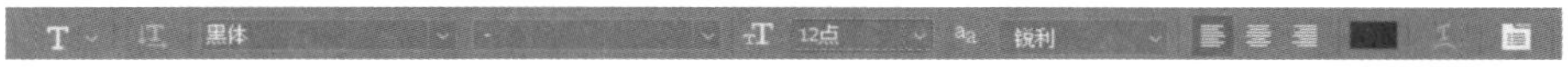

图 7-45　横排文字工具选项栏

在画面中，按着鼠标左键不放，拉出一个文字选框，如图 7-46 所示。

打开素材文件中的“散文”文档，将第一段文字复制出来，如图 7-47 所示。

单击“编辑”菜单，弹出下拉菜单，选择“粘贴”命令，得到图 7-48。

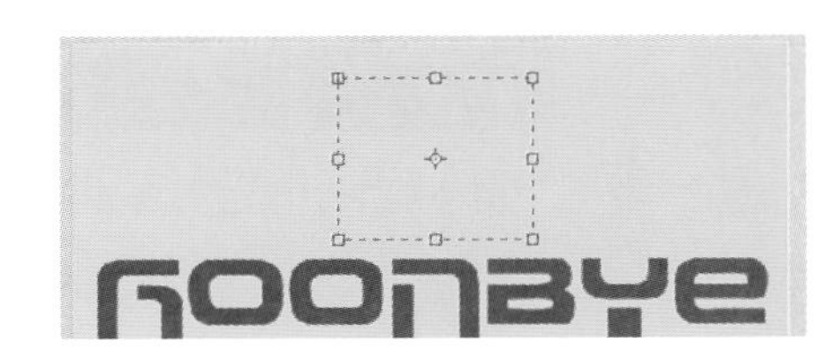

图 7-46　拉出文字选框

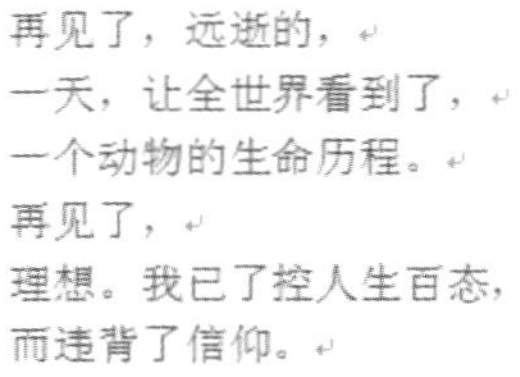

再见了，远逝的，
一天，让全世界看到了，
一个动物的生命历程。
再见了，
理想。我已了控人生百态，
而违背了信仰。

图 7-47　文字段落

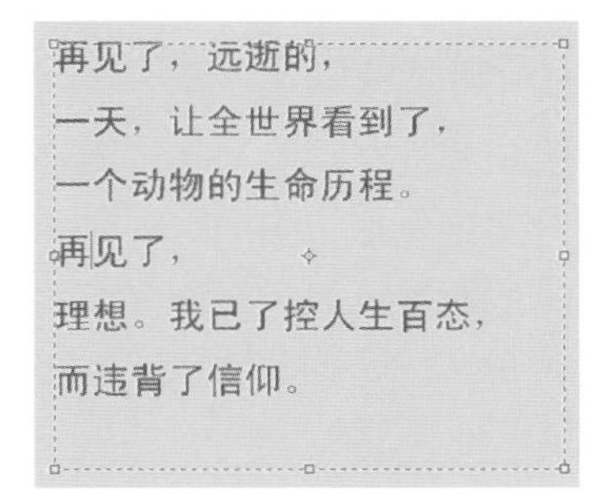

图 7-48　文字段落粘贴后的效果

运用同样的方法，将第二段文字复制，粘贴到图形的下方，如图 7-49 所示。

将两个文字选框与文字“D”对齐，如图 7-50 所示。

回到图层面板，按着键盘上的 Shift 键，依次将三个图层选上，如图 7-51 所示。

选择“编辑”菜单，弹出下拉菜单，选择“自由变换”命令，在选项栏中，将旋转角度修改成－20 度 -20 度，把整体效果调至图 7-52 所示。

然后单击 命令，得到图 7-53 所示。

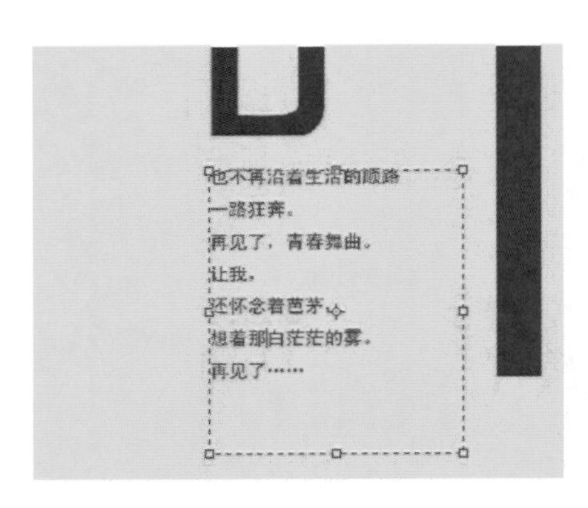

图 7-49　第二段文字摆放效果图

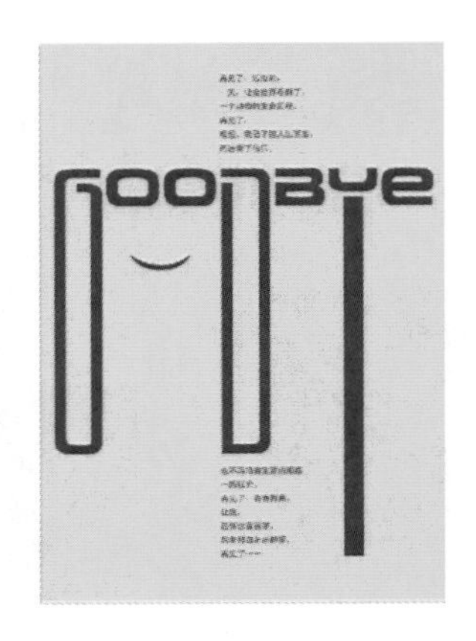

图 7-50　整体效果

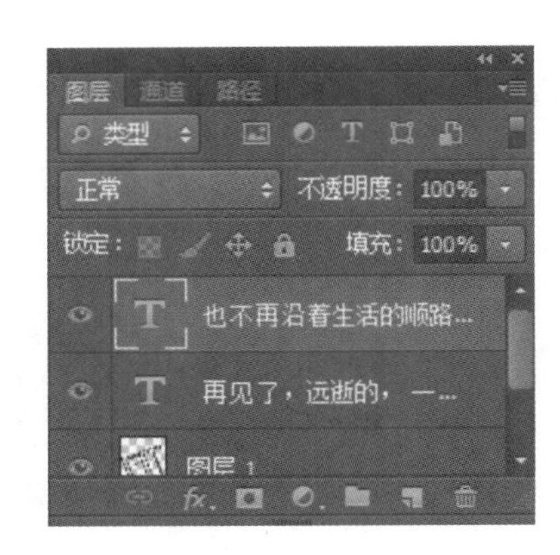

图 7-51　图层面板

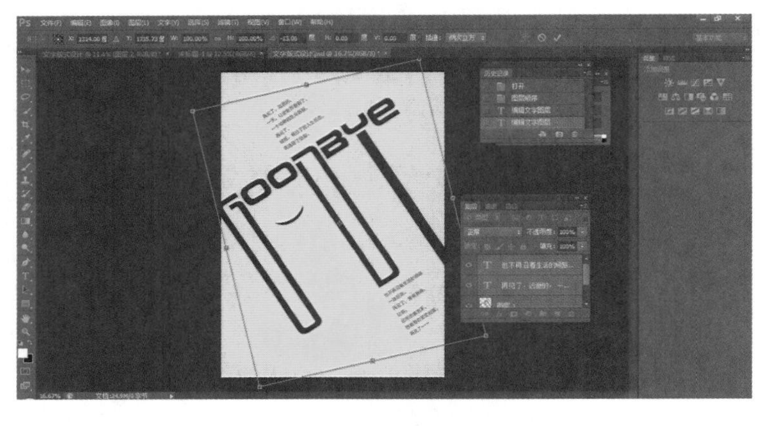

图 7-52　旋转效果

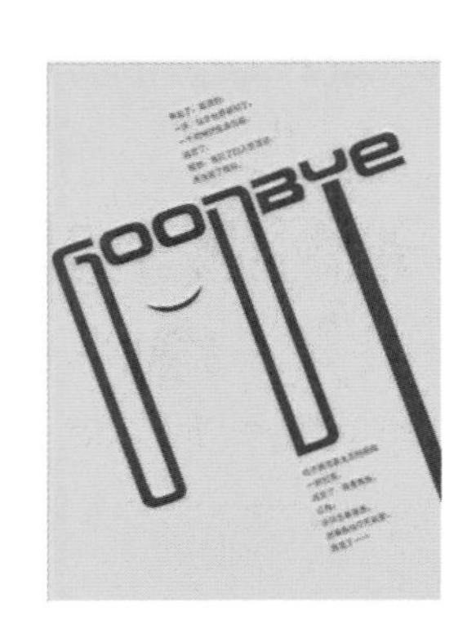

图 7-53　完成效果

10. 保存文件

选择"文件"→"存储为"命令，将文件保存为"文字版式设计.jpg"。

7.2.3　知识拓展

1. 文字工具的概念

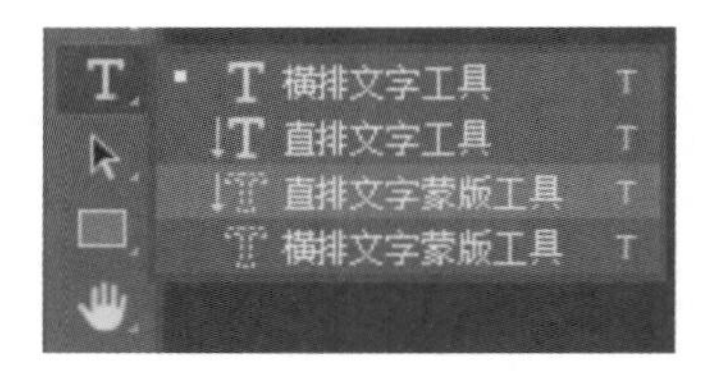

图 7-54　文字工具展开图

Photoshop 提供了横排文字工具、直排文字工具、横排文字蒙版工具和直排文字蒙版工具，如图 7-54 所示。使用文字工具可以输入实体文字，使用文字蒙版工具则可以创建文字选区。

利用文字工具选项栏参数可以快速设置文字基本属性，如图 7-55 所示。

图 7-55　文字工具选项栏

(1) 切换文本方向。文本方向是文字行相对于文档窗口(对于点文字)或外框(对于段落文字)的方向。当文字图层的方向为垂直时，文字上下排列；当文字图层的方向为水平时，文字左右排列。

选择一个文字工具，然后单击选项栏中的"文本方向"按钮，文本可在"水平方向"排列与"竖直方向"排列两种方式之间互换。

(2) 设置字体系列。可在字体下拉列表框中选择所需字体，Photoshop 提供了一个所见即所得的字体菜单，因此可以在应用之前预览字体。在选项栏中选择当前字体的名字，接着使用上下箭头键进行浏览,可从头到尾循环显示系统中所有可用字体。

(3) 设置字体大小。可在下拉列表框中选择或者输入所需字号。

(4) 设置消除锯齿方法,Photoshop 提供了“锐利”“犀利”“浑厚”“平滑”等选项。

(5) 设置文本对齐方式,Photoshop 提供了“左对齐”“居中”“右对齐”等对齐方式。

(6) 设置字符颜色。点按此颜色框,可弹出“选择文本颜色”对话框,通过拾色器可以选择字体的颜色,默认情况下字符颜色与前景色一致。

(7) 创建变形文字,Photoshop 提供多种变形样式,用户可根据设计意图调节弯曲、水平扭曲、垂直扭曲等滑块或者直接输入参数。

(8) 显示字符与段落,通过改变“字符”和“段落”的参数,可设置字体、字号、粗体、斜体、字间距、行间距、上下标等。

2. 点文字和段落文字

按照文字的输入方式,在 Photoshop 中可将文字分为点文字和段落文字,当创建文字时,图层面板中会添加一个新的文字图层。

1) 点文字

点文字的每行文字之间都是独立的,行的长度随着文本的编辑而增加或缩短,不会自动换行,若要换行则需按回车键。创建点文字的方法:使用文字工具,直接在图像文件中单击,就可以随着光标符号→,直接进入点文字的输入状态,如图 7-56 所示。

2) 段落文字

段落文字基于定界框的尺寸进行自动换行,可以输入多个段落并选择段落的对齐选项。创建段落文字的方法:选择文字工具,在图像文件中单击并拖出一个矩形虚线框,松开鼠标即可得到“段落控制框”,然后在框中输入或者粘贴入段落文本内容即可,如图 7-57 所示。

文字的设置在字符面板中进行,如图 7-58 所示。

图 7-56 输入点文字

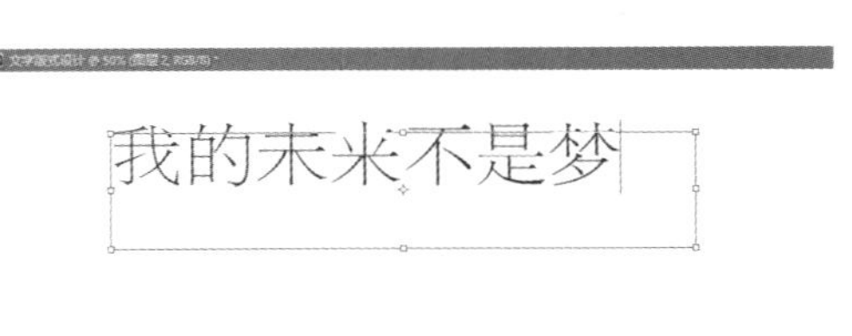

图 7-57 输入段落文字

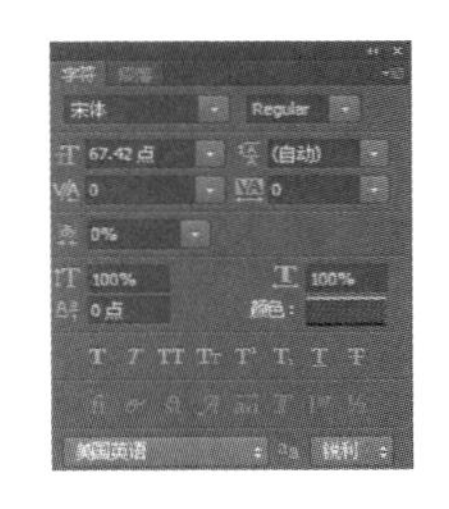

图 7-58 字符面板

3. 段落面板

对于点文字,一行就是一个单独的段落;对于段落文字,一段可能有多行,具体情况视外框的尺寸而定。使用段落面板可以为文字图层中的单个段落、多个段落或全部段落设置格式选项。

- 对齐方式:依次是“左对齐文本”“居中对齐文本”“右对齐文本”“最后一行左对齐”“最后一行居中对齐”“最后一行右对齐”“全部对齐”。
- 设置左缩进方式:从段落的左边缩进,而对于直排文字,此选项控制从段落顶端的缩进。
- 设置右缩进方式:从段落的右边缩进,而对于直排文字,此选项控制从段落底部开始的缩进。
- 设置首行缩进:缩进段落中的首行文字。对于横排文字,首行缩进与左缩进有关,而对于直排文字,首行缩进与顶端缩进有关。要创建首行悬挂缩进,需要输入一个负值。
- 设置段前空格:设置所放光标处段落与其前一段落之间的距离。
- 设置段后空格:设置所放光标处段落与其后一段落之间的距离。

实例3 文字标志设计

7.3.1 制作目的

掌握文字工具和路径选择工具的使用方法与技巧，能够随心所欲地进行版式设计。

7.3.2 制作步骤

1. 新建文件

选择"文件"→"新建"命令，弹出图7-59所示的"新建文档"对话框，设置宽度和高度均为210毫米。

2. 新建图层

在窗口右侧浮动面板中单击 图层 ，弹出图层面板，单击 按钮，图层面板显示为图7-60。

图7-59 "新建文档"对话框

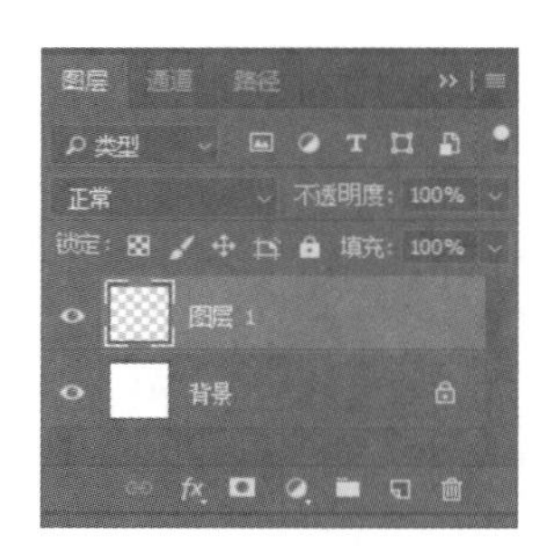

图7-60 图层面板（创建新图层）

3. 新建矢量路径

单击工具箱中 的下拉箭头，弹出图7-61，选择椭圆工具。

修改椭圆工具选项栏，选择"路径"选项 路径 。

在空白图层中绘制一个椭圆形的路径，如图7-62所示。

单击工具箱中的路径选择工具 ，单击图层中的路径，然后按住键盘上的Alt键不放，箭头右下角会出现一个加号，向上拖动鼠标，复制出一个相同尺寸的椭圆，如图7-63所示。

单击选项栏中的 按钮，然后，按住Ctrl键的同时敲击确认键，使路径转变为选区，如图7-64所示。

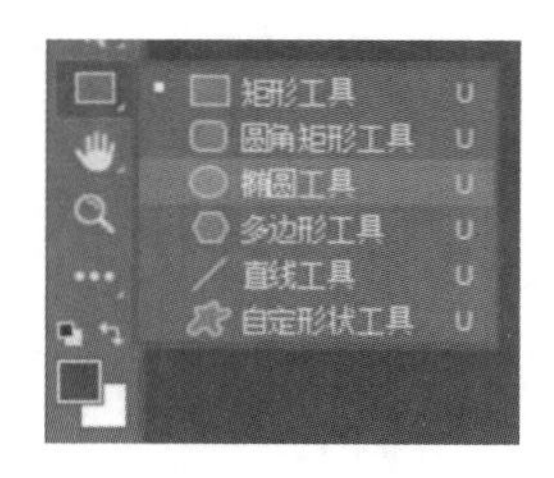

图7-61 图形工具展开图

图7-62 椭圆形的路径效果

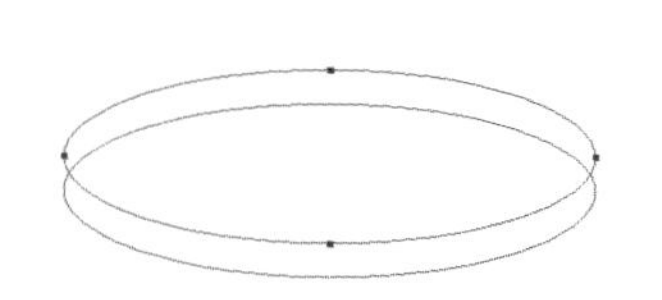

图7-63 复制路径效果

图7-64 路径转变为选区效果

4. 填充颜色

选择"编辑"→"填充"命令，弹出"填充"对话框，如图7-65所示。

单击"内容"右边的下拉箭头，选择"前景色"，单击"确定"按钮，效果如图7-66所示。

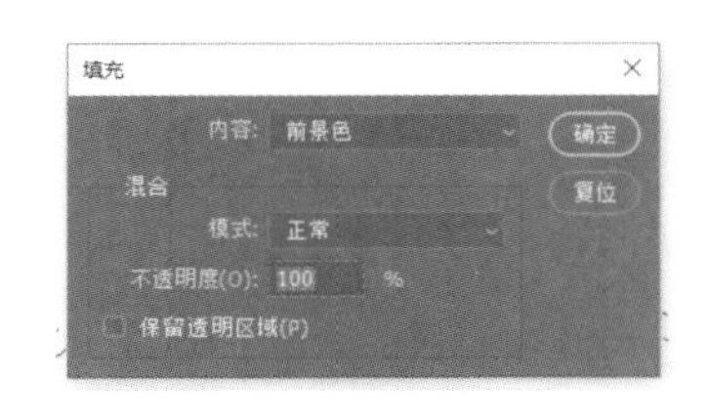

图 7-65 “填充”对话框

图 7-66 填充效果图

5. 裁切图形

单击工具箱中的选区工具，在图形中拉出选区，如图 7-67 所示。提示：选区的外边框要与图形对齐，主要是为了左右两边一致。

将选中的部分删除掉，方法是按键盘上的 Delete 键。按照上述方法将其他部分删掉，最终效果如图 7-68 所示。

6. 绘制竖笔画

单击工具箱中的矩形工具，在画面中间向下拉出一个矩形，如图 7-69 所示。

新建图层 2，将路径转变为选区，单击“编辑”菜单里的“填充”命令，效果如图 7-70 所示。

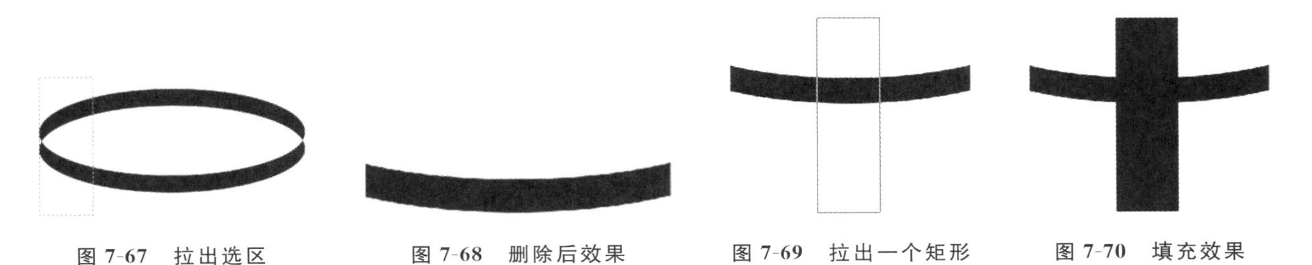

图 7-67 拉出选区　　图 7-68 删除后效果　　图 7-69 拉出一个矩形　　图 7-70 填充效果

7. 复制竖笔画

复制图层 2 为图层 2 副本，放置“古”字的其他笔画。

运用相同的方法，依次将笔画复制并放到适当位置，效果如图 7-71 至图 7-74 所示。

图 7-71 复制矩形效果 1　　图 7-72 复制矩形效果 2　　图 7-73 复制、调整效果 1　　图 7-74 复制、调整效果 2

8. 缩小整个文字

打开图层面板，单击“图层 1”，按着 Shift 键，单击“图层 2 副本 2”，将所需笔画按顺序全部选上，如图 7-75 所示。

单击“编辑”菜单，弹出下拉菜单，选择“自由变换”命令，等比缩放至适当大小，如图 7-76 所示。

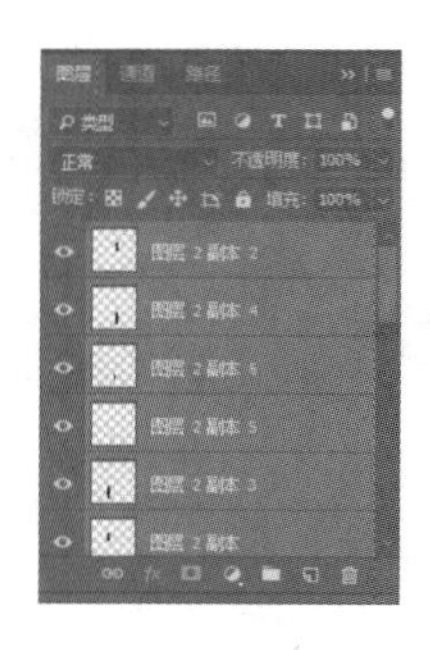

图 7-75　图层面板

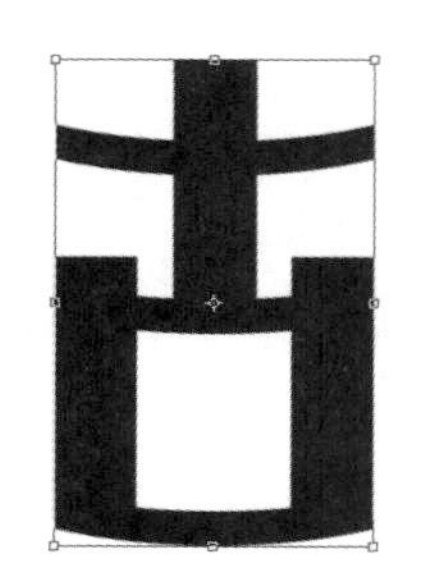

图 7-76　调整效果

9. 绘制“园”字

运用同样的方法，将“古”字的笔画复制出来，做成“园”字的共同笔画，具体步骤如图 7-77 至图 7-82 所示。

10. 绘制红色圆印章

单击工具箱中的椭圆工具，在文字的右上角拉出一个圆，如图 7-83 所示。

图 7-77　笔画复制效果 1

图 7-78　笔画复制效果 2

图 7-79　笔画复制效果 3

图 7-80　笔画复制效果 4

图 7-81　笔画复制效果 5

图 7-82　笔画复制效果 6

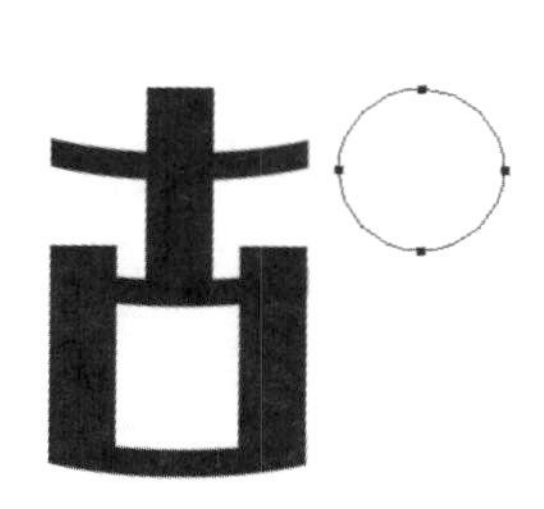

图 7-83　拉出一个圆的效果

将路径转变为选区，新建图层 3，填充红色，如图 7-84 所示。

复制图层 3 至图 7-85 所示。

图 7-84　圆填充颜色效果

图 7-85　复制圆效果

11. 输入白色“饭店”两字和“gu yuan fan dian”

单击工具箱中的文字工具，选择直排文字工具，在其选项栏中输入相关参数，如字体选择华文中宋，字号选择 72 点，颜色选择白色，如图 7-86 所示。

图 7-86　文字工具选项栏

单击图层上的红色区域，输入“饭店”两字，效果如图 7-87 所示。

运用相同的方法，输入“gu yuan fan dian”，字体为 Blackadder ITC，字号为 42 点，颜色为红色，效果如图 7-88 所示。

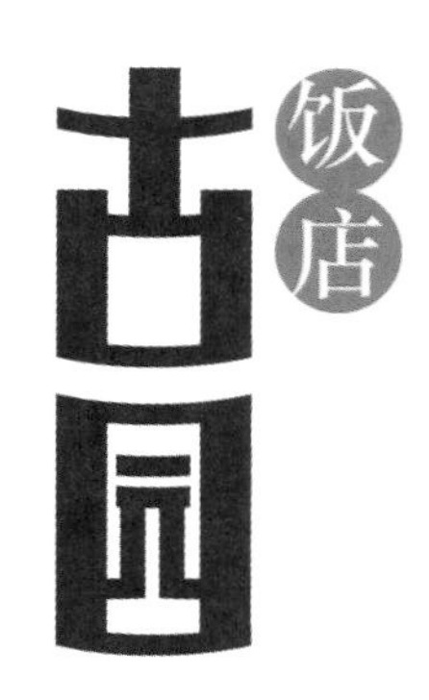

图 7-87　文字输入效果

图 7-88　最终完成效果

12. 保存文件

选择“文件”→“存储为”命令，将文件保存为“文字标志设计.jpg”。

7.3.3　知识拓展

文字标志设计的方法

（1）连接法——结合字体特征将笔画相连接的形式，如图 7-89 所示。

（2）简化法——根据字体特点，利用视觉错觉合理地简化字体部分笔画的形式，如图 7-90 所示。

图 7-89　字体作品 1

图 7-90　字体作品 2

（3）附加法——在字体外添加配合表现标示的图形的形式，如图 7-91 所示。

（4）底图法——将字体镶嵌于色块或图案中的形式，如图 7-92 所示。

图 7-91　字体作品 3

图 7-92　字体作品 4

（5）象征法——将字体的笔画进行象征性演变的形式，如图 7-93 所示。

(6) 柔美法——结合字体特征,运用波浪或卷曲的线条来表现的形式,如图 7-94 所示。

(7) 刚直法——用直线形的笔画来组成字体的形式,如图 7-95 所示。

图 7-93　字体作品 5

图 7-94　字体作品 6

图 7-95　字体作品 7

(8) 印章法——以中国传统印章为底纹或元素的形式,如图 7-96 所示。

(9) 书法法——把中国书法融入字体设计中的形式,如图 7-97 所示。

(10) 综合元素——综合使用各种风格来修饰标志的形式,如图 7-98 所示。

图 7-96　字体作品 8

图 7-97　字体作品 9

图 7-98　字体作品 10

举一反三,课后练兵

练习绘制图 7-99。

图 7-99　练习作品

滤镜特效

LVJING TEXIAO

学习目标

- 详细了解常用滤镜的特点和使用方法；
- 能借用液化滤镜完成特殊变形效果；
- 了解智能滤镜的使用方法；
- 能利用各种滤镜功能实现画面的特殊艺术效果。

实例 1 广告聚焦效果制作

8.1.1 制作目的

使用滤镜里的模糊滤镜组的镜头模糊和渲染滤镜组的光照效果，可以为图片转移聚焦区，使目标更为清晰。

8.1.2 制作步骤

1. 打开文件

执行“文件”→“打开”命令，弹出图 8-1 所示的“打开”对话框。选择文件“广告聚焦效果 1.jpg”，单击“打开”按钮。

2. 创建聚焦区域

（1）复制背景图层，切换到通道面板，新建通道 Alpha 1，如图 8-2 所示，设置画笔，然后单击 RGB 通道前面的“指示通道可见性”图标。

（2）使用画笔把需要显示的聚焦区域涂绘出来，笔触硬度为 20%，如图 8-3 所示。

图 8-1 “打开”对话框

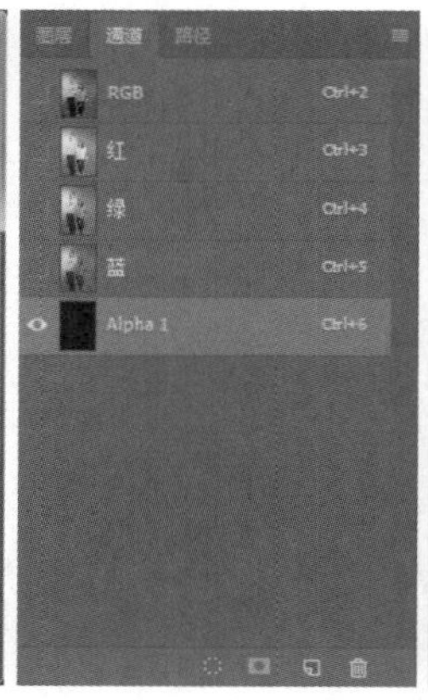

图 8-2 新建通道

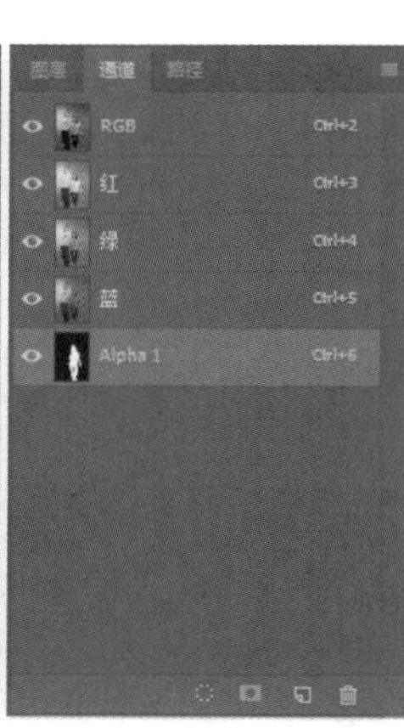

图 8-3 绘制聚焦区域

3. 制作聚焦效果

（1）在通道面板上单击 RGB 通道，执行“滤镜”→“模糊”→“镜头模糊”命令，在弹出的对话框里设置参数，如图 8-4 所示。

（2）在通道面板中，取消通道 Alpha 1 的可见性，如图 8-5 所示。

图 8-4 镜头模糊对话框

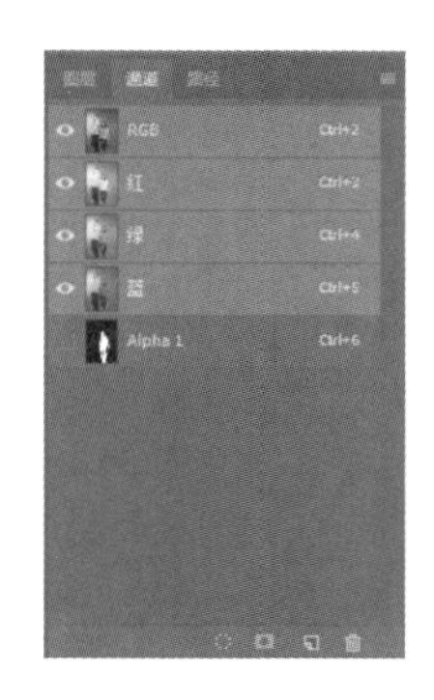

图 8-5 取消通道 Alpha 1 的可见性

(3) 聚焦效果完成，如图 8-6 所示。

(4) 执行“滤镜”→“模糊”→“表面模糊”命令，在弹出的“表面模糊”对话框里设置参数，如图 8-7 所示。

(5) 单击“确定”按钮，可见调整后的效果如图 8-8 所示。

(6) 选择“图像”→“自动颜色”命令，调整颜色，最终效果如图 8-9 所示。

图 8-6 聚焦效果

图 8-7 “表面模糊”对话框

图 8-8 表面模糊后效果

图 8-9 最终效果

4. 保存文件

执行“文件”→“存储为”命令，将文件保存为“广告聚焦效果-1.jpg”。

5. 打开文件

执行“文件”→“打开”命令，弹出图 8-10 所示的“打开”对话框。选择文件“广告聚焦效果 2.jpg”。

6. 创建聚焦区域和制作聚焦效果

(1) 复制背景图层，单击背景拷贝图层，执行“滤镜”→“渲染”→“光照效果”命令，在弹出的光照效果面板中设置参数，如图 8-11 所示。

(2) 应用后的效果如图 8-12 所示。

图 8-10 “打开”对话框

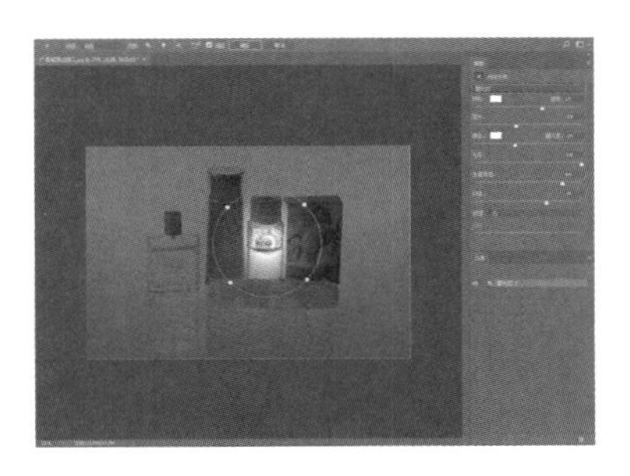
图 8-11 光照效果面板

图 8-12 光照效果

7. 调整

(1) 执行“图像”→“调整”→“曲线”命令，在弹出的“曲线”对话框中设置参数，如图 8-13 所示。

(2) 单击“确定”按钮，最终效果如图 8-14 所示。

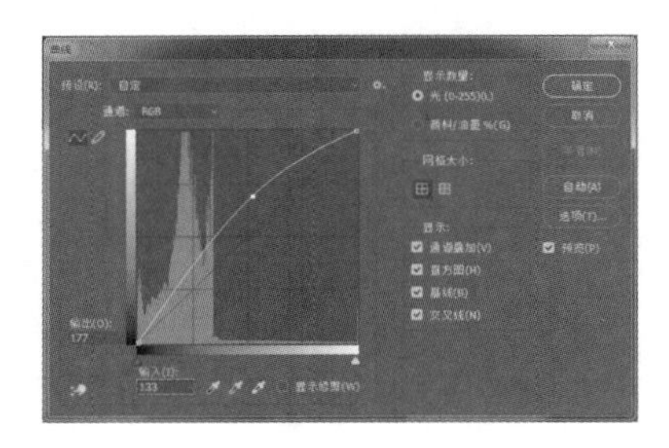

图 8-13 “曲线”对话框

图 8-14 最终效果

8. 保存文件

执行“文件”→“存储为”命令，将文件保存为“广告聚焦效果-2.jpg”。

8.1.3 知识拓展

1. 模糊滤镜组

模糊滤镜效果有两类滤镜，即模糊和模糊画廊，共包括 16 种滤镜，如图 8-15 和图 8-16 所示。模糊滤镜可以使图像中过于清晰或对比度过于强烈的区域，产生模糊效果。它通过平衡图像中已定义的线条和遮蔽区域的清晰边缘旁边的像素，使变化显得柔和。

图 8-15 模糊滤镜组菜单

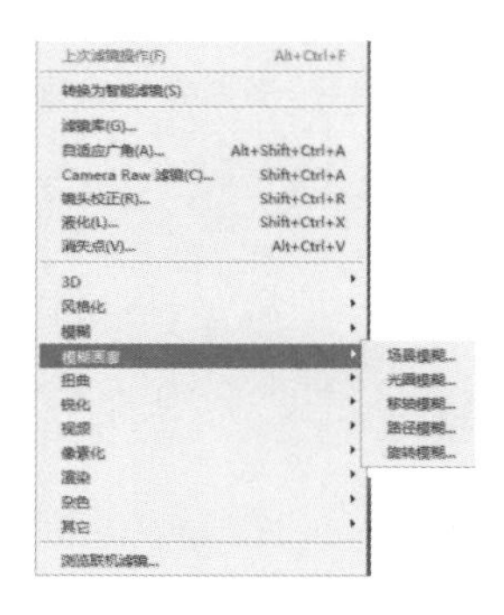

图 8-16 模糊画廊滤镜组菜单

1) 表面模糊

表面模糊滤镜在保留边缘的同时模糊图像，并且消除杂色和颗粒。图 8-17 所示为“表面模糊”对话框，图 8-18 和图 8-19 表现了表面模糊前后的效果。

图 8-17 “表面模糊”对话框

图 8-18 原图像

图 8-19 表面模糊后的图像

2）动感模糊

拖动鼠标时向前推动，可以利用动感模糊滤镜表现对象的速度感，在图 8-20 所示的原图像上建立一个羽化 5 像素的方形选区，并执行动感模糊命令，打开图 8-21 所示的“动感模糊”对话框，设置参数后的效果如图 8-22 所示。

图 8-20　建立羽化选区

图 8-21　“动感模糊”对话框

图 8-22　动感模糊后的图像

3）方框模糊

方框模糊滤镜使用相近的像素平均颜色值来模糊图像，如图 8-23 和图 8-24 所示。

4）高斯模糊

“高斯”是指当 Photoshop CC 2018 将加权平均应用于像素时生成的钟形曲线。设置“高斯模糊”对话框（见图 8-25），可以更细致地应用朦胧效果，如图 8-26 所示。

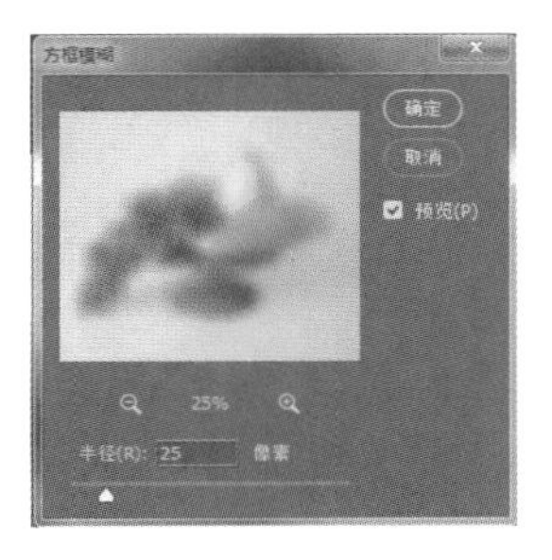

图 8-23　“方框模糊”对话框

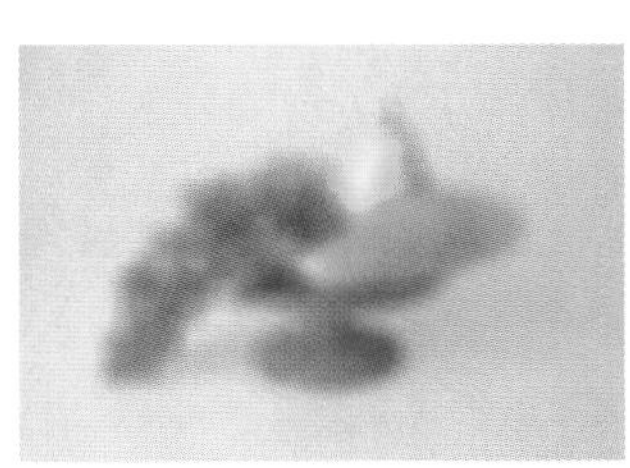

图 8-24　方框模糊后的图像

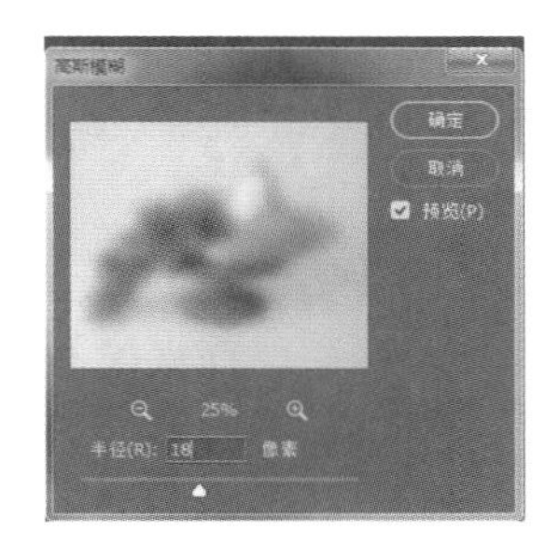

图 8-25　“高斯模糊”对话框

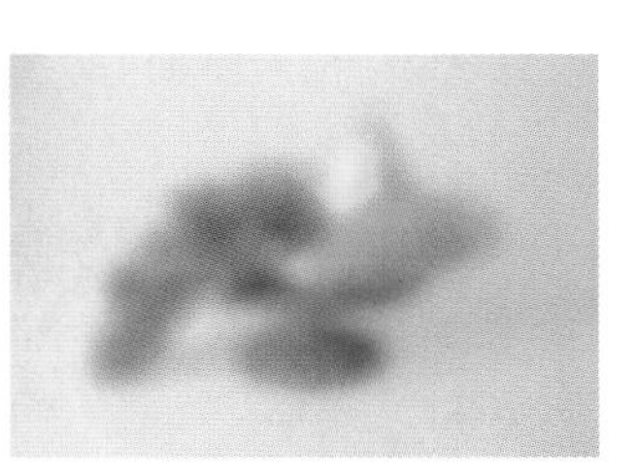

图 8-26　高斯模糊后的图像

5）进一步模糊

进一步模糊滤镜生成的效果比模糊滤镜生成的效果强三到四倍。

6）径向模糊

径向模糊滤镜可以模拟缩放镜头所产生的模糊效果。径向模糊有两种模糊方法，即旋转和缩放。如图 8-27 所示，在“径向模糊”对话框中设置模糊方法为旋转，其效果如图 8-28 所示；设置模糊方法为缩放（见图 8-29），其效果如图 8-30 所示。

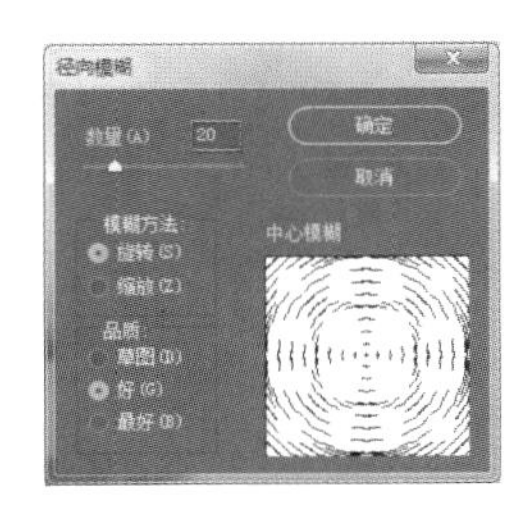

图 8-27　“径向模糊”对话框（旋转）

图 8-28　径向模糊旋转后的图像

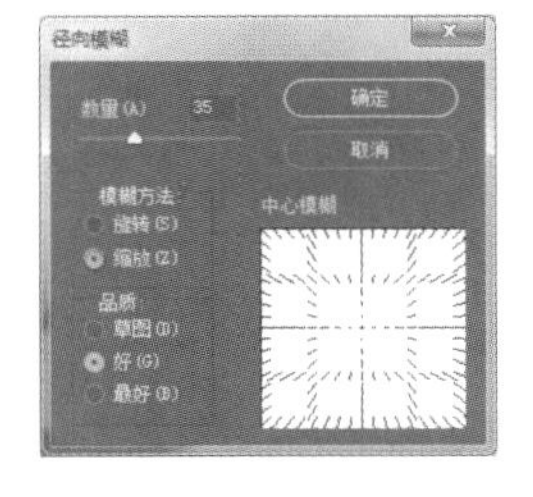

图 8-29　“径向模糊”对话框（缩放）

图 8-30　径向模糊缩放后的图像

7）镜头模糊

镜头模糊滤镜通过图像的 Alpha 通道或者图层蒙版的深度值来映射像素的位置，带来大光圈镜头的景深效果。

8）平均

平均滤镜可以查找图像的平均颜色，然后以此颜色填充图像，如图 8-31 所示，建立选区，使用平均滤镜后的效果如图 8-32 所示。

图 8-31 建立选区

图 8-32 平均后的效果

9）特殊模糊

特殊模糊滤镜可以让清晰的边界模糊。该滤镜能够找到图像边缘并只模糊图像边界线以内的区域。在图 8-33 所示的“特殊模糊”对话框中有三种模式可以选择，即正常、仅限边缘、叠加边缘，其效果分别如图 8-34 至图 8-36 所示。

图 8-33 “特殊模糊”对话框

图 8-34 正常模式下特殊模糊后的图像

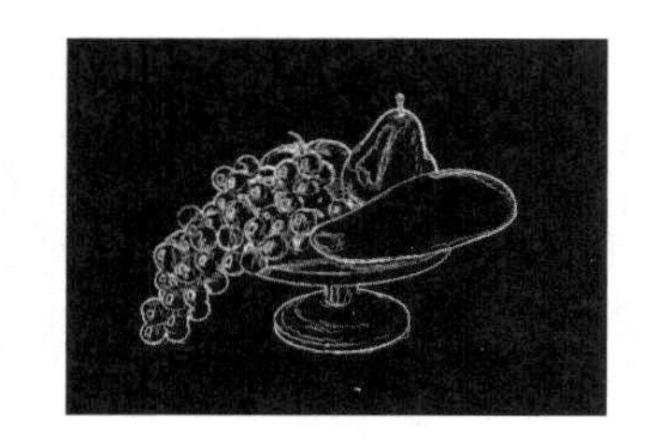

图 8-35 仅限边缘模式下特殊模糊后的图像

图 8-36 叠加边缘模式下特殊模糊后的图像

10）形状模糊

形状模糊滤镜可以使用指定形状创建有特殊形状的模糊效果。设置形状模糊参数如图 8-37 所示，效果如图 8-38 所示。

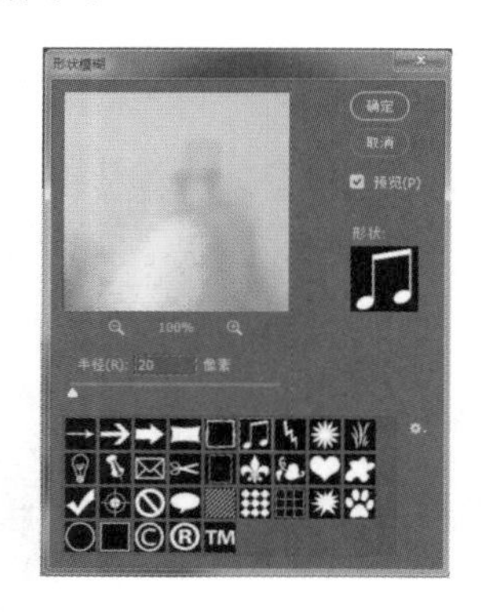

图 8-37 “形状模糊”对话框

图 8-38 形状模糊后的图像

2. 渲染滤镜组

1）分层云彩

分层云彩滤镜将云彩数据和图像结合，使图像某些部分形成云彩图案。图 8-39 所示为原图像，将前景色设置为红色，背景色设置为白色，如图 8-40 所示，使用分层云彩滤镜渲染后的效果如图 8-41 所示。

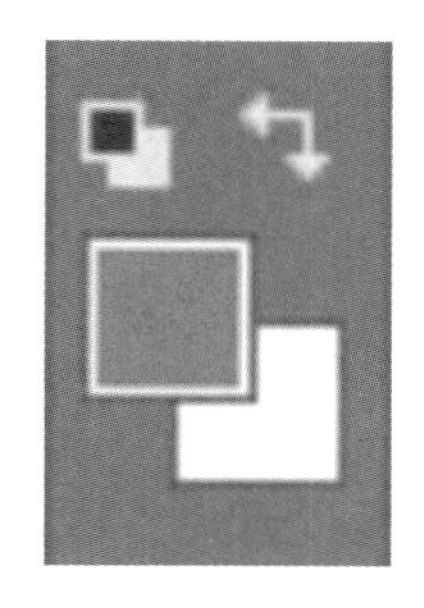

图 8-39 原图像　　图 8-40 前景色与背景色　　图 8-41 分层云彩渲染后的效果

2）光照效果

光照效果滤镜包含多种光照样式、光照类型和光照属性，可以在图像上虚拟出各种光线，如图 8-42 所示。

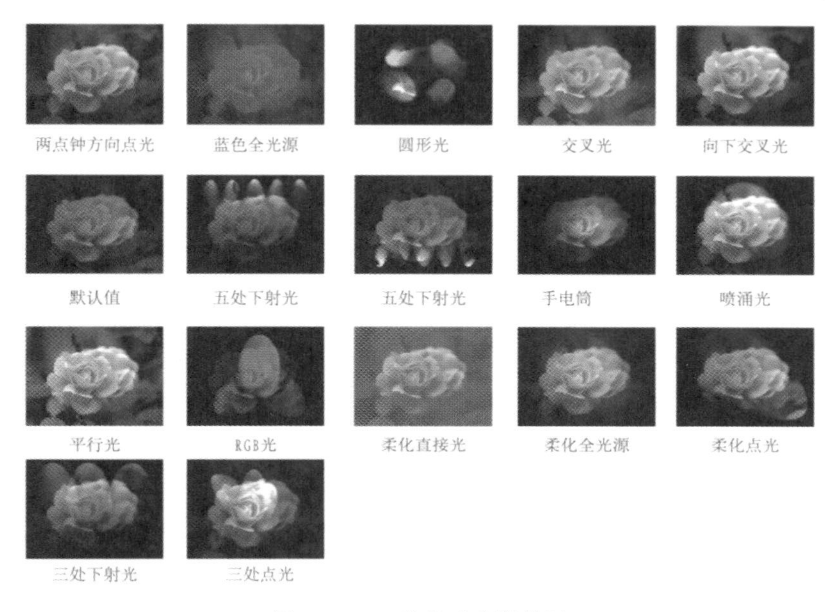

图 8-42 17 种样式光照效果

3）镜头光晕

镜头光晕滤镜模拟玻璃或者金属等反光物质上的反射光，增加灯光效果，可以通过光晕中心调整光晕的中心点，如图 8-43 所示，在“镜头光晕”对话框中设置参数，产生的效果如图 8-44 所示。

4）纤维

纤维滤镜可以利用前景色和背景色创建编织纤维的效果。

5）云彩

云彩滤镜可以利用前景色和背景色随机产生柔和的云彩效果。

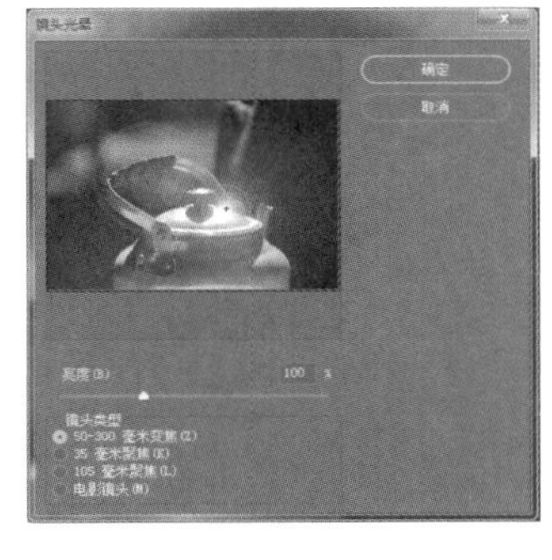

图 8-43 “镜头光晕”对话框

图 8-44 镜头光晕渲染后的效果

实例2 特殊变形效果制作

8.2.1 制作目的

掌握液化滤镜的使用方法。

8.2.2 制作步骤

1. 新建文件

执行“文件”→“打开”命令，弹出图 8-45 所示的“打开”对话框。打开文件“特殊变形效果.jpg”。

2. 变形修饰效果

（1）执行“滤镜”→“液化”命令，在弹出的对话框里设置参数，选择“显示网格”项，也可以自行调整画笔大小和压力，如图 8-46 所示。

图 8-45 “打开”对话框

图 8-46 液化对话框

（2）放大局部进行调整，首先把人体腹部用向前变形工具，向内侧移动，如图 8-47 所示。

（3）单击“确定”按钮，可见腹部已经收小，如图 8-48 所示。

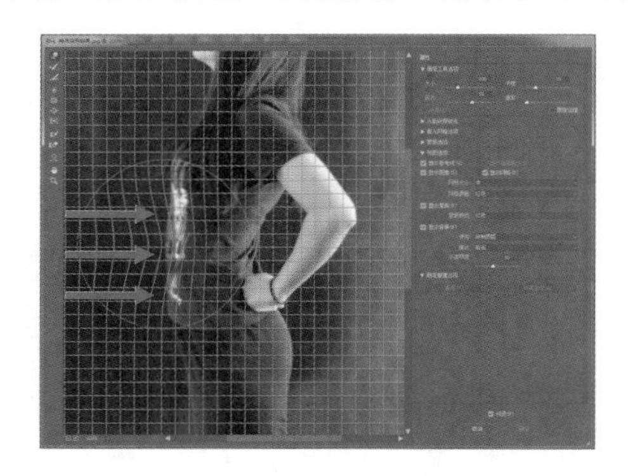

图 8-47 在液化对话框内调整腹部曲线

图 8-48 腹部收小完成效果

（4）调整胸部曲线，如图 8-49 所示。

（5）单击“确定”按钮，效果如图 8-50 所示。

（6）调整腿部曲线，如图 8-51 所示。

（7）单击“确定”按钮，效果如图 8-52 所示。

（8）调整手部曲线，如图 8-53 所示。

（9）单击“确定”按钮，完成最终调整效果，如图 8-54 所示。

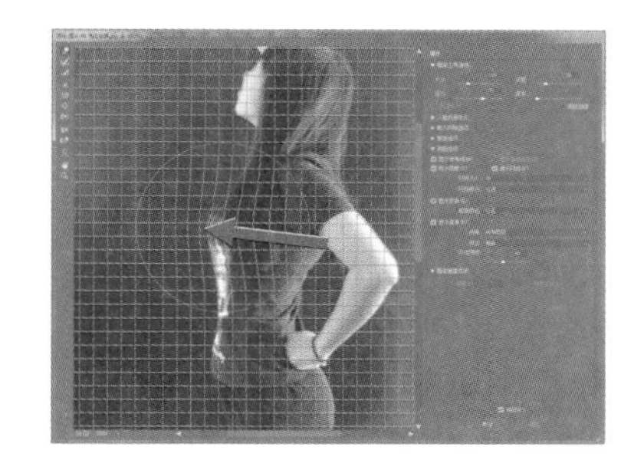
图 8-49 在液化对话框内调整胸部曲线

图 8-50 调整胸部曲线完成效果

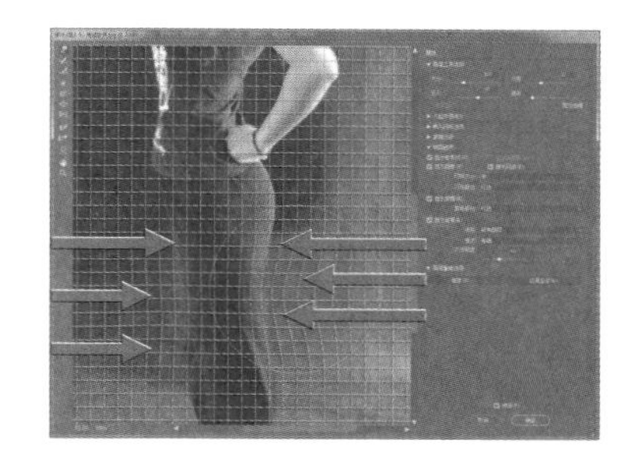
图 8-51 在液化对话框内调整腿部曲线

图 8-52 调整腿部曲线后的效果

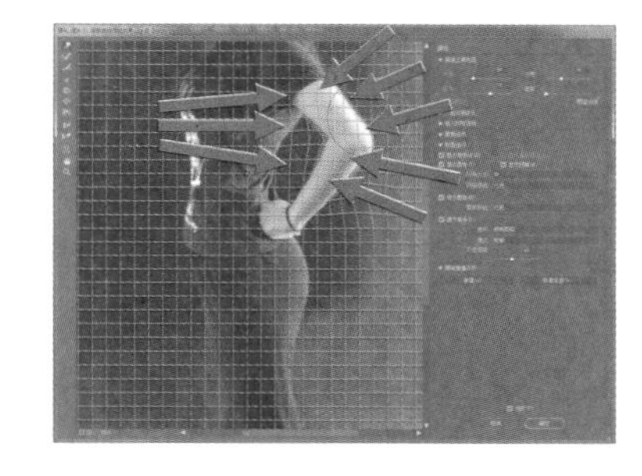
图 8-53 在液化对话框内调整手部曲线

图 8-54 最终效果

3. 保存文件

执行“文件”→“存储为”命令，将文件保存为“特殊变形效果.jpg”。

8.2.3 知识拓展——液化滤镜组

液化滤镜是一种能让图像实现任意扭曲、推拉、旋转、收缩等变形效果的增效工具。打开图 8-55 所示的图像，执行“滤镜”→“液化”命令，打开液化对话框，如图 8-56 所示。

图 8-55 原图像

图 8-56 液化对话框

1）向前变形工具

拖动鼠标时向前推动，如图 8-57 所示。

2）重建工具

拖动鼠标可以使图像恢复。

3）顺时针旋转扭曲工具

单击鼠标或者拖动鼠标不放，图像可以进行顺时针扭转，如图 8-58 所示。如果按住 Alt 键单击鼠标或者拖动鼠标不放，图像就进行逆时针旋转扭曲，如图 8-59 所示。

图 8-57 向前变形

图 8-58 顺时针旋转扭曲

图 8-59 逆时针旋转扭曲

4）褶皱工具

在图像中单击或拖动鼠标，可以使周围的像素向中间收缩，如图 8-60 所示。

5）膨胀工具

在图像中单击或移动鼠标，可以使像素向鼠标指针中心区域以外的方向扭曲，产生膨胀的效果，如图 8-61 所示。

6）左推工具

使用该工具垂直向上拖动鼠标时，像素向左移动（见图 8-62）；向下拖动鼠标时，像素向右移动（见图 8-63）。当按住 Alt 键垂直向上拖动鼠标时，像素向右移动；按住 Alt 键向下拖动鼠标时，像素向左移动。若使用该工具围绕对象顺时针拖动鼠标，可增加其大小；若逆时针拖动鼠标，则使其减小。

图 8-60 褶皱

图 8-61 膨胀

图 8-62 向左移动

图 8-63 向右移动

7）人脸识别工具

可以自动检测人物特征，进行五官调整，如图 8-64 所示。

8）冻结蒙版工具

可以在预览窗口绘制出冻结区域，冻结区域内的图像不会受到变形工具的影响，如图 8-65 所示。

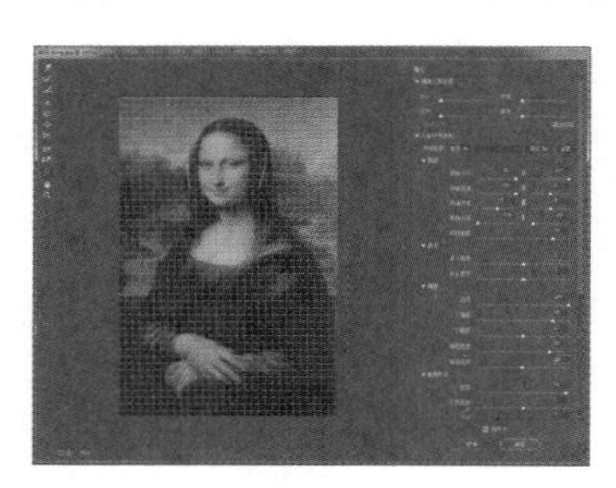

图 8-64 人脸识别

图 8-65 冻结蒙版工具的使用效果

9）解冻蒙版工具

使用解冻蒙版工具涂抹冻结区域能够解除该区域的冻结。

10）抓手工具 /缩放工具

抓手工具用于拖动对象，缩放工具用于缩放图像。选择缩放工具并按下 Alt 键在该区域中单击，则会缩小图像的显示比例。

实例3 火焰字效果制作

8.3.1 制作目的

将普通文字制作成火焰字的特效效果，掌握滤镜里的液化滤镜和风格化滤镜组的“风”的使用方法。

8.3.2 制作步骤

1. 新建文件

执行“文件”→“新建”命令，弹出图8-66所示的“新建文档”对话框。新建背景为黑色的文件“火焰字”。

2. 创建文字

(1) 使用文字工具创建所需要的文字，字体可自由选择，本实例所示字体为 Stencil Std，粗体，如图8-67所示。

(2) 在“图像”菜单下，执行图像旋转命令(顺时针旋转90°)，并将此文字图层栅格化，复制得到一个 PHOTOSHOP 拷贝图层，如图8-68所示。

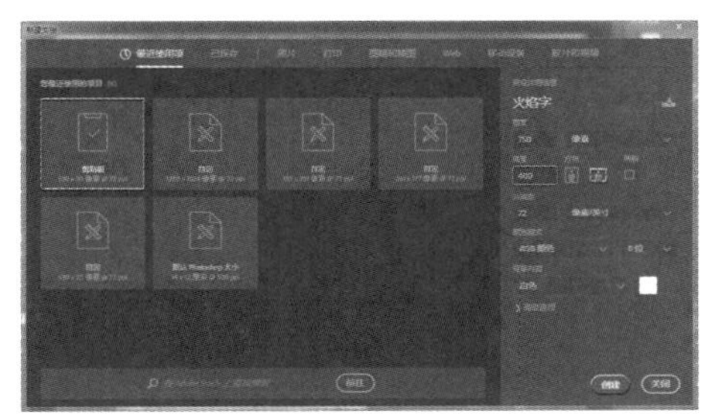

图8-66 “新建文档”对话框

PHOTOSHOP

图8-67 创建文字“PHOTOSHOP”

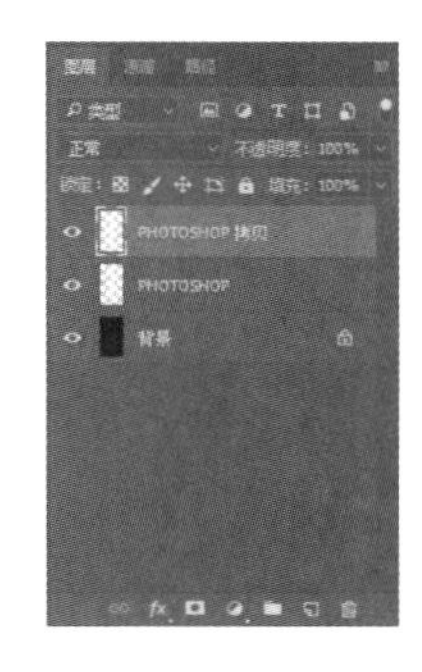

图8-68 PHOTOSHOP 拷贝图层

3. 制作风效果

(1) 执行“滤镜”→“风格化”→“风”命令，在弹出的“风”对话框里设置方向为“从左”，如图8-69所示。

(2) 按 Alt+Ctrl+F，再重复执行命令2次，效果如图8-70所示。

(3) 逆时针旋转 PHOTOSHOP 拷贝图层，使其变为水平角度，如图8-71所示。

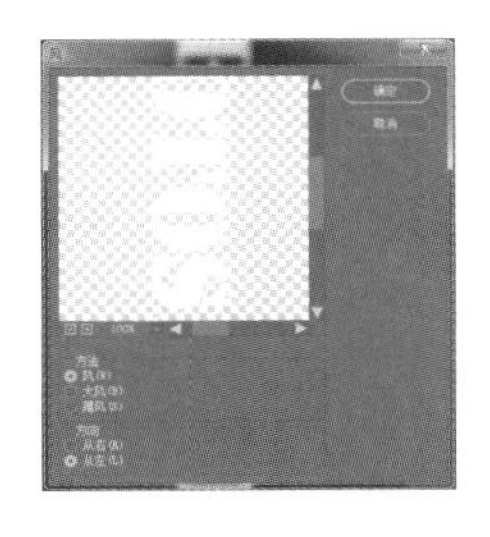

图8-69 “风”对话框

图8-70 风的效果

图8-71 旋转到水平后的效果

4. 制作火焰造型效果

(1) 执行“滤镜”→“模糊”→“高斯模糊”命令，在弹出的“高斯模糊”对话框里设置参数，如图8-72所示，效果如图8-73所示。

（2）执行“滤镜”→“液化”命令，选择“显示网格”项，网格颜色为红色，选择“显示背景”项，方便制作火焰形态，在弹出的对话框里设置参数，如图 8-74 所示。

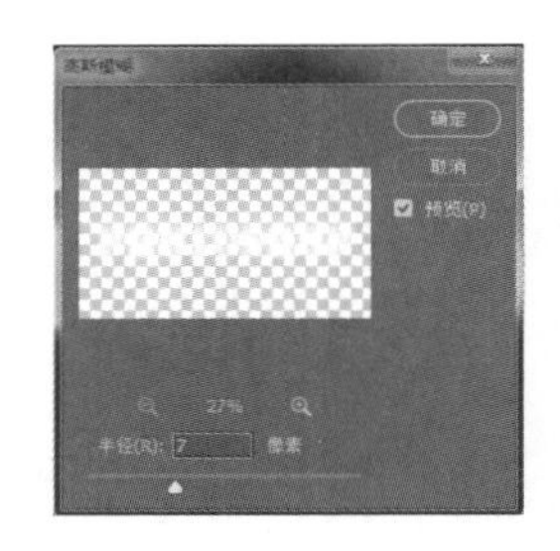

图 8-72　“高斯模糊”对话框

图 8-73　高斯模糊效果

图 8-74　液化对话框

（3）使用向前变形工具画出火焰大体走向，如图 8-75 所示。

（4）单击“确定”按钮，效果如图 8-76 所示。

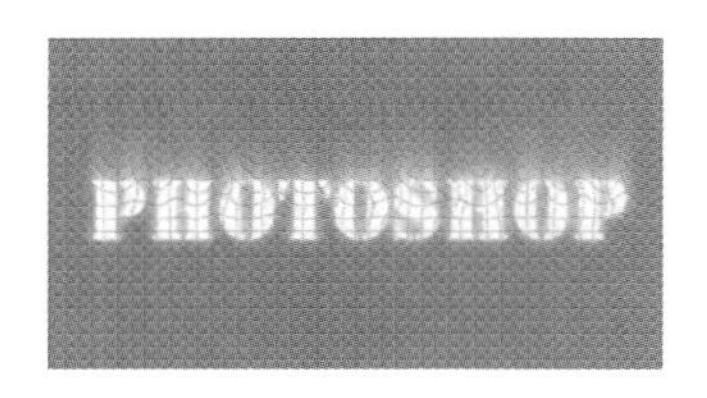

图 8-75　火焰走向绘制

图 8-76　完成效果

5. 制作火焰颜色效果

（1）双击图层面板中的 PHOTOSHOP 拷贝图层，打开“图层样式”对话框，选择“外发光”，设置参数如图 8-77 所示。

（2）选择“内发光”，设置参数如图 8-78 所示。

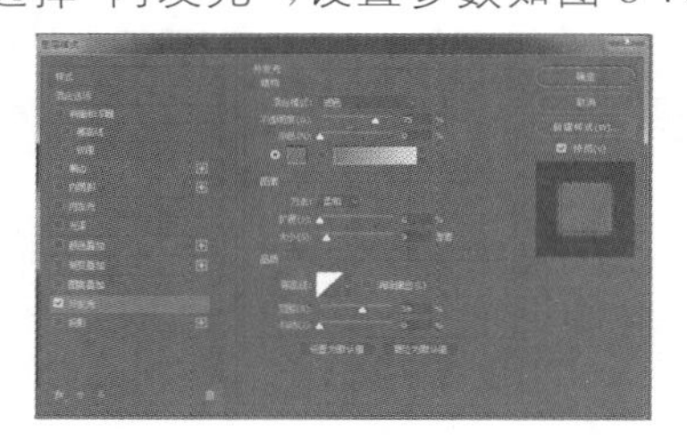

图 8-77　“图层样式”对话框：外发光参数

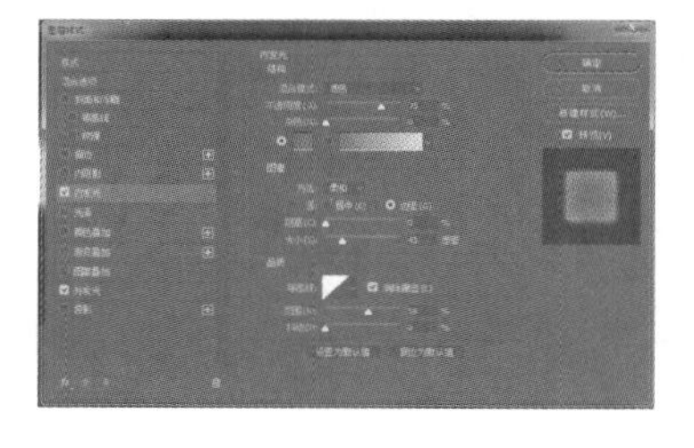

图 8-78　“图层样式”对话框：内发光参数

（3）选择颜色叠加，设置参数如图 8-79 所示。

（4）选择光泽，设置参数如图 8-80 所示。

（5）单击“确定”按钮，将图层混合模式调整为“叠加”，得到图 8-81 所示的效果。

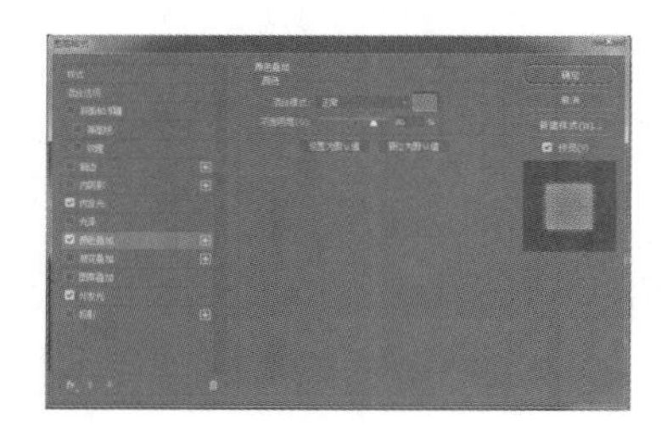

图 8-79　“图层样式”对话框：颜色叠加参数

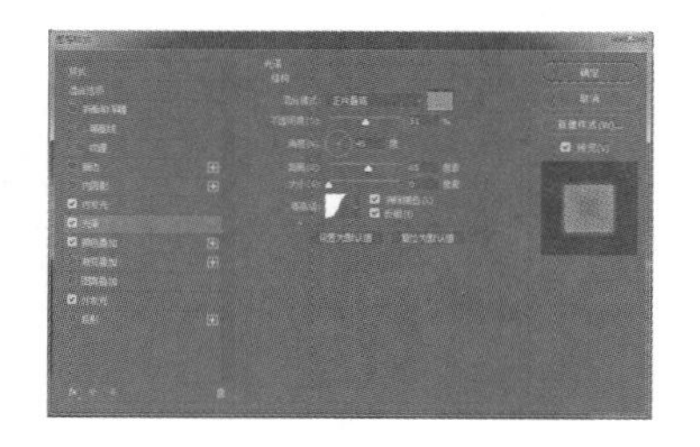

图 8-80　“图层样式”对话框：光泽参数

图 8-81　火焰效果

6. 制作火焰光泽

（1）复制 PHOTOSHOP 拷贝图层得到 PHOTOSHOP 拷贝 2 图层，如图 8-82 所示。

（2）以拖动的方式，将 PHOTOSHOP 拷贝 2 图层的效果复制到 PHOTOSHOP 图层，如图 8-83 所示。

（3）删掉 PHOTOSHOP 拷贝 2 图层，得到最终效果的火焰字，如图 8-84 所示。

图 8-82　复制图层得到 PHOTOSHOP 拷贝 2 图层

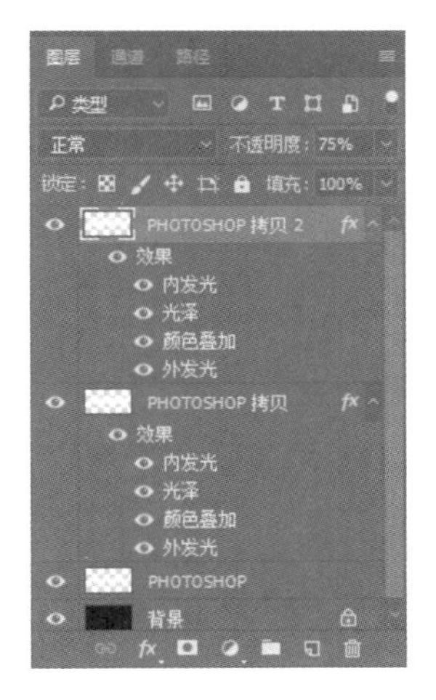

图 8-83　复制图层效果到 PHOTOSHOP 图层

图 8-84　最终效果

7. 保存文件

执行“文件”→“存储为”命令，将文件保存为“火焰字.jpg”。

8.3.3　知识拓展——艺术滤镜组

1）查找边缘

查找边缘滤镜搜寻对比度变化剧烈的边缘，加大反差，形成清晰的轮廓边缘。图 8-85 所示为原图像，使用查找边缘滤镜后的效果如图 8-86 所示。

2）等高线

在等高线滤镜的“色阶”选项中可设置对画面运行勾画的颜色通道亮度级转换，勾画轮廓线，使图像产生类似等高线图的效果。图 8-87 所示为“等高线”对话框，对图 8-85 所示图像运用等高线滤镜后的效果如图 8-88 所示。

图 8-85　原图像

图 8-86　查找边缘效果

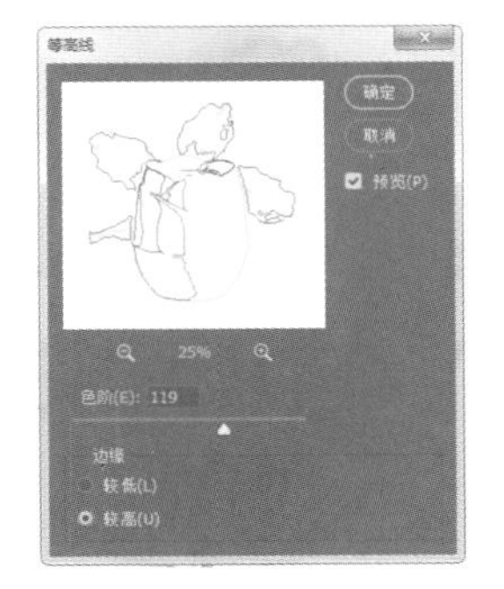

图 8-87　“等高线”对话框

图 8-88　等高线效果

3）风

风滤镜是按图像边缘中的像素颜色增加一些小的水平线，使其呈现出风吹的效果。其方法有三种，即风、大风、飓风，也可以调整方向，即从右或者从左。对图 8-85 所示图像使用风滤镜，参数设置如图 8-89 所示，其效果如图 8-90 所示。

4）浮雕效果

浮雕效果滤镜通过降低图像的色值或勾画图像的轮廓，使图像产生凸起或者凹陷的浮雕效果。对

图 8-85 所示图像使用浮雕效果滤镜，参数设置如图 8-91 所示，其效果如图 8-92 所示。

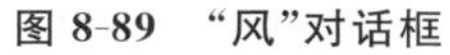
图 8-89 “风”对话框

图 8-90 风效果

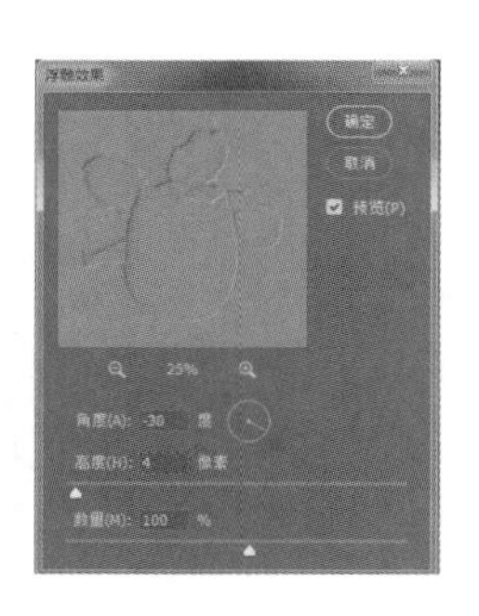
图 8-91 “浮雕效果”对话框

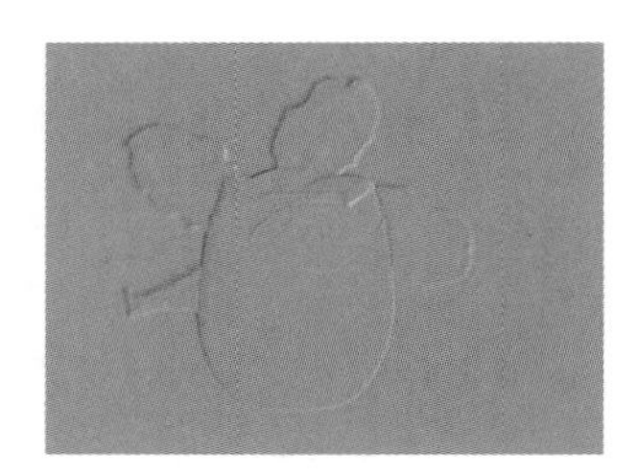
图 8-92 浮雕效果

5）扩散

扩散滤镜将图像中相邻的像素按设置的方式移动，使图像扩散，创建一种分离模糊的效果，有点像透过磨砂玻璃看图像的效果。对图 8-85 所示图像使用扩散滤镜，设置参数如图 8-93 所示，效果如图 8-94 所示。

图 8-93 “扩散”对话框

图 8-94 扩散效果

6）拼贴

拼贴滤镜根据设置的数值将图像分裂成方块，并将这些方块移动一定的距离，创建不规则的块状效果。对图 8-85 所示图像使用拼贴滤镜，参数设置如图 8-95 所示，其效果如图 8-96 所示。此滤镜设置效果无法预览。

7）曝光过度

曝光过度滤镜混合图像正片和负片的效果，类似于显影过程中将相纸短暂曝光的效果，此滤镜无对话框进行参数调整。对图 8-85 所示图像使用曝光过度滤镜后的效果如图 8-97 所示。

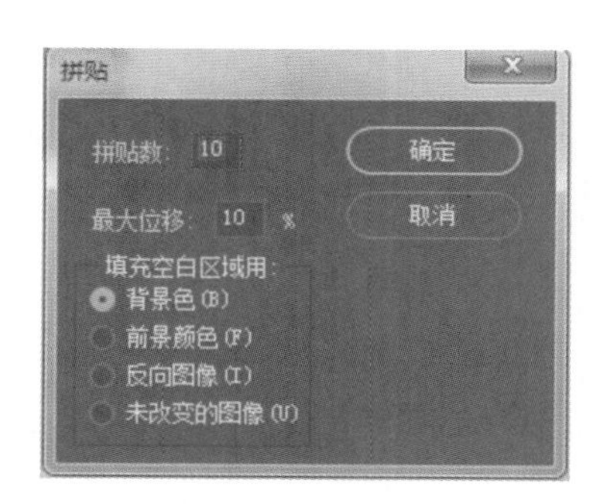

图 8-95 “拼贴”对话框

图 8-96 拼贴效果

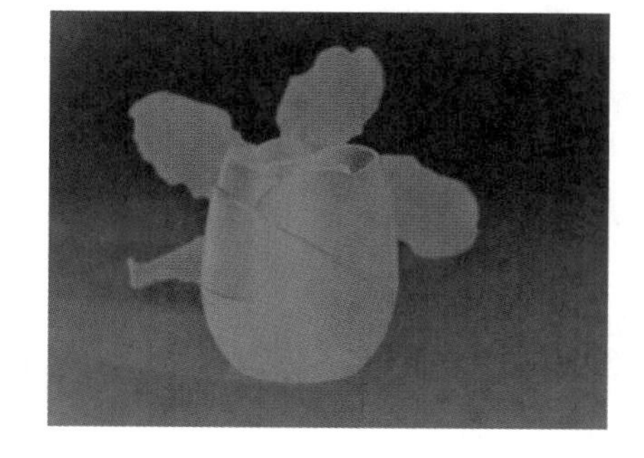
图 8-97 曝光过度效果

8）凸出

凸出滤镜将图像分成大小相同并且附着在一系列的三维立方体或锥体上，使图像产生 3D 纹理效果。对图 8-85 所示图像使用凸出滤镜，“凸出”对话框如图 8-98 所示，“类型”选择“块”和“金字塔”时的效果分别如图 8-99 和图 8-100 所示。

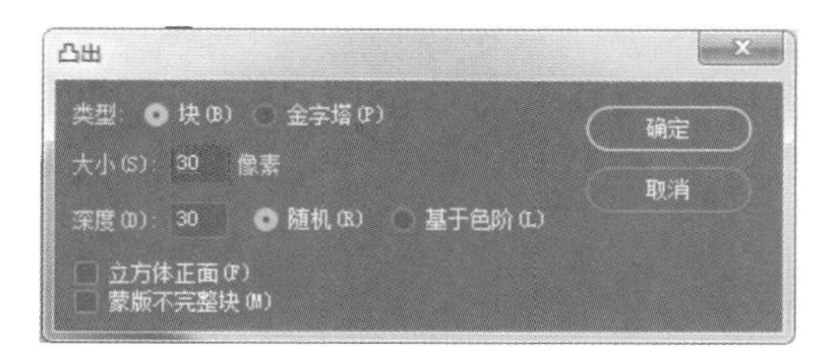

图 8-98 “凸出”对话框

图 8-99 块凸出效果

图 8-100 金字塔凸出效果

9) 照亮边缘

照亮边缘滤镜搜索颜色变化大的区域，标识颜色的边缘，并向其添加类似霓虹灯的光亮。滤镜下拉菜单执行的照亮边缘滤镜无法调整参数，调整参数需要通过滤镜库执行滤镜效果。对图 8-85 所示图像使用照亮边缘滤镜，参数设置如图 8-101 所示，效果如图 8-102 所示。

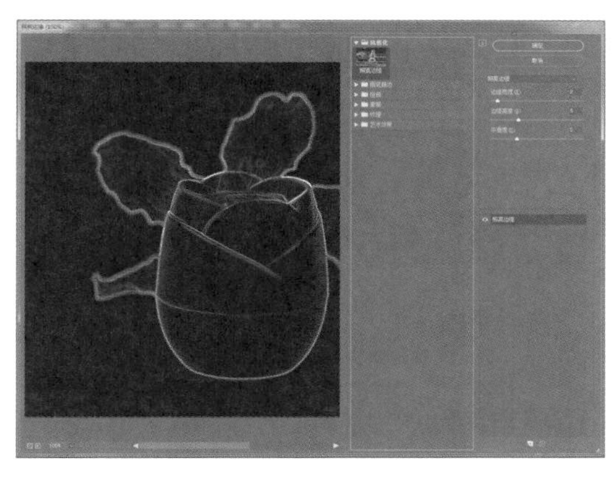
图 8-101 照亮边缘对话框

图 8-102 照亮边缘效果

实例 4 艺术相框效果制作

8.4.1 制作目的

制作艺术相框，掌握扭曲滤镜组的“波浪”、画笔描边滤镜组的“喷溅”和“喷色描边”、纹理滤镜组的“马赛克拼贴”和风格化滤镜组的“拼贴”和“凸出”的使用方法。

8.4.2 制作步骤

1. 打开文件

执行“文件”→“打开”命令，弹出图 8-103 所示的“打开”对话框，选择文件“艺术相框.jpg”。

2. 将背景转化为普通图层

(1) 复制背景图层，得到背景拷贝图层，并且新建一个图层置于背景拷贝图层下面，填充白色，如图 8-104 所示。

(2) 单击背景拷贝图层，然后单击图层面板下部的添加矢量蒙版图标，如图 8-105 所示。

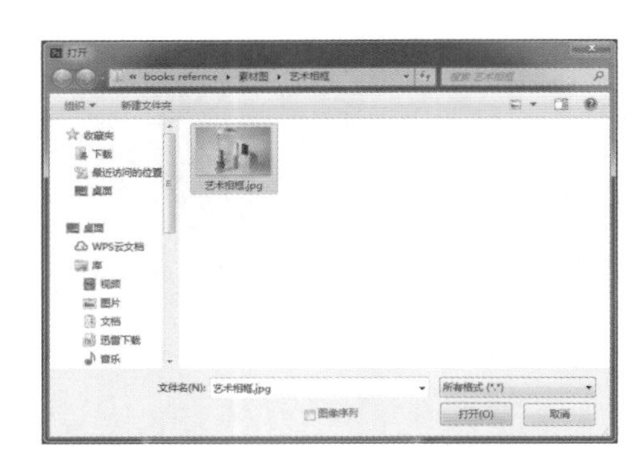

图 8-103 “打开”对话框

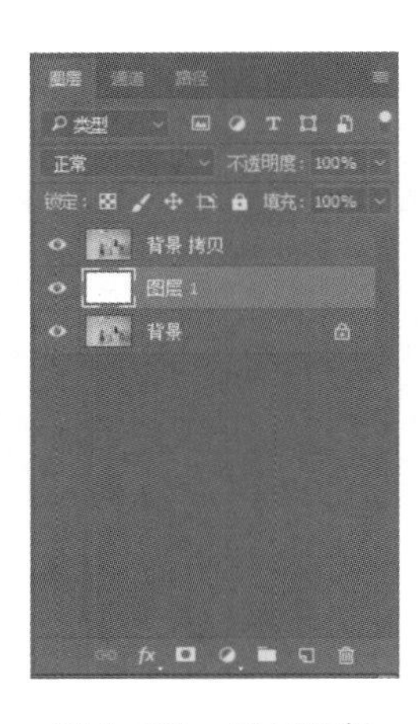

图 8-104 图层面板

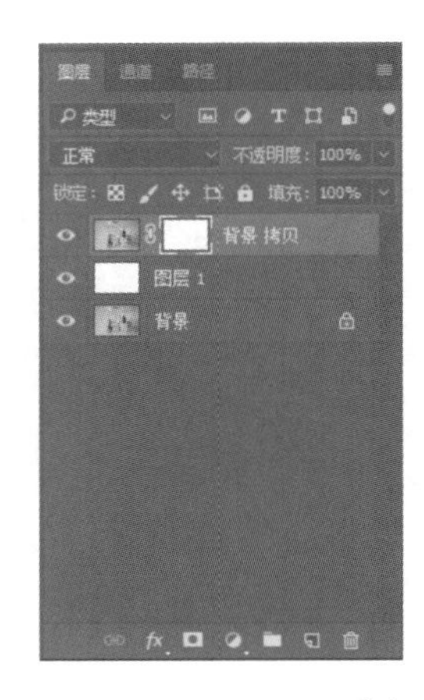

图 8-105 添加矢量蒙版

3. 建立画框选区

在背景拷贝图层蒙版上，建立矩形选区，如图 8-106 所示。

在选区内右击，执行“选择反向”命令，按下 Delete 键，如图 8-107 所示。

图 8-106 建立矩形选区

图 8-107 删除蒙版内选区

4. 制作相框效果

(1) 执行“滤镜”→“模糊”→“高斯模糊”命令，在弹出的“高斯模糊”对话框里设置参数，设置半径为 50 像素，如图 8-108 所示，效果如图 8-109 所示。

(2) 执行“滤镜”→“滤镜库”→“画笔描边”→“喷溅”命令，在弹出的对话框里设置参数，如图 8-110 所示。

(3) 单击“确定”按钮后，得到调整后的效果如图 8-111 所示。

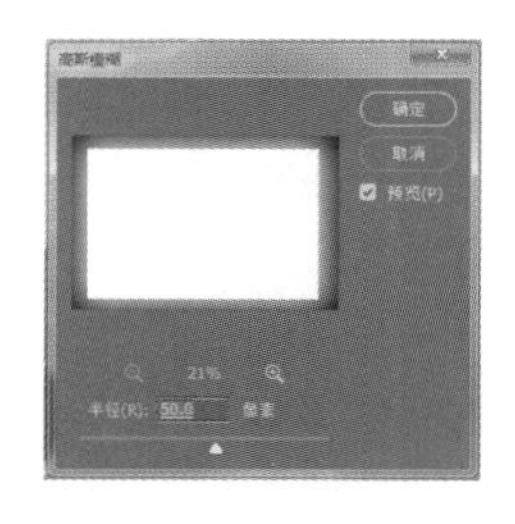

图 8-108 “高斯模糊”对话框

图 8-109 高斯模糊效果

图 8-110 喷溅对话框

图 8-111 最终效果

5. 保存文件

执行“文件”→“存储为”命令，将文件保存为“艺术相框.jpg”。

6. 创建不同风格的艺术相框

(1) 执行“高斯模糊”命令之后，执行“滤镜”→“滤镜库”→“画笔描边”→“喷色描边”命令，弹出

图 8-112 所示的对话框，单击“确定”按钮，效果如图 8-113 所示。

（2）执行“高斯模糊”命令之后，执行“滤镜”→“风格化”→“拼贴”命令，在弹出的“拼贴”对话框中设置参数如图 8-114 所示，其效果如图 8-115 所示。

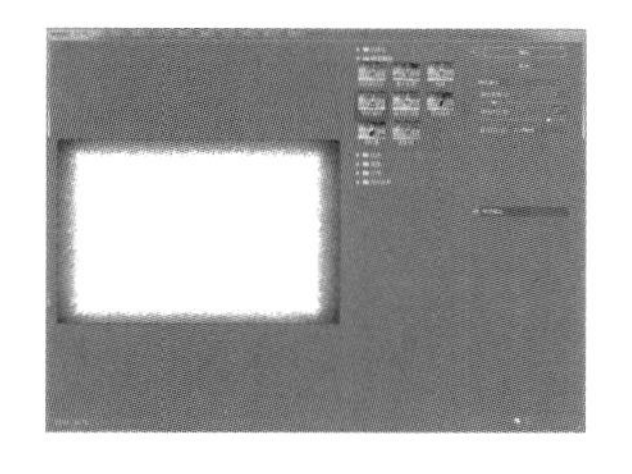

图 8-112　喷色描边对话框

图 8-113　喷色描边效果相框

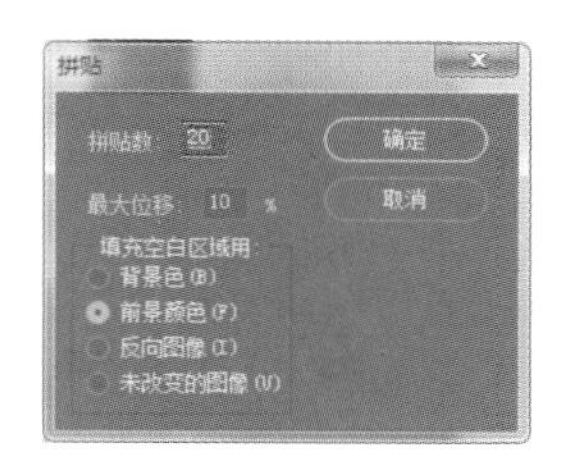

图 8-114　“拼贴”对话框

图 8-115　拼贴效果相框

（3）执行“高斯模糊”命令之后，执行“滤镜”→“风格化”→“凸出”命令，在弹出的“凸出”对话框中设置参数如图 8-116 所示，其效果如图 8-117 所示。

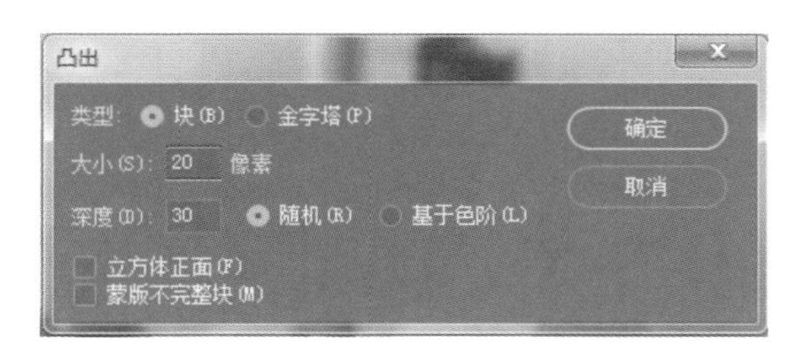

图 8-116　“凸出”对话框

图 8-117　凸出效果相框

（4）执行“高斯模糊”命令之后，执行“滤镜”→“扭曲”→“波浪”命令，在弹出的“波浪”对话框中设置参数如图 8-118 所示，其效果如图 8-119 所示。

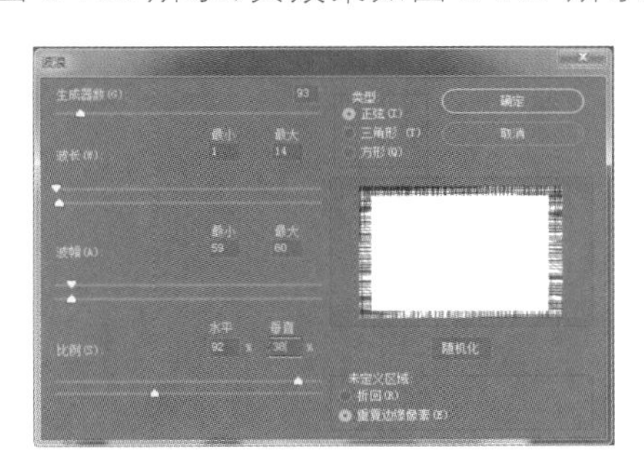

图 8-118　“波浪”对话框

图 8-119　波浪效果相框

（5）执行“高斯模糊”命令之后，执行“滤镜”→“滤镜库”→“纹理”→“马赛克拼贴”命令，在弹出的马赛克拼贴对话框中设置参数如图 8-120 所示，其效果如图 8-121 所示。

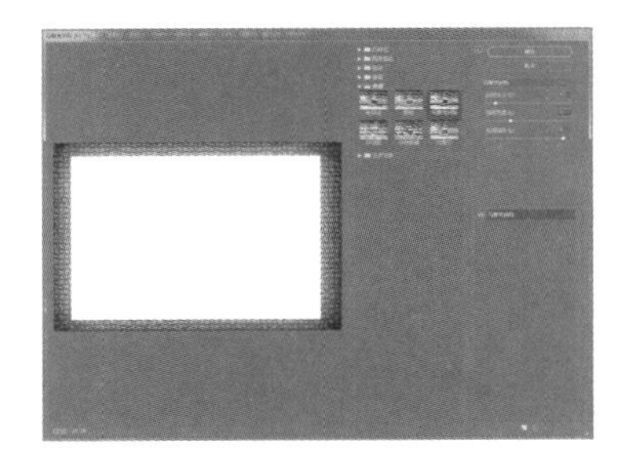

图 8-120　马赛克拼贴对话框

图 8-121　马赛克拼贴效果相框

（6）如此类推，可以利用其他滤镜制作不同风格的相框。

8.4.3 知识拓展

1. 画笔描边滤镜组

画笔描边滤镜组中共包含八个滤镜命令。该组滤镜主要使用不同的画笔和油墨进行描边以创建出不同的绘画效果，从而创建出具有绘画效果的图像外观。需要注意的是，该组滤镜只能在 RGB 模式、灰度模式和多通道模式下使用。

1）成角的线条

成角的线条滤镜使用对角线绘制图像，在不同的颜色区域中笔触倾斜角度也不同。使用某个方向的线条绘制图像的亮区，而使用相反方向的线条绘制图像的暗区。在成角的线条对话框中设置参数（见图 8-122），可以将图 8-123 所示图像制作成图 8-124 所示的效果。

图 8-122　成角的线条对话框

图 8-123　原图像

图 8-124　成角的线条效果

2）墨水轮廓

墨水轮廓滤镜以钢笔画的风格，用纤细的线条在原图像轮廓上重绘图像，在墨水轮廓对话框中设置参数（见图 8-125），可以将图 8-123 所示图像制作成图 8-126 所示的效果。

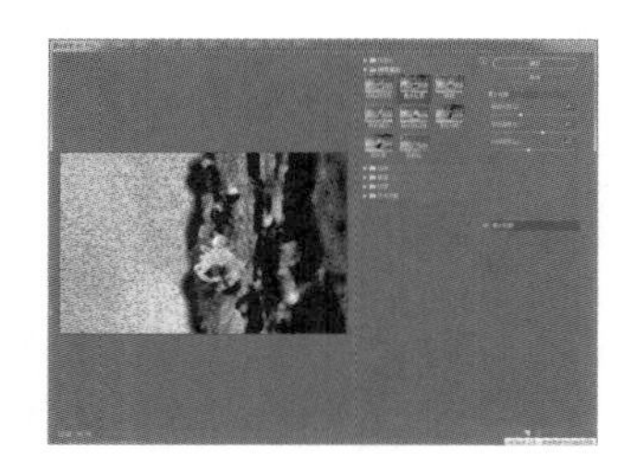

图 8-125　墨水轮廓对话框

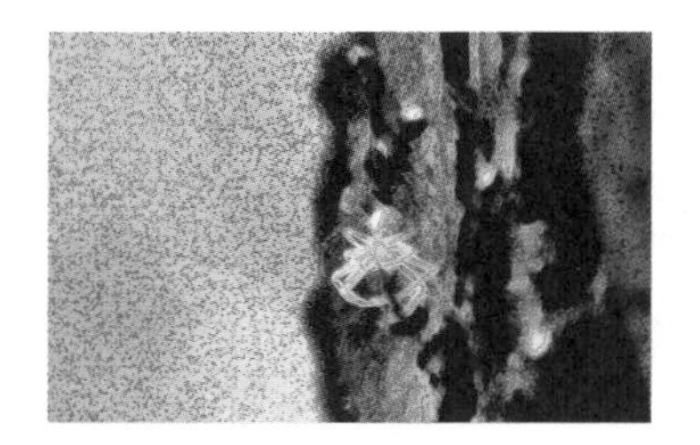

图 8-126　墨水轮廓效果

3）喷溅

喷溅滤镜可以在图像中模拟使用喷枪后颗粒飞溅的效果，在喷溅对话框中设置参数，如图 8-127 所示，可以将图 8-123 所示图像制作成图 8-128 所示的效果。

图 8-127　喷溅对话框

图 8-128　喷溅效果

4）喷色描边

喷色描边滤镜和喷溅滤镜相似，不同的是该滤镜产生的是可以控制方向的飞溅效果，而喷溅滤镜产生的喷溅效果没有方向性。在喷色描边对话框中设置参数，如图 8-129 所示，可以将图 8-123 所示图像制作成图 8-130 所示的效果。

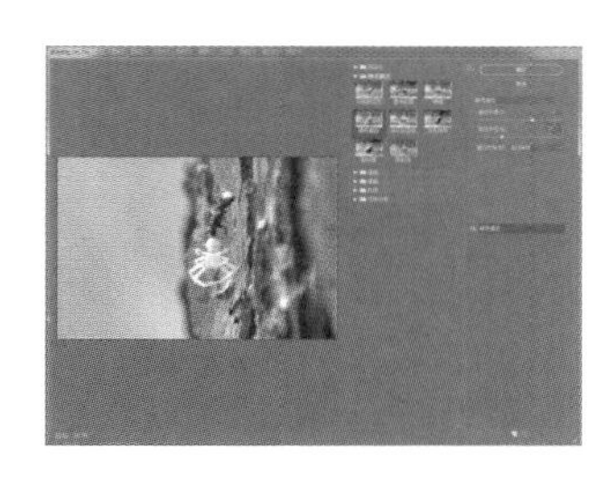

图 8-129　喷色描边对话框

图 8-130　喷色描边效果

5）强化的边缘

强化的边缘滤镜主要用于在图像边缘上绘制形成颜色对比，使图像产生一种强调边缘的效果。在强化的边缘对话框中设置参数，如图 8-131 所示，可以将图 8-123 所示图像制作成图 8-132 所示的效果。

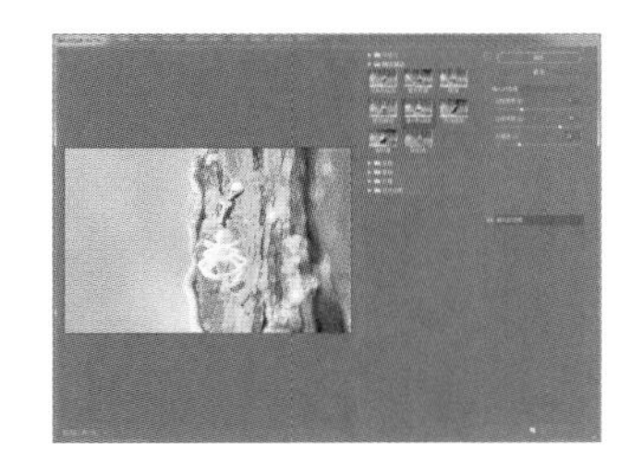

图 8-131　强化的边缘对话框

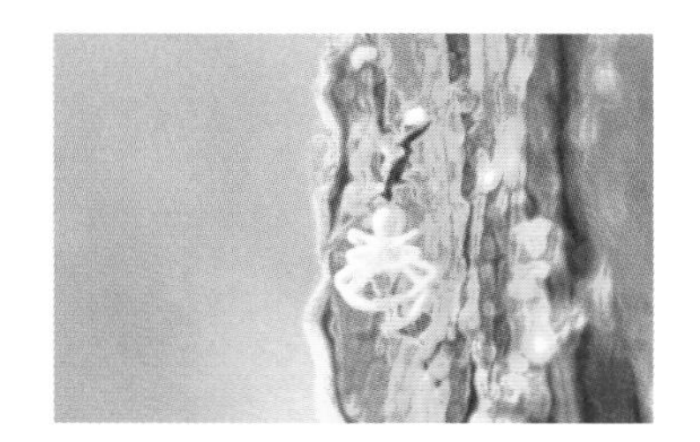

图 8-132　强化的边缘效果

6）深色线条

深色线条滤镜用短的、绷紧的线条绘制图像中接近黑色的暗区，用长的白色线条绘制图像中的亮区。在深色线条对话框中设置参数，如图 8-133 所示，可以将图 8-123 所示图像制作成图 8-134 所示的效果。

图 8-133　深色线条对话框

图 8-134　深色线条效果

7）烟灰墨

烟灰墨滤镜是以日本画的风格绘画图像，使其看起来像是用蘸满黑墨的画笔在宣纸上绘画，有黑色柔化模糊边缘的效果。在烟灰墨对话框中设置参数，如图 8-135 所示，可以将图 8-123 所示图像制作成图 8-136 所示的效果。

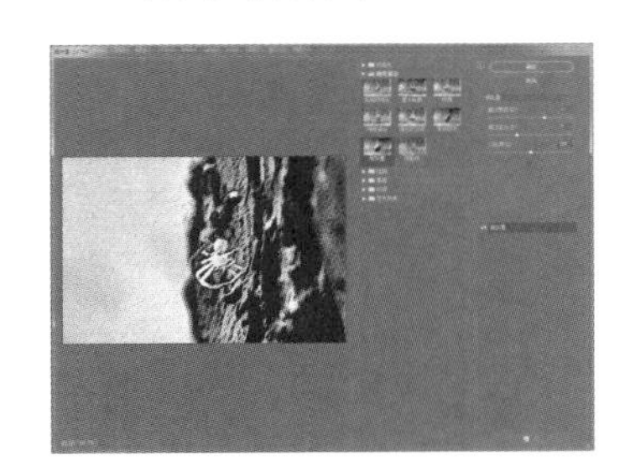

图 8-135　烟灰墨对话框

图 8-136　烟灰墨效果

8）阴影线

阴影线滤镜的效果与成角的线条滤镜的效果相似，阴影线滤镜产生的笔触互为平行线或垂直线，且方向不可任意调整。阴影线滤镜使用模拟的铅笔阴影线添加纹理，并使图像中彩色区域的边缘变粗糙。在阴影线对话框中设置参数，如图 8-137 所示，可以将图 8-123 所示图像制作成图 8-138 所示的效果。

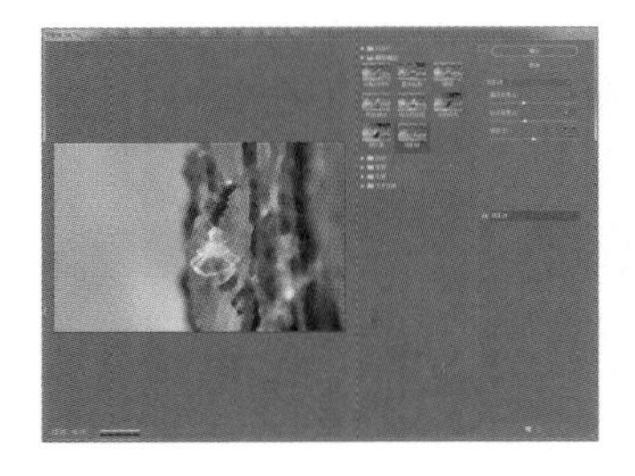

图 8-137　阴影线对话框

图 8-138　阴影线效果

2. 纹理滤镜组

纹理滤镜组包含六种滤镜，可以模拟物质表面肌理纹路，为对象添加一种质感。

1）龟裂缝

龟裂缝滤镜将图像赋予在具有龟裂纹路的石膏表面上，循着图像等高线生成网状裂缝。在龟裂缝对话框中设置参数，如图 8-139 所示，可以将图 8-140 所示图像制作成图 8-141 所示的效果。

2）颗粒

颗粒滤镜通过模拟不同类型的纹理为图像添加杂点，有常规、柔化、喷洒、结块、强反差、扩大、点刻、水平、垂直和斑点十种颗粒，它们能给图像添加质感。在颗粒对话框中设置参数，如图 8-142 所示，可以将图 8-140 所示图像制作成图 8-143 所示的效果。

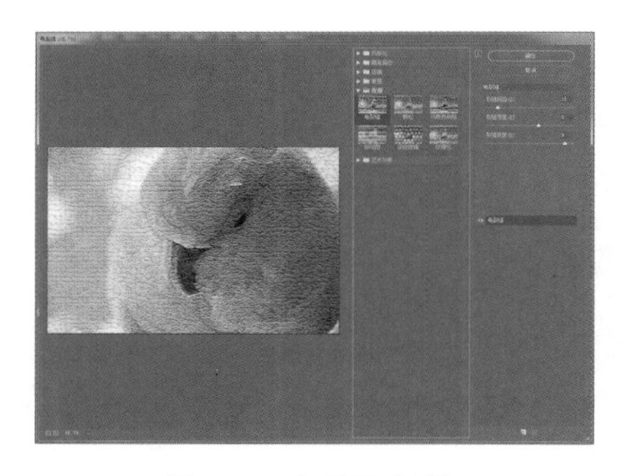

图 8-139　龟裂缝对话框

图 8-140　原图像

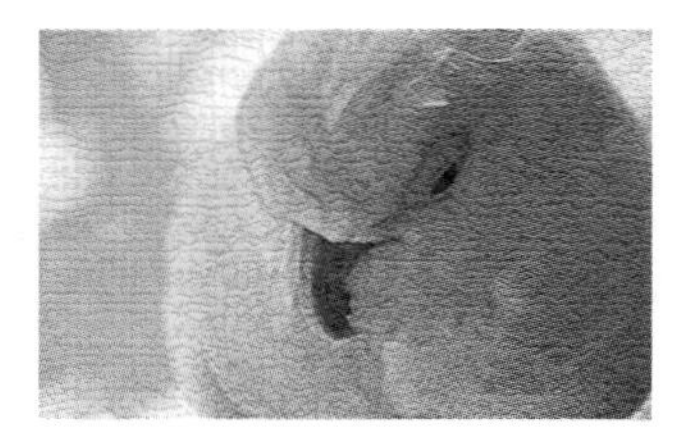

图 8-141　龟裂缝效果

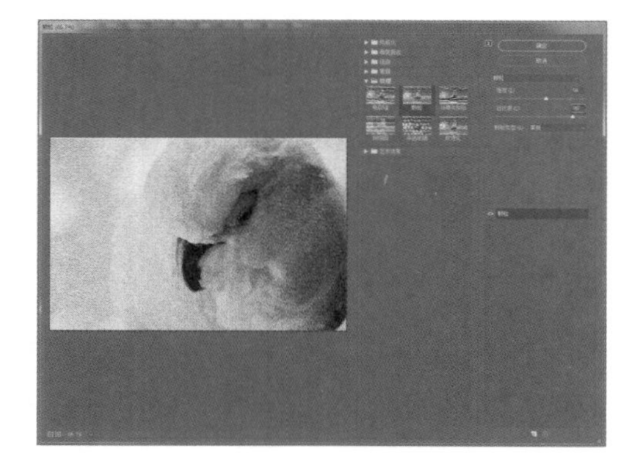

图 8-142　颗粒对话框

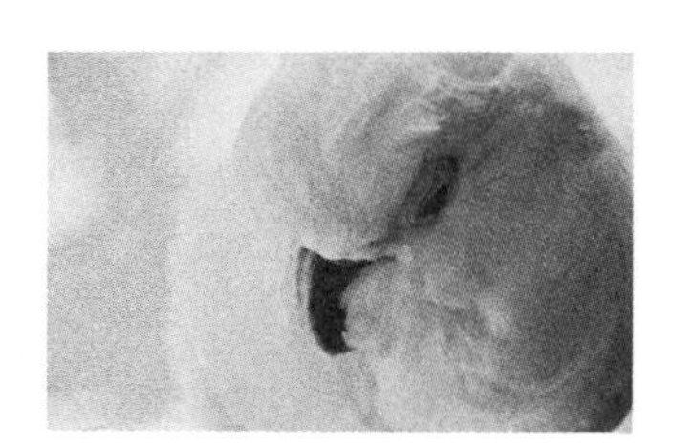

图 8-143　颗粒效果

3）马赛克拼贴

马赛克拼贴滤镜使图像看起来是由不规则的细小马赛克瓷砖拼贴组成的。

4）拼缀图

拼缀图滤镜将图像分解为用图像中该区域的主色填充的正方形，并根据图像的明暗设置正方形的高度，模拟高光和阴影。在拼缀图对话框中设置参数，如图 8-144 所示，可以将图 8-140 所示图像制作成图 8-145 所示的效果。

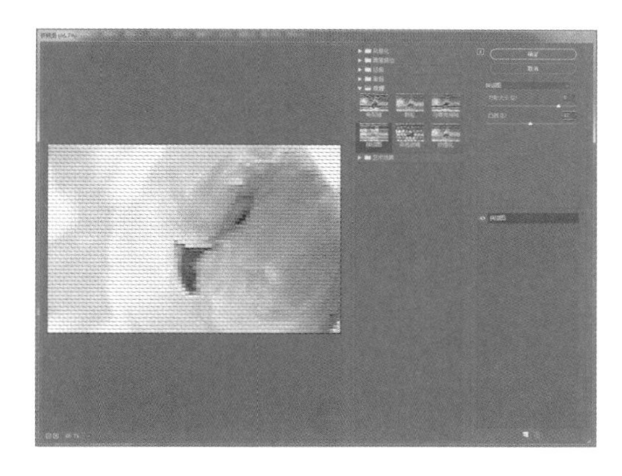

图 8-144 拼缀图对话框

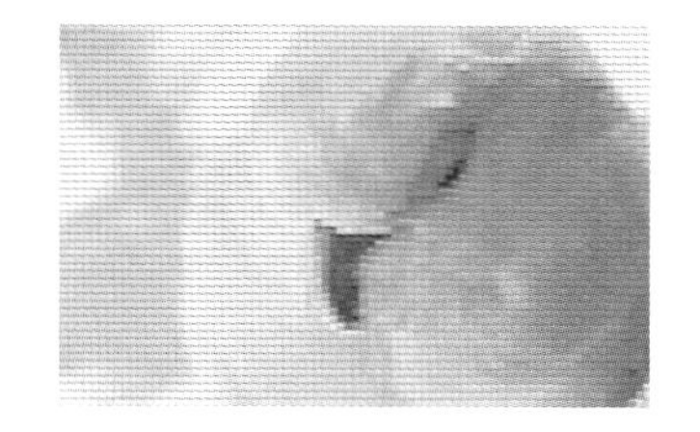

图 8-145 拼缀图效果

5）染色玻璃

染色玻璃滤镜将图像分解绘制为用前景色为边框的相邻单元格。在染色玻璃对话框中设置参数，如图 8-146 所示，可以将图 8-140 所示图像制作成图 8-147 所示的效果。

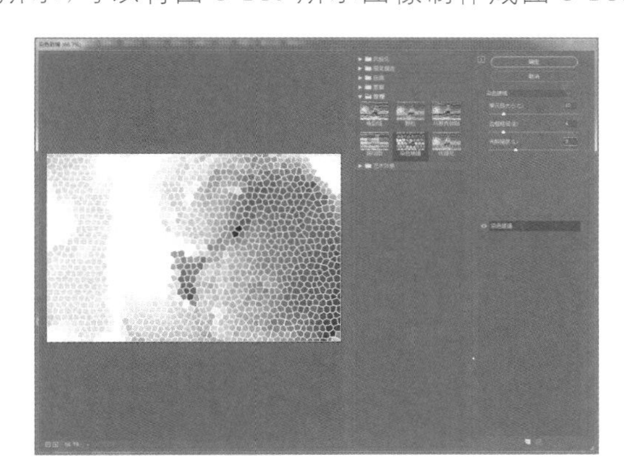

图 8-146 染色玻璃对话框

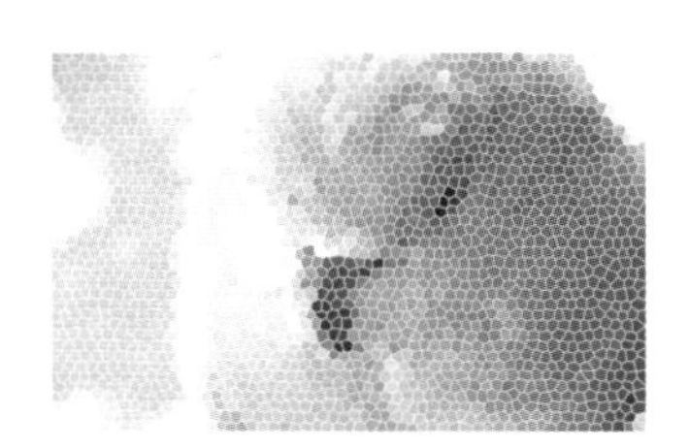

图 8-147 染色玻璃效果

6）纹理化

纹理化滤镜可以在图像中添加 Photoshop CC 2018 提供的纹理效果。在纹理化对话框中进行参数设置，如图 8-148 所示，可以将图 8-140 所示图像制作成图 8-149 所示的效果。

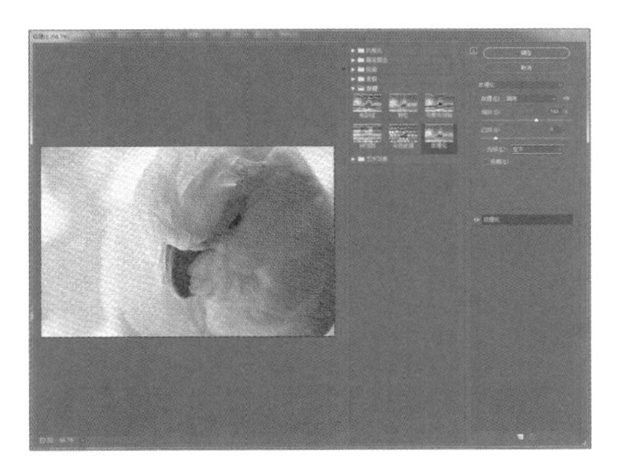

图 8-148 纹理化对话框

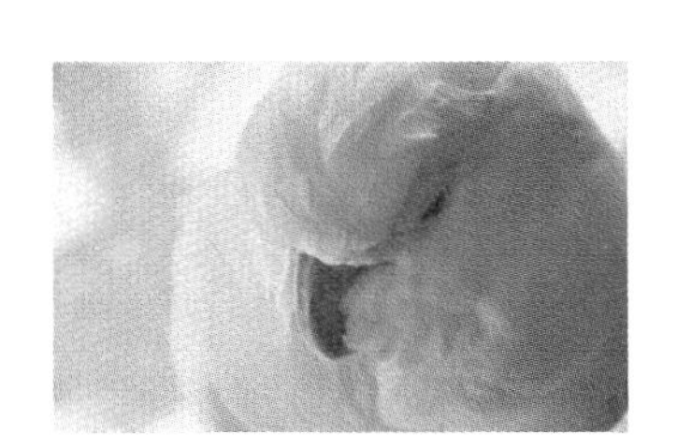

图 8-149 纹理化效果

实例 5 油画效果制作

8.5.1 制作目的

将普通照片制作成仿油画效果图像，掌握滤镜里的智能滤镜、扭曲滤镜组的“玻璃”、艺术效果滤镜组的“绘画涂抹”、画笔描边滤镜组的“成角的线条”、纹理滤镜组的“纹理化”和风格化滤镜组的“浮雕效果”的使用方法。

8.5.2 制作步骤

1. 打开文件

执行“文件”→“打开”命令，弹出图 8-150 所示的“打开”对话框，选择文件“油画效果.jpg”。

2. 转换为智能对象

复制背景图层，得到背景拷贝图层，然后执行“滤镜”→“转换为智能滤镜”命令，弹出图 8-151 所示的提示框，单击“确定”按钮，将选中的图层转换为智能对象。这时可以看见图层面板上显示出智能对象图层，如图 8-152 所示。

3. 制作玻璃效果

执行“滤镜”→“滤镜库”→“扭曲”→“玻璃”命令，在弹出的玻璃对话框里设置参数，如图 8-153 所示。单击“确定”按钮后退出对话框，形成玻璃的艺术效果，如图 8-154 所示。

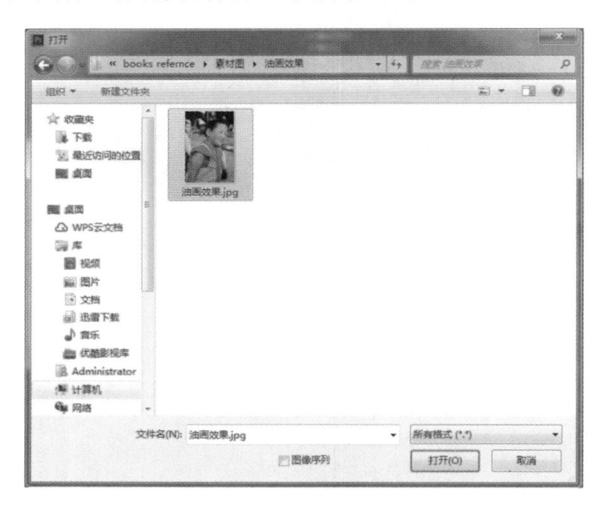

图 8-150 “打开”对话框

图 8-151 转换为智能对象提示框

图 8-152 显示出智能对象图层

图 8-153 玻璃对话框

图 8-154 玻璃效果

4. 制作绘画效果

(1) 执行"滤镜"→"滤镜库"→"艺术效果"→"绘画涂抹"命令，在弹出的绘画涂抹对话框中设置参数，如图 8-155 所示。

(2) 执行"滤镜"→"滤镜库"→"画笔描边"→"成角的线条"命令，在弹出的对话框里设置参数，如图 8-156 所示。

图 8-155 绘画涂抹对话框

图 8-156 成角的线条对话框

(3) 单击"确定"按钮后，得到调整后的效果，如图 8-157 所示。

5. 模仿油画画笔效果

(1) 执行"滤镜"→"滤镜库"→"纹理化"命令，在弹出的对话框里设置参数，如图 8-158 所示。

(2) 单击"确定"按钮后，得到模仿油画画笔的效果，如图 8-159 所示。

图 8-157 初步绘画效果

图 8-158 纹理化对话框

图 8-159 模仿油画画笔的效果

6. 制作油画纹路

（1）按 Shift+Ctrl+Alt+E 键执行“盖印”命令，得到图层 1，如图 8-160 所示。

（2）执行“滤镜”→“风格化”→“浮雕效果”命令，在弹出的“浮雕效果”对话框里设置参数，如图 8-161 所示。

（3）单击“确定”按钮后，设置图层混合模式为“叠加”，不透明度为 40%，如图 8-162 所示。

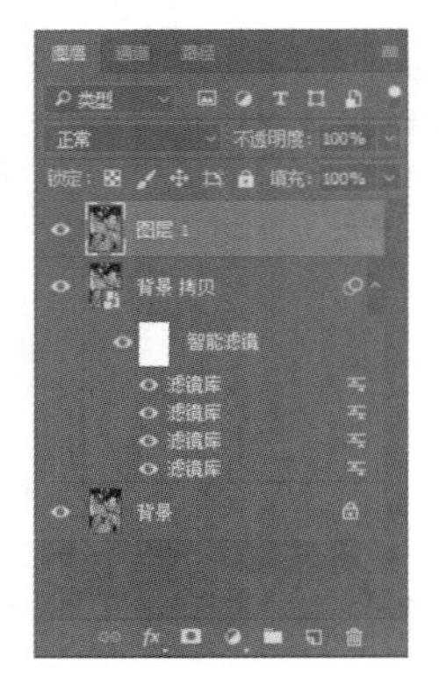

图 8-160 执行“盖印”命令得到的图层

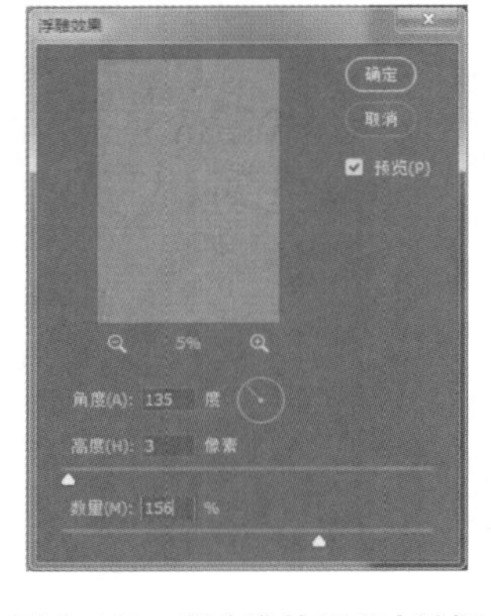

图 8-161 “浮雕效果”对话框

图 8-162 在图层面板中设置

（4）合并图像“油画纹路”成为新图层，如图 8-163 和图 8-164 所示。

（5）执行“图像”→“调整”→“色相/饱和度”命令，将图层混合模式设为“柔光”，如图 8-165 所示，效果如图 8-166 所示。

图 8-163 油画纹路

图 8-164 图层面板显示

图 8-165 图层面板（设置柔光）

（6）按 Shift+Ctrl+Alt+E 键执行“盖印”命令，得到图层 3，如图 8-167 所示。

图 8-166 初步油画纹路效果

图 8-167 得到图层 3

小提示

“盖印”命令与合并图层相似而又不同。合并图层是图层之间的真实合并，而盖印则是一种模拟，建立一个新的如同一个合并图层，而又保持原本图层依然存在。盖印后，模拟合并的结果则固化到其中的一个图层中，或者固化为一个新的图层。

(7) 调整图层混合模式为“滤色”，添加图层蒙版，做黑白径向渐变，如图 8-168 所示。

(8) 打开文件“油画纹路”，执行“图像”→“调整”→“色相/饱和度”命令，把饱和度设置为－100，执行“编辑”→“定义图案”命令，弹出“图案名称”对话框，设置如图 8-169 所示。

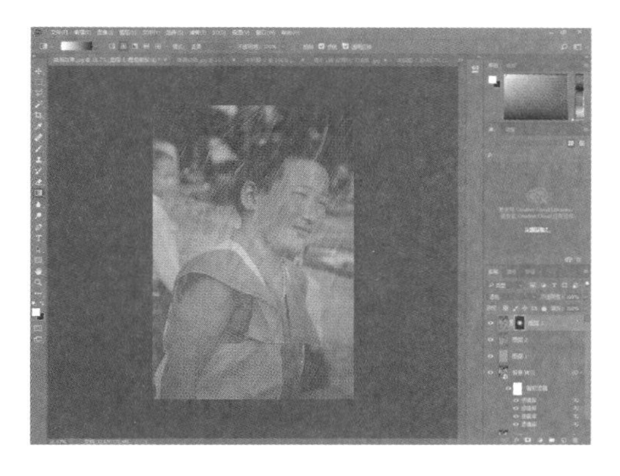

图 8-168 油画纹路效果

图 8-169 “图案名称”对话框

(9) 将图层 2 删除，单击创建新的填充或调整图层按钮，在弹出的对话框中选择“图案填充”命令，设置参数如图 8-170 所示。

7. 调整图层混合模式

调整图层混合模式为“叠加”，再单击图层 0，执行“图像”→“调整”→“色相/饱和度”命令，把饱和度设置为 20，得到油画效果，如图 8-171 所示。

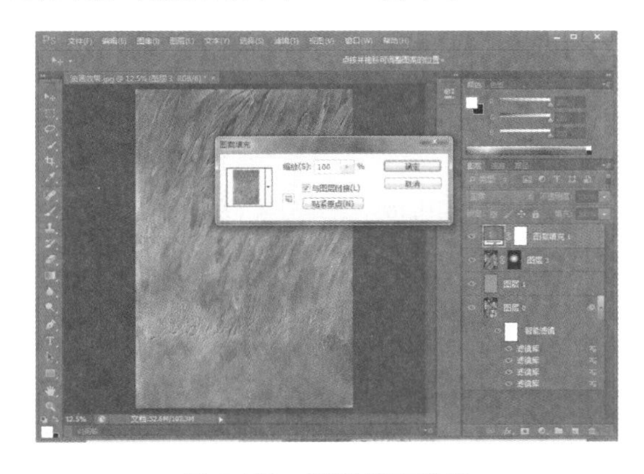

图 8-170 图案填充效果

图 8-171 最终效果

8. 保存文件

执行“文件”→“存储为”命令，将文件保存为“油画效果.jpg”。

8.5.3 知识拓展——智能滤镜

Photoshop CC 2018 的智能滤镜，兼具滤镜和智能对象两种功能的特点，具有滤镜的特殊效果，又有可恢复原始数据的功能。

智能滤镜的使用方法如下。

(1) 打开文件(见图 8-172)，选中背景图层(见图 8-173)，执行“滤镜”→“转换为智能滤镜”命令，如图 8-174 所示，弹出图 8-175 所示的提示框，单击“确定”按钮，出现图 8-176 所示的图层面板。

图 8-172　原图像

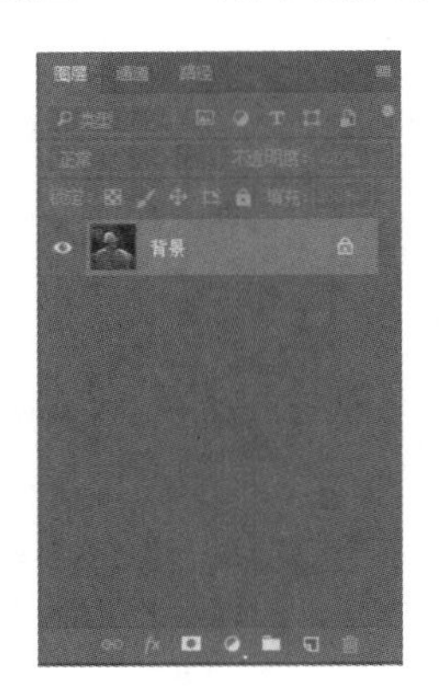

图 8-173　图层面板(选中背景图层)

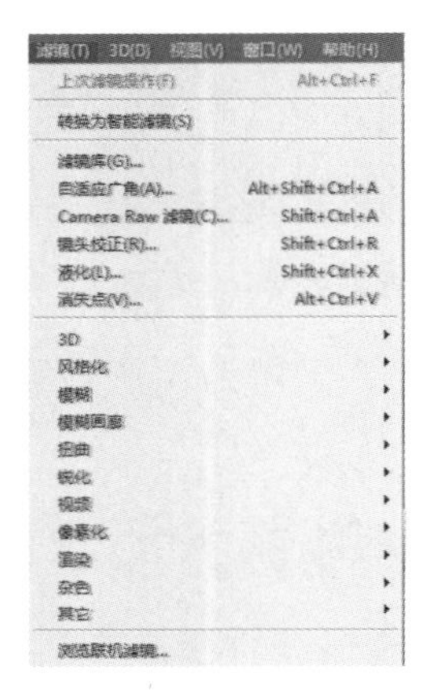

图 8-174　执行“转换为智能滤镜”命令

图 8-175　弹出的提示框

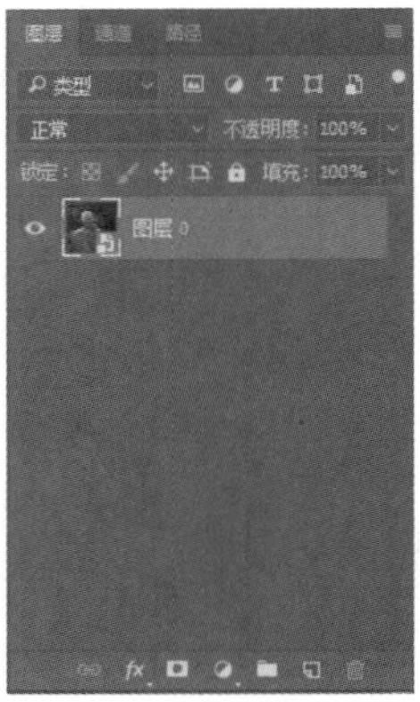

图 8-176　图层面板

设置完成后可以看见图层面板上图层缩览图右下角出现智能滤镜标识。

(2) 用多边形套索工具建立选区，如图 8-177 所示。右击，执行“羽化”命令，羽化半径为 5 像素，如图 8-178 所示。

图 8-177　建立选区

图 8-178　设置羽化半径

(3) 执行“滤镜”→“滤镜库”→“纹理”→“染色玻璃”命令，然后在图 8-179 所示的对话框里单击“确定”按钮，即可对图像应用智能滤镜，效果如图 8-180 所示。这时在该图层下面出现智能滤镜列表，并且显示出滤镜名称，如图 8-181 所示。

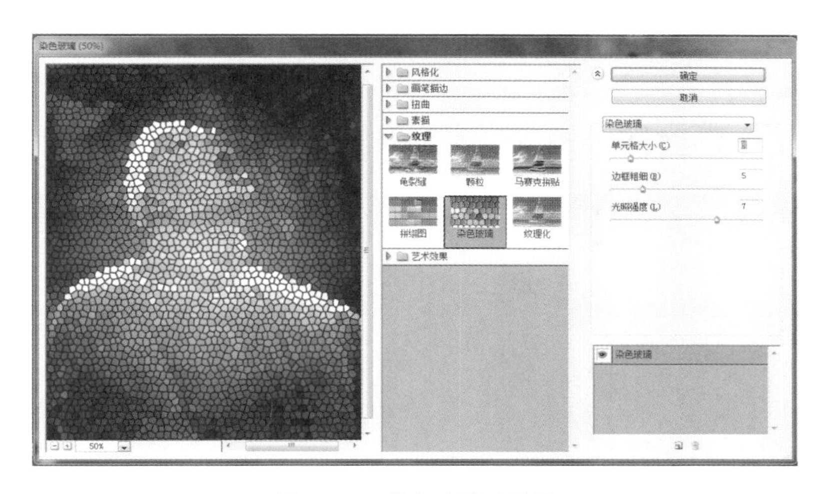

图 8-179 染色玻璃对话框

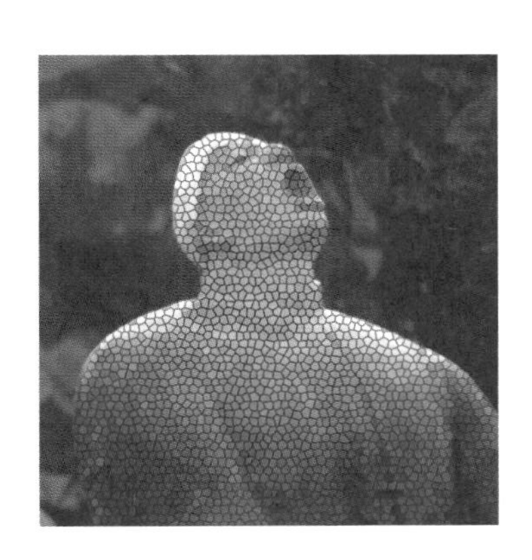

图 8-180 染色玻璃效果

图 8-181 智能滤镜列表

（4）编辑智能滤镜，在图层面板中双击智能滤镜，出现属性面板，可以修改滤镜的参数，如图 8-182 所示。

（5）在图 8-183 所示的图层面板，双击“滤镜库”，会弹出染色玻璃对话框，在该对话框中可以修改参数，如图 8-184 所示。

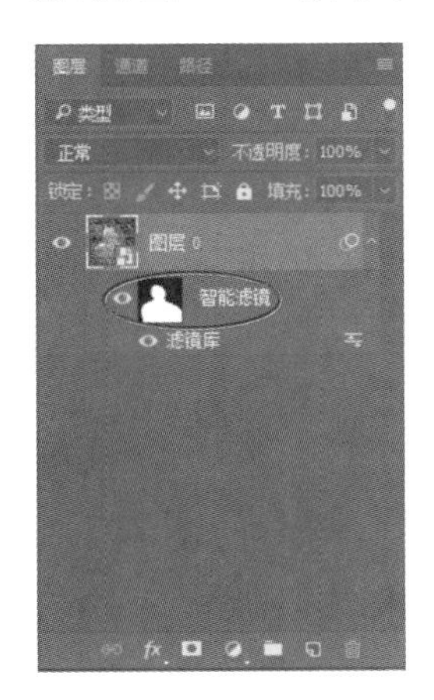

图 8-182 编辑智能滤镜

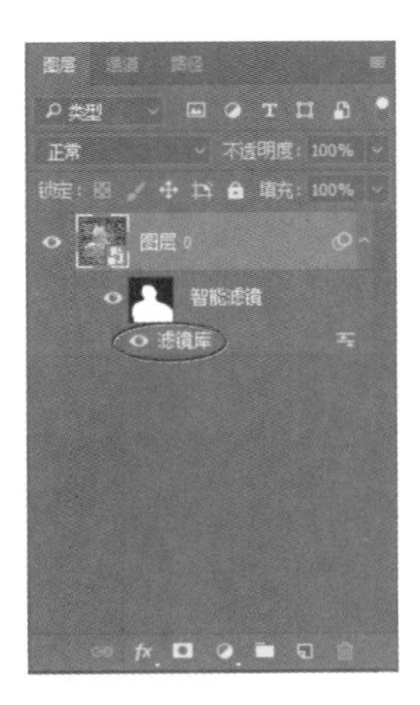

图 8-183 双击“滤镜库”

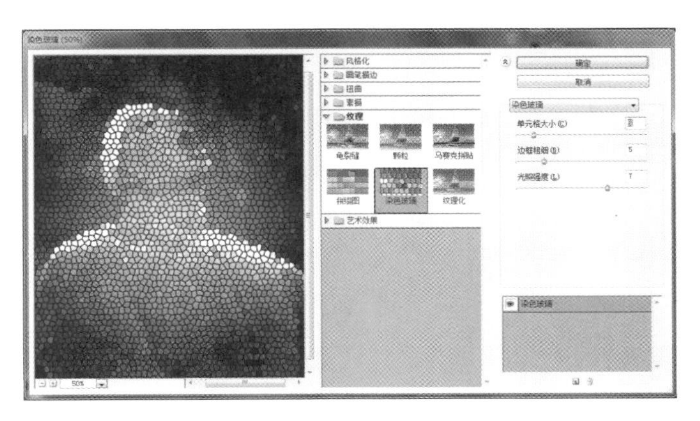

图 8-184 染色玻璃对话框

(6) 双击编辑混合选项图标，会打开“混合选项(滤镜库)”对话框，在该对话框中设置不透明度，如图 8-185 所示，效果如图 8-186 所示。

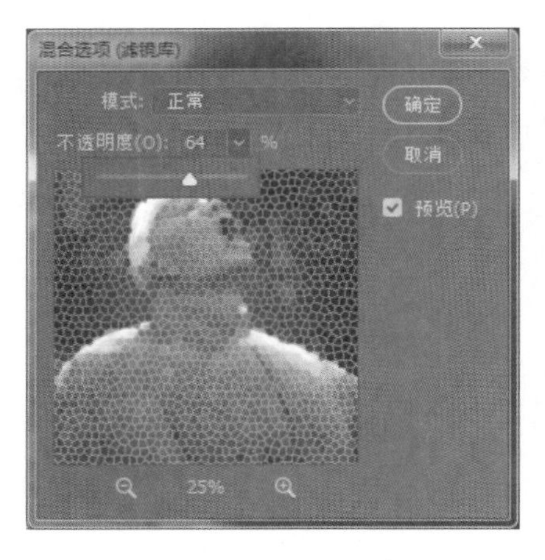

图 8-185　设置混合选项

图 8-186　最终效果

举一反三，课后练兵

小提示

参考相框制作手法，应用模糊滤镜组、光照效果滤镜和绘画涂抹滤镜，将图 8-187 所示素材图制作成图 8-188 所示的效果。

图 8-187　素材图

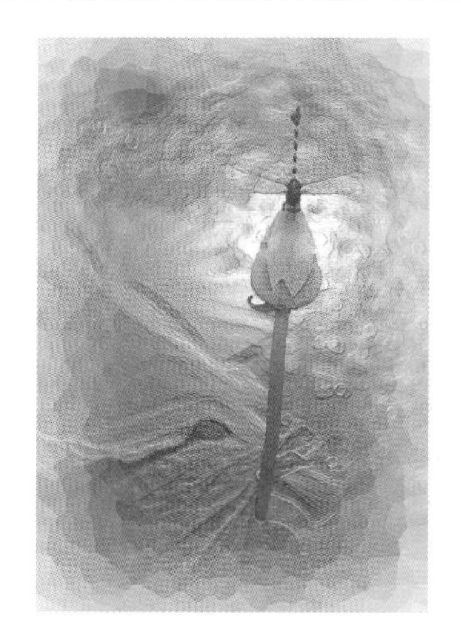

图 8-188　效果图

图像的Web处理

TUXIANG DE
Web CHULI

学习目标

本项目要求学习者掌握以下技能：

- 能够使用图层与时间轴面板创建简单的 GIF 逐帧动画；
- 能利用过渡选项在现有帧之间均匀添加过渡帧，创建平滑过渡动画效果；
- 能区分 GIF 优化和 JPEG 优化；
- 能在 Photoshop 中将图像分割成切片；
- 能将用户切片链接到其他 HTML 页面或位置。

实例 1　简单 GIF 制作（逐帧动画）

本实例要制作图 9-1 所示的简单 GIF 逐帧动画。

图 9-1　实例 1——简单 GIF 逐帧动画

9.1.1　制作目的

掌握简单 GIF 逐帧动画的制作方法。

9.1.2　制作步骤

1. 打开素材文件

选择“文件”→“打开”命令，打开“gif1.jpg”“gif2 .jpg”“gif3.jpg”“gif4 .jpg”“gif5 .jpg”，如图 9-2 所示。

图 9-2　打开素材文件

2. 素材预处理

分别用魔术橡皮擦工具，将五个文件的背景擦到透明，如图 9-3 所示。

图 9-3　预处理后的图像

3. 图层准备,将各分解动作放在不同的图层中

将"gif2 .jpg""gif3. jpg""gif4 . jpg""gif5 . jpg"依次复制到图"gif1. jpg"中,拖动对齐,具体图层顺序如图 9-4 所示,图层 0 为 gif1. jpg,图层 1 为 gif2. jpg,图层 2 为 gif3. jpg,图层 3 为 gif4. jpg,图层 4 为 gif5. jpg。

4. 利用图层复制与水平翻转,完成所有图层准备

分别将图层 1(前右侧)、图层 2(右侧)、图层 3(后右侧) 复制,注意旋转顺序,并对复制产生的图层执行"编辑"→"变换"→"水平翻转"命令,如图 9-5 所示(翻转后从下到上顺序为左后侧、左侧、左前侧)。

图 9-4　图层准备 1

图 9-5　图层准备 2

5. 进入动画编辑状态

选择"窗口"→"时间轴"命令,打开时间轴面板,在动画编辑方式中,选择"创建帧动画"选项,如图 9-6 所示。

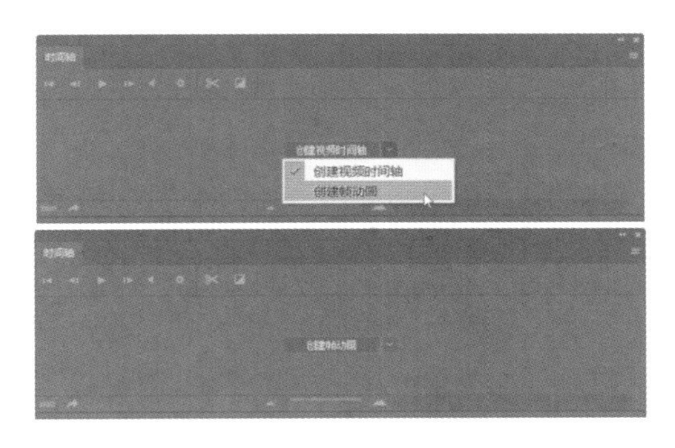

图 9-6　时间轴面板

6. 选定第一帧,编辑选定帧的图层属性

单击时间轴面板中的动画帧缩览图,选择第 1 帧。在图层面板中,除图层 0 外,分别单击其他图层前的眼睛图标,即将其他图层设置为隐藏,如图 9-7 所示。

7. 添加更多帧，编辑各帧的图层属性

单击时间轴面板中的“复制选定的帧”按钮，向动画添加帧，共添加 8 帧。利用图层面板中的显示/隐藏，设置各帧显示图层，分别设置每一帧的图层属性如下：第 2 帧，只显示“图层 1”；第 3 帧，只显示“图层 2”；第 4 帧，只显示“图层 3”；第 5 帧，只显示“图层 4”；第 6 帧，只显示“图层 3 拷贝”；第 7 帧，只显示“图层 2 拷贝”；第 8 帧，只显示“图层 1 拷贝”，如图 9-8 所示。

图 9-7　第一帧显示设置

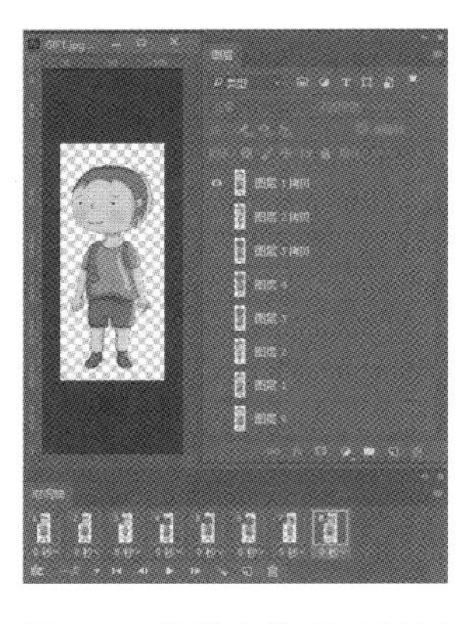

图 9-8　其他各帧显示设置

8. 在帧动画中指定延迟时间

在时间轴面板中单击选中第 1 帧，然后按下 Shift 键，并单击第 8 帧，将全部帧都选中。

单击所选帧下面的延迟值，在弹出式的下拉列表中，选择并设置帧延迟为 0.2 秒，如图 9-9 所示。则该延迟值将会应用于所有选中帧，如图 9-10 所示。

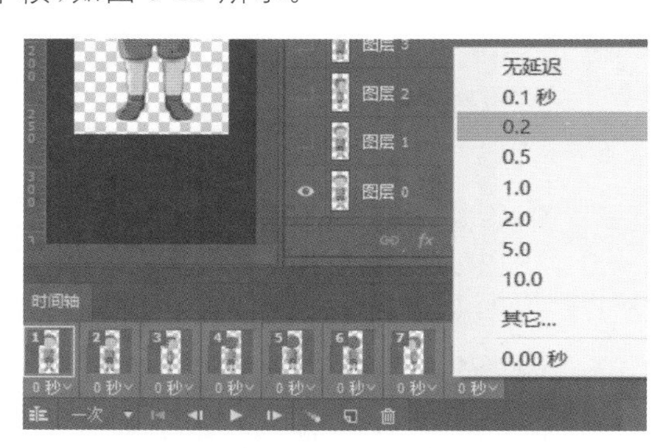

图 9-9　选中多个连续帧设置“延迟”选项

9. 在帧动画中指定循环

单击时间轴面板左下角的循环选项选择框 一次 ，选择循环选项：“一次”“3 次”“永远”“其它”。这里选择默认值“永远”，如图 9-11 所示。

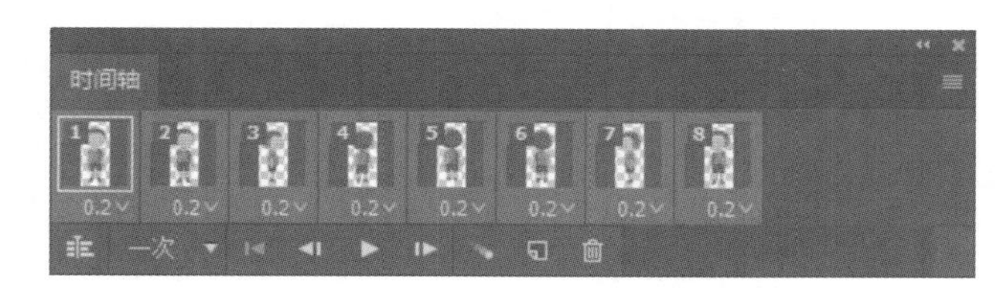

图 9-10　设置延迟后的时间轴面板

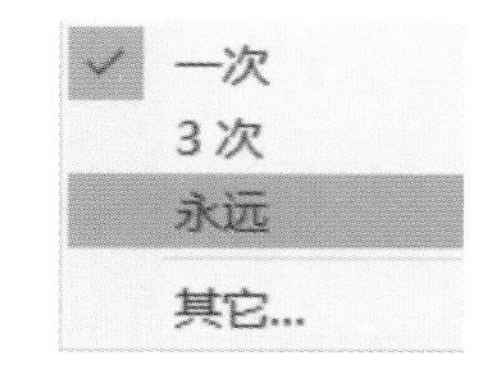

图 9-11　设置循环选项

10. 预览动画

单击时间轴面板中的“播放动画”按钮▶,或使用空格键,动画即会显示在文档窗口中。若要停止动画,可单击“停止动画”按钮■,或再次按下空格键。

11. 存储 GIF 动画

选择“文件”→“导出”→“存储为 Web 所用格式(旧版)”命令,打开相应窗口(见图 9-12),单击该窗口右下方的“存储”按钮,将打开“将优化结果存储为”对话框(见图 9-13)。选择存储格式为“仅限图像”,文件名为“Boy.gif”。

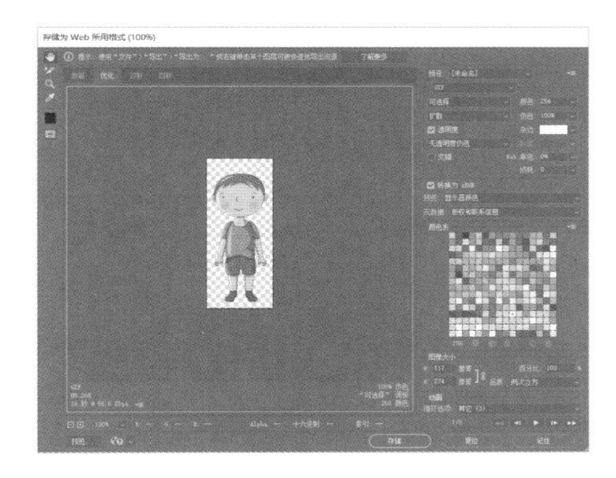

图 9-12 “存储为 Web 所用格式(100%)”窗口

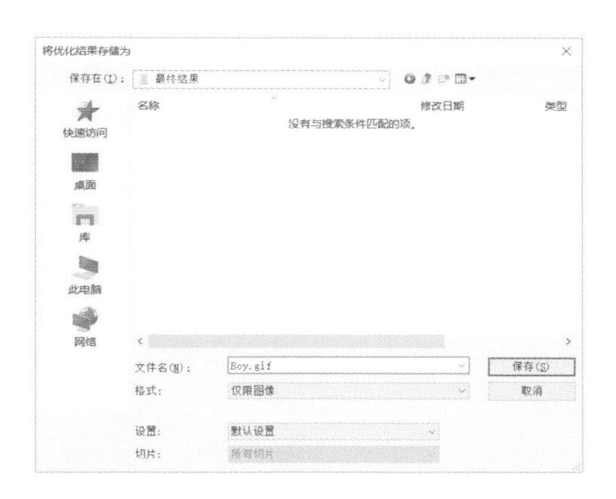

图 9-13 “将优化结果存储为”对话框

小提示

(1) 从 Photoshop CC 2015 开始,“文件”→“存储为 Web 所用格式”选项已被移到“文件”→“导出”→“存储为 Web 所用格式(旧版)”,并且与最新的导出选项放在一起。

(2) 建议用 PSD 格式再次存储动画源文件,以便今后能够对动画效果继续进行编辑。

9.1.3 知识拓展

1. 动画原理

动画的形成是利用人眼有视觉暂留的特性。所谓视觉暂留就是在看到一个物体后,即使该物体快速消失,也还是会在眼中留下一定时间的持续影像。常见的就是夜晚拍照时使用闪光灯,虽然闪光灯早已熄灭,但被拍摄者眼中还是会留有光晕,并维持一段时间。

照相机与摄像机的主要区别是:照相机每次按下快门,如果没有专门设置,会拍摄一张静止的图像;而摄像机每按下录制按钮,会每秒钟等间隔地去拍摄 24 张静止的图像,这 24 张图像记录了拍摄时的具体状态,它们之间有着细微的差别。播放时,每秒播放 24 帧,利用人的视觉暂留特性,这些有细微差别的静止图像连续播放,则会形成连续的视频效果。

所谓动画,也是用多幅静止画面连续播放,利用视觉暂留形成连续影像。一般来讲,如果每秒钟播放 12 帧,即可形成连续影像,如果每秒钟播放达到 24 帧,则达到电影的顺畅视频效果。

2. 动画 GIF

动画 GIF 是一个图像或帧序列,其中每帧与前一帧稍有不同,从而快速查看帧序列形成的运动效果。Photoshop 中创建 GIF 动画的方式有多种:

● 可以在时间轴面板中通过“复制所选帧”创建动画帧，然后使用图层面板指定每帧相应的图像状态。

● 可使用过渡功能快速创建新帧，它可以根据图像元素的位置、不透明度和效果变化生成中间帧，从而产生运动或效果的平滑过渡效果。

● 可将含有多个图层的 Photoshop 或 Illustrator 文件的每个图层转换为一帧，从而创建动画。

3. 帧的选择

在处理帧之前，必须将其选择为当前帧，选中的帧由帧缩览图周围带阴影的高光指示。

● 选择单个帧——直接单击相应帧。

● 选择多个连续的帧——单击第一个帧后按住 Shift 键，并单击最后一个帧。最后一个帧以及第一个帧与最后一个帧之间的所有帧都将添加到选区中。

● 选择多个不连续的帧——按住 Ctrl 键（Windows）并单击其他帧，可将这些帧添加到选区。此操作如果该帧已选中，单击它则将其从选区中删除。

4. 时间轴面板

在 Photoshop 标准版中，时间轴面板（“窗口”→“时间轴”）以帧模式出现，显示动画中的每个帧的缩览图。使用面板底部的工具可浏览各个帧，设置循环选项，添加和删除帧以及预览动画。其各图标功能如图 9-14 所示。

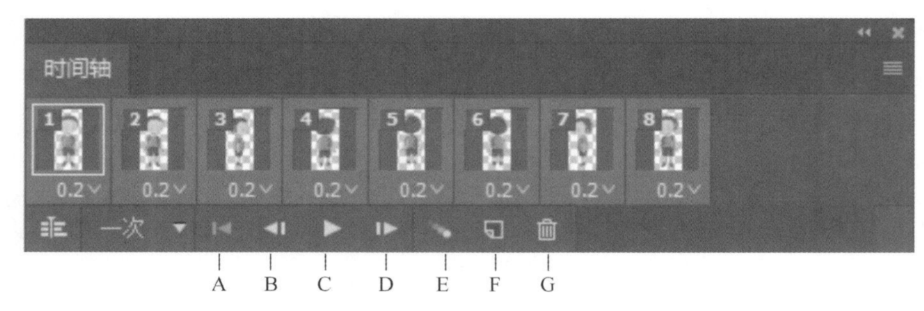

时间轴面板

A.选择第一个帧　B.选择上一个帧　C.播放动画　D.选择下一个帧　E.过渡动画帧　F.复制选定的帧　G.删除选定的帧

图 9-14　时间轴面板各图标功能

实例 2 Banner 制作（过渡动画）

9.2.1　制作目的

掌握过渡动画的设置方法，能够利用过渡选项在现有帧之间均匀添加一系列过渡帧，以创建 Banner 的运动显示效果。

9.2.2　制作步骤

1. 打开素材

选择“文件”→“打开”命令，打开素材“banner0. psd”，如图 9-15 所示。该文件包括三个图层，分别为背景、文字和标志，如图 9-16 所示。

图 9-15　实例 2 素材图

图 9-16　素材图层

2. 进入动画编辑状态

选择“窗口”→“时间轴”命令，打开时间轴面板。

3. 编辑第 1 帧的显示效果：设置动画的初始位置

选中“文字”图层，选择工具箱中的移动工具，拖动或按键盘上的向右光标键，将其位置向右移出显示区，移到右侧刚刚看不到的位置。

选中“标志”图层，选择工具箱中的移动工具，拖动或按键盘上的向上光标键，将其位置向上移出显示区，移到上端刚刚看不到的位置。

“文字”“标志”位置效果如图 9-17 所示，均在显示区以外。

图 9-17　第 1 帧“文字”“标志”位置效果

4. 新建帧，并编辑其显示效果：设置动画的终止位置

单击时间轴面板中的“复制选定的帧”按钮，向动画添加一帧，并使其处于选中状态。

- 选中“文字”图层，选择工具箱中的移动工具，拖动或按键盘上的向左光标键，将其位置向左移到合适的位置。
- 选中“标志”图层，选择工具箱中的移动工具，拖动或按键盘上的向下光标键，将其位置向下移到文字的左侧位置。

“文字”“标志”位置效果如图 9-18 所示，出现在显示区域中。

小提示

此时，第 1 帧显示为动画运动的初始效果，第 2 帧为动画运动的终止效果。

5. 添加过渡帧

单击时间轴面板中的“过渡动画帧”按钮，可以打开过渡设置窗口。

其中，“过渡方式”选择“上一帧”，“要添加的帧数”输入 20，“图层”选择“所有图层”，“参数”选择“位置”，如图 9-19 所示。

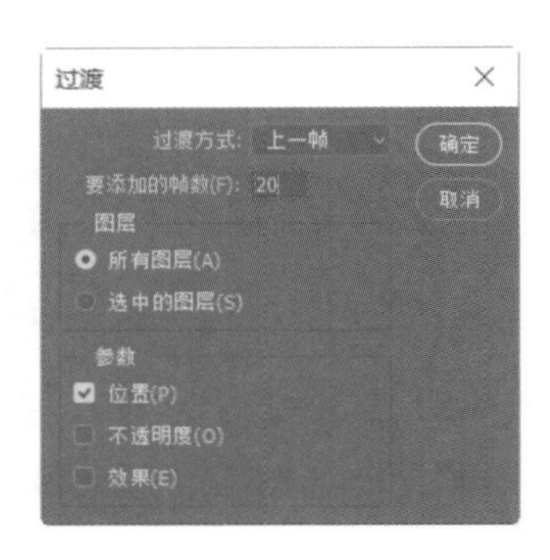

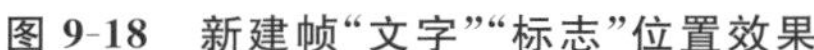

图 9-18　新建帧“文字”“标志”位置效果

图 9-19　过渡选项设置

6. 设置帧延迟与循环选项

在时间轴面板中单击选中第 1 帧，然后按下 Shift 键，并单击最后一帧，将全部帧都选中，在所选帧下面的延迟值下拉列表中，选择并设置帧延迟为 0.1 秒。

单击时间轴面板左下角的循环选项选择框，选择 “一次”，如图 9-20 所示。

图 9-20　设置帧延迟与循环选项

7. 预览并存储 GIF 动画

单击时间轴面板中的“播放动画”按钮▶，查看动画效果。

然后选择“文件”→“导出”→“存储为 Web 所用格式(旧版)”命令，将优化结果存储到“最终效果”文件夹，文件名为“C2_banner.gif”。

为了今后可以对动画效果进行编辑，选择“文件”→“存储为”命令，将文件存储到“最终效果”文件夹，文件名为“banner1.psd”。

9.2.3　知识拓展——过渡选项设置

“过渡”也称为插值处理。在动画处理时，可以使用“过渡”命令在两个现有帧之间按照某个原则自动添加一系列帧，从而均匀地改变两帧之间的图层属性(位置、不透明度或效果参数) 以创建运动显示效果。利用过渡可以大大减少创建动画效果(如渐现、渐隐或在帧之间移动要素) 所需的时间。

单击时间轴面板上的“过渡动画帧”按钮，可以打开图 9-19 所示的过渡设置窗口。其中：

- “过渡方式”菜单中选择添加帧的位置，包括“下一帧”和“上一帧”。
- “要添加的帧数”用于设置添加过渡帧的数量。
- “图层”项用于选择所有图层还是选中的图层。

● “参数”项用于指定要改变的图层属性：

位置——在起始帧和结束帧之间均匀地改变图层内容在新帧中的位置。

不透明度——在起始帧和结束帧之间均匀地改变新帧的不透明度。

效果——均匀地改变起始帧和结束帧之间的图层效果的参数设置。

例如，如果要渐隐一个图层，则可将起始帧的图层不透明度设置为 100%，然后将结束帧的同一图层的不透明度设置为 0%。在这两个帧之间添加过渡时，该图层的不透明度在整个新帧上均匀减小。

实例 3 网站规划与设计（切片功能的运用）

9.3.1 制作目的

掌握 Photoshop 的 Web 图像制作方法；能够通过创建切片工具创建切片，从而将大图切成若干个小图，以提高图像的下载速度；能够对选定的切片进行选项设置，并通过为图像切片指定 URL 链接，对网站的网页进行非线性组织。

小提示

（1）为保持网站相关网页的风格一致，各页面的制作有一个模板，如图 9-21 所示。在模板基础上，各页面效果如图 9-22 所示。主页的 Banner 已按项目实例 2 制作文字与标志飞入的动画效果。

（2）本实例中，为简化学生操作，使学生更好地掌握切片的创建与选项设置方法，特别是图像切片指定 URL 链接的关键步骤，作者对一些重复操作做了简化。其中除主页外，其他相关网页及导航链接已制作完毕。学生只需完成主页的相关操作。

图 9-21 素材模板

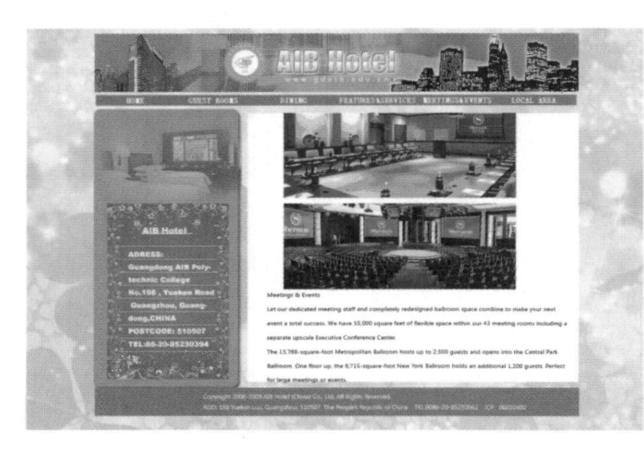

图 9-22 网站主要页面

9.3.2 制作步骤

1. 打开素材

选择“文件”→“打开”命令，打开素材“Web_index. psd”，如图 9-23 所示。

2. 使用切片工具创建切片

选择切片工具，沿着导航条的左上角向右下角拖动，创建切片，如图 9-24 所示。

在此过程中，系统会对图像进行重新划分，可能自动产生其他切片。同时系统会对切片进行重新编号，如图 9-25 所示。

图 9-23　素材 Web_index. psd

图 9-24　切片制作截图

图 9-25　创建导航条切片后的图像切片

小提示

Photoshop 的切片分为用户切片和自动切片两种。用户切片是用户自己创建的，如本实例中的 03 号切片；自动切片是系统自动创建的，如本实例中的其他切片。

用户切片外框线的颜色和自动切片外框线的颜色不一样，是高亮蓝色。

3. 选择切片

选择切片选择工具，并在图像中单击刚创建的导航条切片，此时切片外框线的颜色变成棕黄色，表示该切片被选中。

小提示

选中切片后可以对切片的位置与大小进行调整，对切片进行划分，或双击进入“切片选项”对话框，进行切片选项设置。

4. 划分用户切片

单击图 9-26 所示的切片选择工具选项栏中的“划分切片”按钮，打开“划分切片”对话框。选择“垂直划分为”，并在文本框中输入“6”，如图 9-27 所示。单击“确定”按钮完成划分。

图 9-26　切片选择工具选项栏

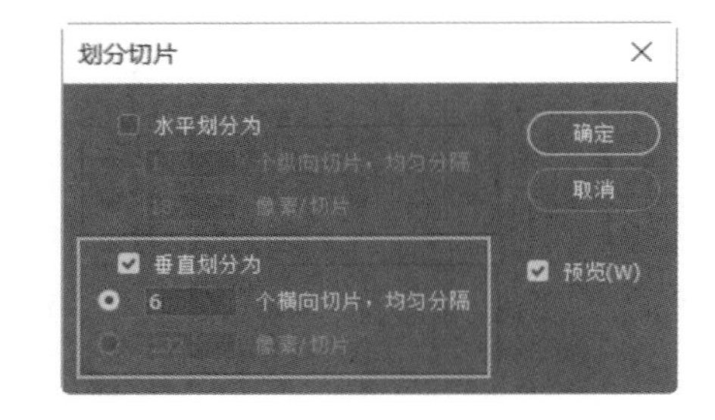

图 9-27　“划分切片”对话框

划分后，可见导航条被自动划分为 6 个相同大小的小块，系统对切片也进行了重新编号，如图 9-28 所示。

图 9-28　垂直划分后的切片及编号

小提示

• 水平划分为——沿垂直方向，在长度方向上划分切片。
• 垂直划分为——沿水平方向，在宽度方向上划分切片。

不论原切片是用户切片还是自动切片，划分后的切片总是用户切片。

5. 分别为每个切片命名并指定 URL 链接信息

（1）双击选择第 1 个切片，打开“切片选项”对话框。

（2）在“切片选项”对话框中，将切片命名为 Web_1，将 URL 设置为 index. html，在“目标”文本框中输入_self(注意以下划线开头)，如图 9-29 所示。然后单击“确定”按钮完成切片选项设置。

（3）双击选择第 2 个切片，将切片名称设置为 Web_2，将 URL 设置为 GuestRoom. html，在“目标”文本框中输入_self，单击“确定”按钮。

（4）双击选择第 3 个切片，将切片名称设置为 Web_3，将 URL 设置为 Dining. html，将目标设置为_self，单击“确定”按钮。

（5）双击选择第 4 个切片，将切片名称设置为 Web_4，将 URL 设置为 Services. html，将目标设置为_self，单击“确定”按钮。

（6）双击选择第 5 个切片，将切片名称设置为 Web_5，将 URL 设置为 Meetings. html，将目标设置为_self，单击“确定”按钮。

（7）双击选择第 6 个切片，将切片名称设置为 Web_6，将 URL 设置为 Local. html，将目标设置为_self，单击“确定”按钮。

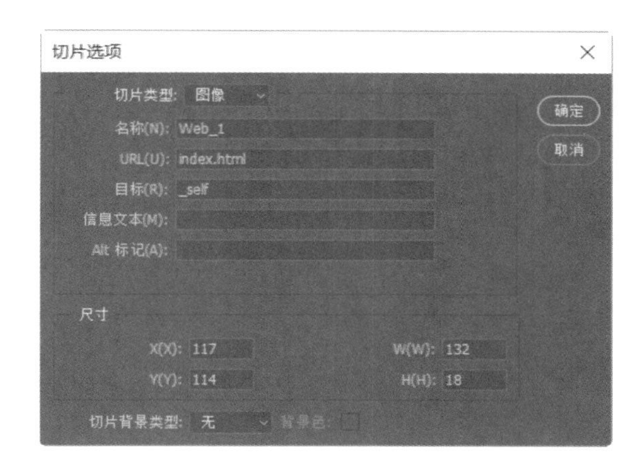

图 9-29 “切片选项”对话框

6. 导出 HTML 和图像

选择“文件”→“导出”→“存储为 Web 所用格式(旧版)”命令，打开相应窗口。选择切片，并为其指定压缩类型。

按 Shift 键并使用切片选择工具单击选择 6 个导航切片，再从预设中选择“GIF”，如图 9-30 所示。

图 9-30 GIF 优化设置

按 Shift 键并使用切片选择工具单击选择除导航切片外的其他切片，再从预设中选择“JPEG”，如图 9-31 所示。

图 9-31 JPEG 优化设置

单击“存储”按钮，在打开的“将优化结果存储为”对话框中选择保存路径，然后选择保存类型为“HTML 和图像”，再从“设置”下拉列表中选择“默认设置”，从“切片”下拉列表中选择“所有切片”，文件名为“index. html”，如图 9-32 所示。单击“保存”按钮完成导出。

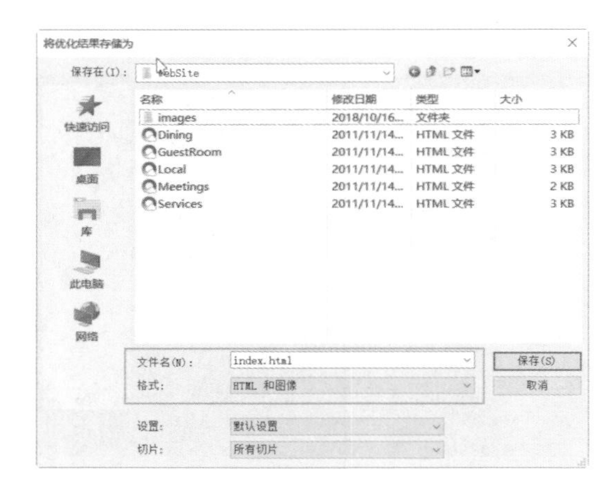

图 9-32　在“将优化结果存储为”对话框中的设置

7. 测试网页链接

双击 index. html，在 Web 浏览器中将其打开。将鼠标指向创建的导航切片，此时鼠标变成手形，表明此处存在链接，单击可以在当前窗口显示相应网页的内容。测试完毕后关闭浏览器。

9. 3. 3　知识拓展

1. 关于切片

用户将图像中的矩形区域定义为切片时，Photoshop 将创建一个 HTML 表来包含和对齐切片。用户在图像中创建切片（用户切片）时，将自动创建其他切片（自动切片），它们覆盖了图像的余下区域。

2. 切片选项

1）切片类型选项

切片类型用于指定在与 HTML 文件一起导出时，切片在 Web 浏览器中的显示方式，如图 9-33 所示。

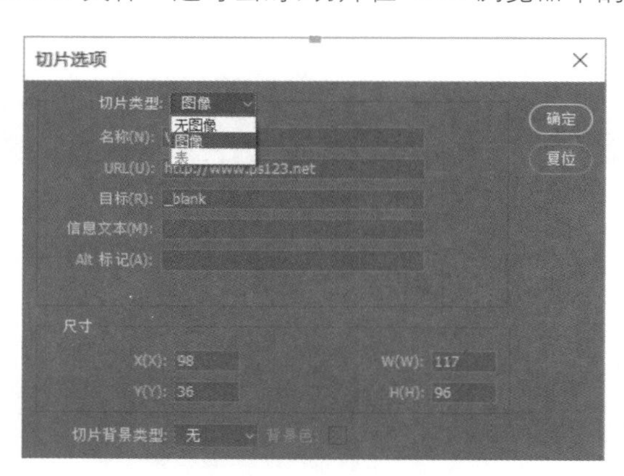

图 9-33　切片类型选项设置

- “图像”——包含图像数据，这是默认的内容类型。
- “无图像”——“无图像”的切片不会被导出为图像，并且无法在 Web 浏览器中显示为占位符。

2）URL 选项

在“URL”文本框中输入 URL，可以输入相对 URL 或绝对（完整）URL。如果输入绝对 URL，请一定要包括正确的协议（例如 http://www. ps123. net，而不是 www. ps123. net）。

在网站内部链接时，建议使用相对地址。

3）“目标”文本框

“目标”文本框用于输入目标框架的名称，具体值有以下形式：

- _blank：在新窗口中显示链接文件，同时保持原始浏览器窗口为打开状态。
- _self：在原始文件的同一框架中显示链接文件。
- _parent：在自己的原始父框架组中显示链接文件。
- _top：用链接的文件替换整个浏览器窗口。

3. GIF 优化与 JPEG 优化

优化指的是选择格式及分辨率和质量设置，使图像在效率、视觉吸引力方面都适合于网页，简单地讲，就是在文件大小和图像质量之间进行折中。

在选择“文件”→“存储为 Web 和设备所用格式”命令时，可将所有切片作为一个整体显示在 HTML 页面。为确保 Web 图像尽可能小，以便能够快速打开网页，在不影响图像质量的前提下，可以对不同的切片选择不同的优化类型。一般来讲，连续图像，特别是颜色亮度变化多、细节层次强的图像（如照片），应选择 JPEG 压缩进行优化；大块纯色图像或包含重复图案的图像（如线条、标志、文字和插图等），应选择 GIF 压缩进行优化。

举一反三，课后练兵

练习 1：逐帧动画：花开动图

要求：利用素材 1 的五个静态图像文件，如图 9-34 所示，制作花开动图。

图 9-34 素材 1

练习 2：过渡动画：飘雨动图

飘雨动图效果如图 9-35 所示。

图 9-35 飘雨动图效果

提示：

(1) 云层调暗：建议利用阴影高光对素材中的白云进行处理，如图 9-36 所示。

图 9-36　素材与云层调整

(2) 制作细雨特效图层：建议执行动作面板(见图 9-37) 中“图像效果”的“细雨”动作，创建细雨图层，如图 9-38 所示。

图 9-37　动作面板

图 9-38　细雨图层

(3) 飘雨动图效果：建议将细雨图层自由变换并放大后，向左上方移动作为初始状态，向右下方移动作为终止状态，添加过渡帧，如图 9-35 所示。

综合实训项目

ZONGHE SHIXUN XIANGMU

综合实训 1 画　中　画

利用图 10-1 所示的素材图制作图 10-2 所示的画中画效果图。

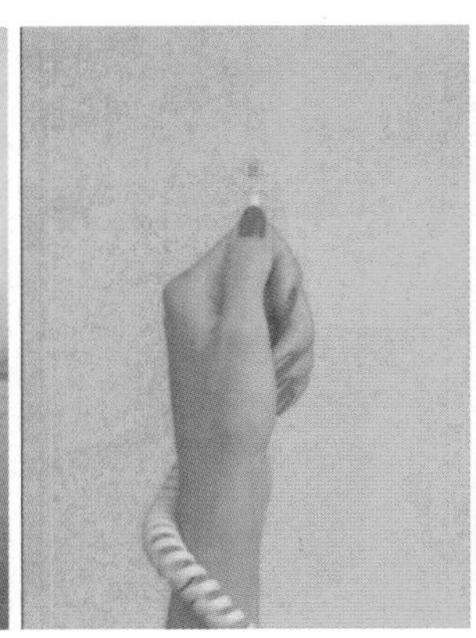

图 10-1　画中画素材图

图 10-2　画中画效果图

10.1.1　制作目的

掌握图层的顺序、移动、复制、链接等应用，能够灵活地运用图层来进行图片合成。

10.1.2　制作步骤

1. 打开素材

选择“文件”→“打开”命令，打开素材“风景.jpg”“人物.tif”和“手.tif”。

2. 手的合成

利用磁性套索工具或者钢笔工具，在“手.tif”中抠出手的形状（见图 10-3），并将它复制到“风景.jpg”的新图层“手”中，调整到合适的位置（见图 10-4）。

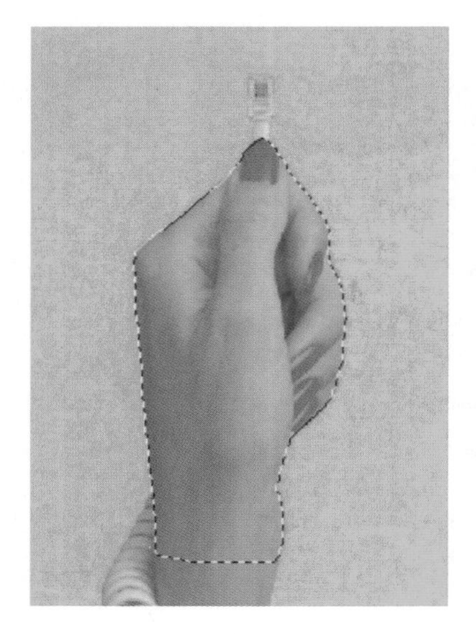

图 10-3　选中手的形状

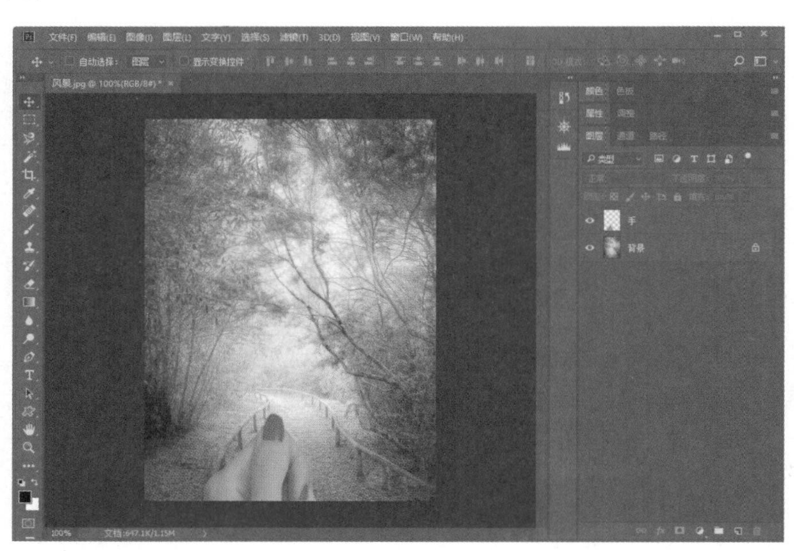

图 10-4　手与背景的合成效果

3. 画中画的制作

在图层面板上新建图层，取名为“相框”，利用矩形工具和前景色填充画出白色相框效果，如图 10-5 所示。

在图层面板中单击背景图层，当它变灰之后，利用鼠标将其拖动到创建图层的图标处，完成背景图层的复制，并将图层重命名为“画中画”，调整合适的大小。同时选中“相框”图层和“画中画”图层，再选择“图层”→“对齐”→“垂直居中”命令，让它们相吻合，如图 10-6 所示。

图 10-5　白色相框的制作

图 10-6　画中画的制作

同时选中“画中画”图层和“相框”图层，再选择“图层”→“链接图层”命令，完成 2 个图层的链接，如图 10-7 所示。

图 10-7　图层的链接

4. 人物的加入

利用磁性套索工具或者钢笔工具，在“人物. tif”中抠出人物的形状，并将它复制到“风景. jpg”的新图层“人物”中，调整大小并放到合适的位置，如图 10-8 所示。

为了让人物和背景更加融合，将“人物”图层的不透明度调整为 75%。将“人物”图层、“画中画”图层、“相框”图层链接到一起，如图 10-9 所示。

图 10-8　人物的加入

图 10-9　人物的不透明度的调整和链接

5. 手部的完美

选择“手”图层，利用磁性套索工具或者钢笔工具选择出大拇指的形状，并利用它生成新的图层“手拷贝”(Ctrl+J)，然后将它移动到“人物”图层的上面，如图 10-10 所示。

6. 合并图层、保存文件

选择“图层”→“合并图层”命令将所有图层合并到一起，如图 10-11 所示。再选择“文件”→“存储为”命令，将文件保存为“画中画.jpg”。

图 10-10　手部的细节处理

图 10-11　合并图层

综合实训 2　个性名片设计

10.2.1　制作目的

名片的首要功能是传达个人或企业的信息，而要在一览而过的短时间内让别人清晰地获取所需的资料，就要让名片的版式符合合理的视觉流程，不但要突出主题，还要使视线的流动方向明确、层次分明，能够让观者舒服自然地、由主到次地获取版面中的信息。

10.2.2 制作步骤

1. 设置出血

要求制作的名片的成品尺寸是 90 毫米×55 毫米，如果名片有底色或花纹，则需要将底色或花纹跨出页面边缘的成品裁切线 3 毫米。因此，新建文件的页面尺寸需要设置为 96 毫米×61 毫米。

2. 新建文件

按 Ctrl+N 组合键，弹出“新建文档”对话框，选项的设置如图 10-12 所示，单击“确定”按钮。打开标尺，按 Ctrl+R，然后在标尺上单击右键，选择和新建文件相同的单位“毫米”，效果如图 10-13 所示。

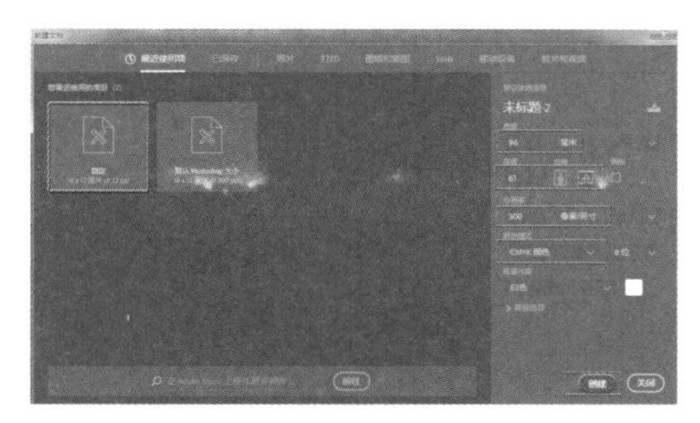

图 10-12 “新建文档”对话框

图 10-13 标尺效果图

3. 新建参考线

选择“视图”→“新建参考线”命令，弹出“新建参考线”对话框，设置如图 10-14 所示，单击“确定”按钮。用相同的方法新建水平的参考线，效果如图 10-15 所示。

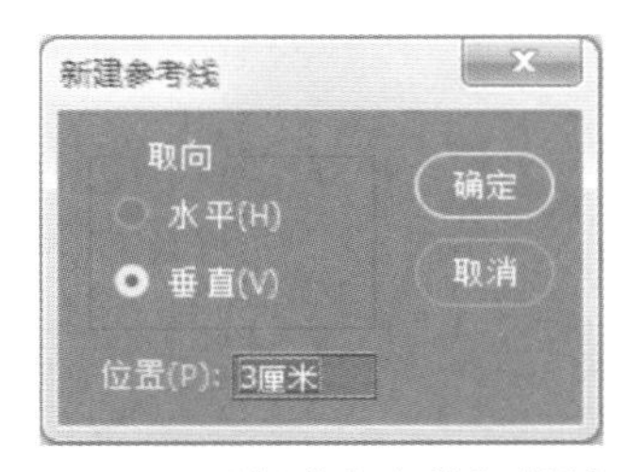

图 10-14 “新建参考线”对话框

图 10-15 参考线效果图

4. 制作名片背景

新建图层，选择渐变工具，填充渐变色，过程如图 10-16 所示。

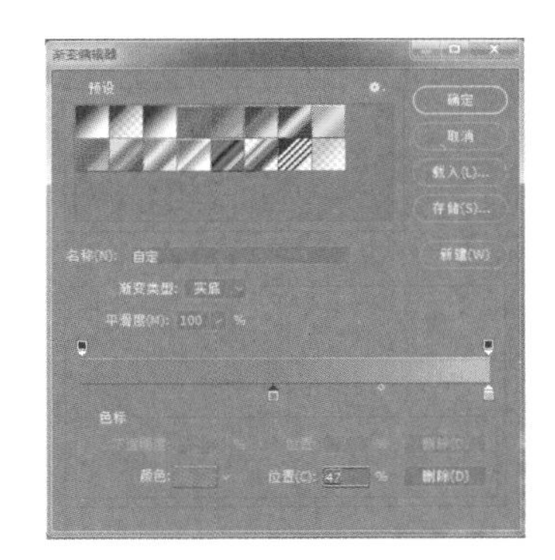

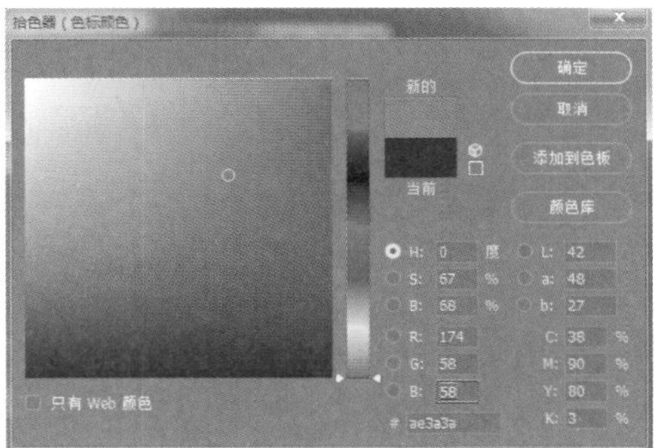

图 10-16 设置渐变色

新建图层(见图 10-17)，选择圆角矩形工具，在新建图层上绘制圆角矩形，然后栅格化图层，如

图 10-18 所示，效果如图 10-19 所示。

图 10-17　新建图层“圆角矩形 1”

图 10-18　栅格化图层

图 10-19　矩形效果图

按 Ctrl＋J 组合键若干次，复制若干个圆角矩形，然后合并所有圆角矩形，效果如图 10-20 所示，按 Ctrl＋T 组合键，将其变形，效果如图 10-21 所示。

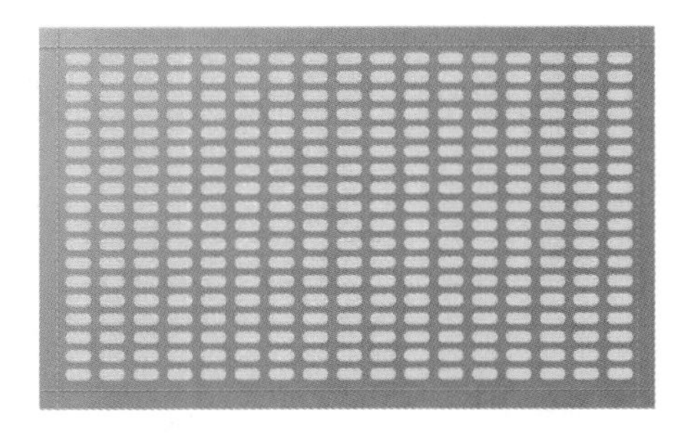

图 10-20　复制圆角矩形效果

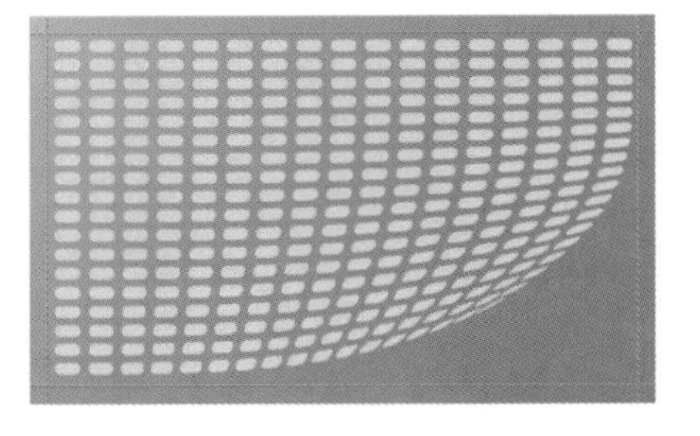

图 10-21　调整圆角矩形形状效果

复制圆角矩形 1 得到圆角矩形 1 副本图层，如图 10-22 所示，并调整其角度，效果如图 10-23 所示。

按 Ctrl＋E 组合键，向下合并图层，如图 10-24 所示，然后给该图层添加图层蒙版，选择较柔的画笔工具，降低不透明度，在中间区域进行涂抹，效果如图 10-25 所示。

图 10-22　复制圆角矩形 1 图层

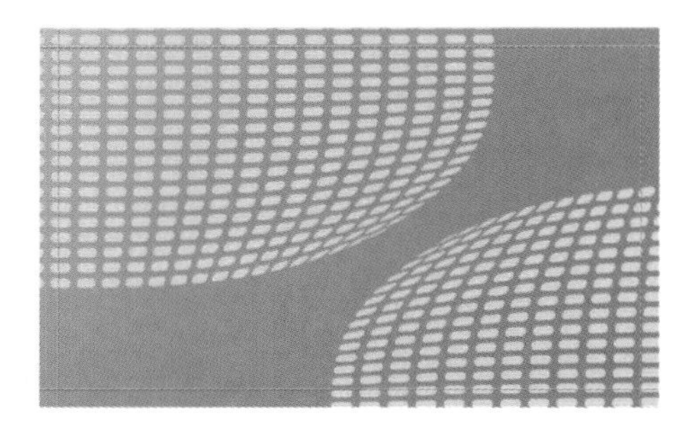

图 10-23　调整角度效果

图 10-24　添加图层蒙版

图 10-25　添加图层蒙版效果

按 Ctrl＋E 组合键，向下合并图层，选择“色阶”命令，设置色阶参数如图 10-26 所示，效果如图 10-27 所示。

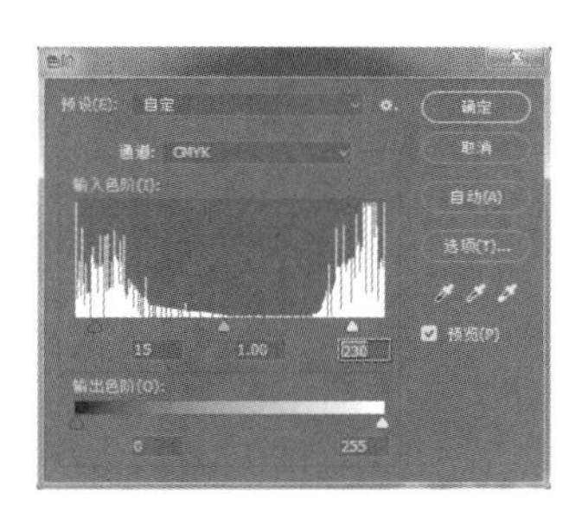

图 10-26 “色阶”对话框

图 10-27 色阶效果图

选择“色彩平衡”命令，参数如图 10-28 所示，效果如图 10-29 所示。

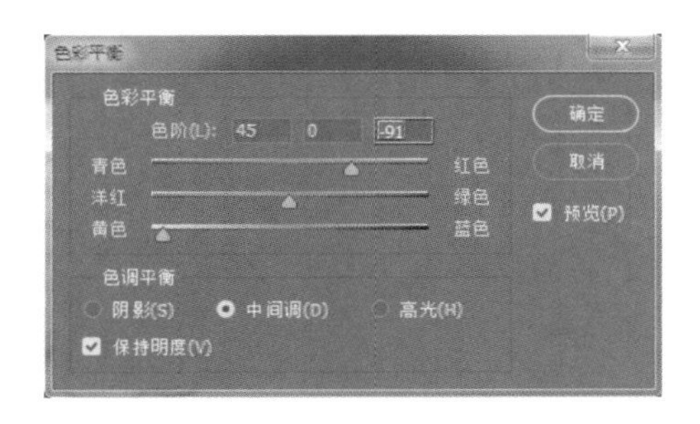

图 10-28 “色彩平衡”对话框

图 10-29 色彩平衡效果图

5. 导入素材图片

打开“logo. psd”文件，并将它拖动到当前文件中，然后按 Ctrl＋T 组合键栅格化图层并调整其大小，在图层中将不透明度设为 13％，如图 10-30 所示，效果如图 10-31 所示。

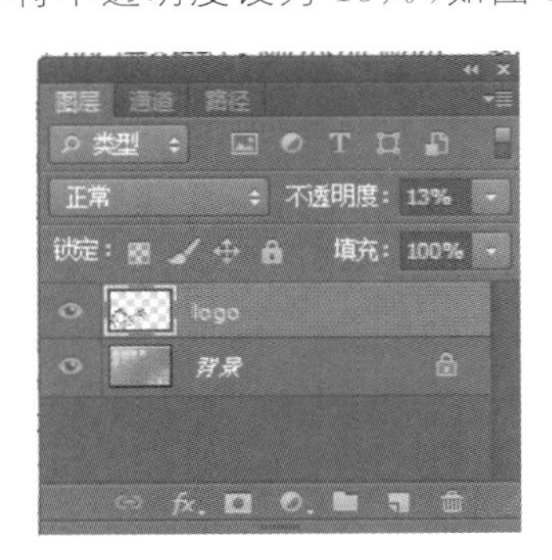

图 10-30 图层不透明度设置

图 10-31 调整大小及不透明度后的效果

复制 logo 图层，如图 10-32 所示，按 Ctrl＋T 组合键调整其大小，在图层中将不透明度设为 100％，选择魔棒工具，并结合选区相减，完成效果如图 10-33 所示。

图 10-32 复制 logo 图层

图 10-33 改变 logo 颜色后的效果

6. 为 LOGO 添加立体效果

双击 logo 副本图层，进入“图层样式”对话框，单击“投影”，设置投影参数如图 10-34 所示，效果如图 10-35 所示。

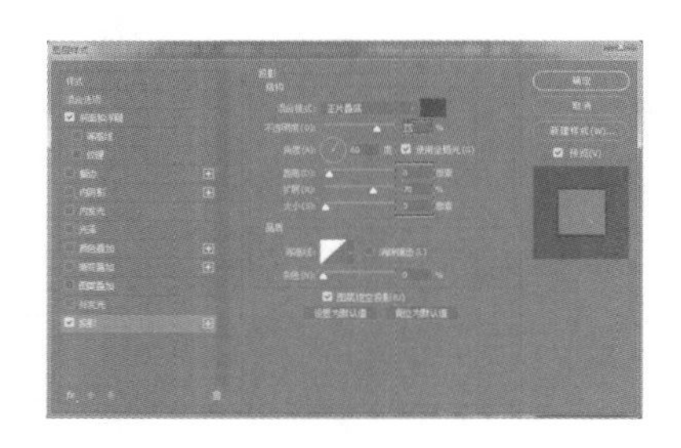

图 10-34　投影参数设置

图 10-35　投影效果

单击“斜面和浮雕”，设置斜面和浮雕参数如图 10-36 所示，效果如图 10-37 所示。

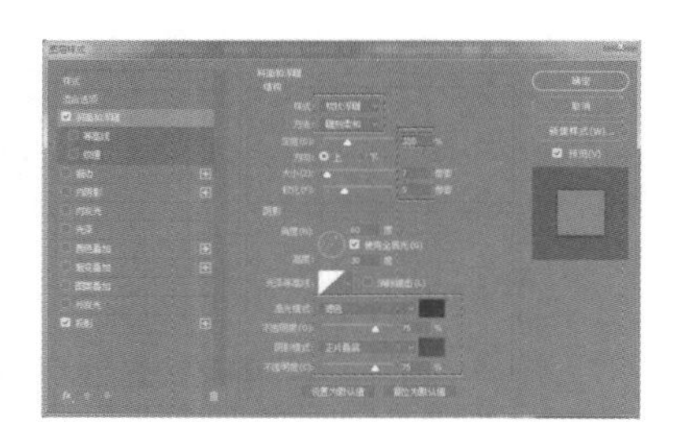

图 10-36　斜面和浮雕参数设置

图 10-37　斜面和浮雕效果

7. 为名片添加文字

选择横排文本工具，字号大小为 18 点，字体为隶书，在绘图区单击，产生文字输入浮标，输入文本内容“龙安心”，在图层面板中栅格化文字，给文字添加投影效果，投影参数如图 10-38 所示，效果如图 10-39 所示。

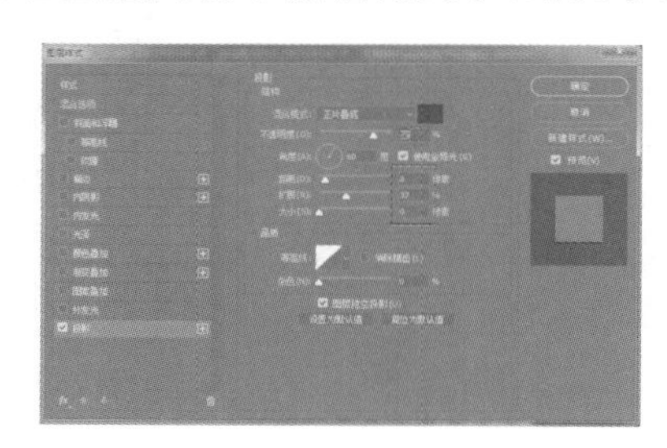

图 10-38　文字投影参数设置(龙安心)

图 10-39　文字添加投影后的效果(龙安心)

继续添加联系方式等文字，适当调整文字的大小，然后给文字添加投影，投影参数如图 10-40 所示，效果如图 10-41 所示。

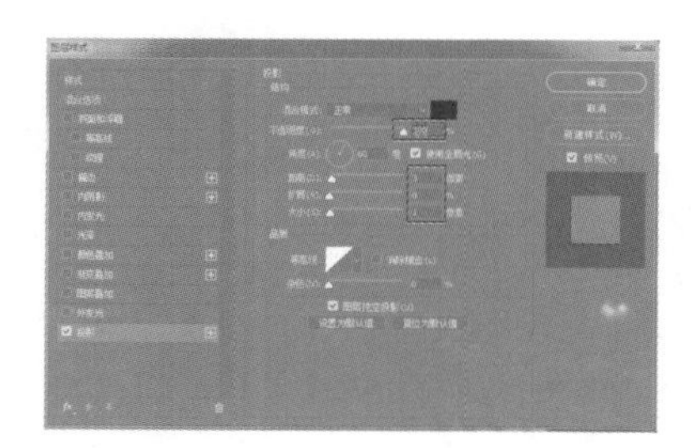

图 10-40　文字投影参数设置(联系方式)

图 10-41　文字添加投影后的效果(联系方式)

8. 整体调整

结合整个画面做适当调整，按 Ctrl+“：”关闭参考线，拼合图像，选择“曲线”命令，参数如图 10-42 所示，最终效果如图 10-43 所示。

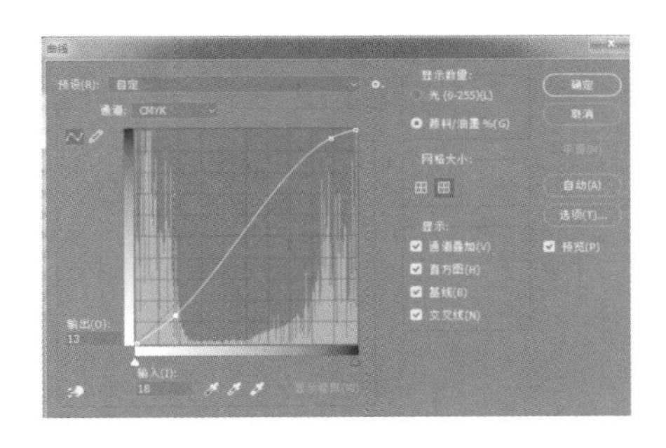

图 10-42　曲线参数设置

图 10-43　最终效果图

9. 保存文件

执行“文件”→“存储为”命令，将文件保存为“个性名片设计.jpg”。

综合实训 3 插图设计

制作图 10-44 所示插图。

图 10-44　插图最终效果图

10.3.1　制作目的

掌握钢笔工具的使用方法与技巧，能够随心所欲地进行插图设计。

10.3.2　制作步骤

1. 新建文件

选择“文件”→“新建”命令，弹出“新建文档”对话框，参数按照图 10-45 所示进行设置。

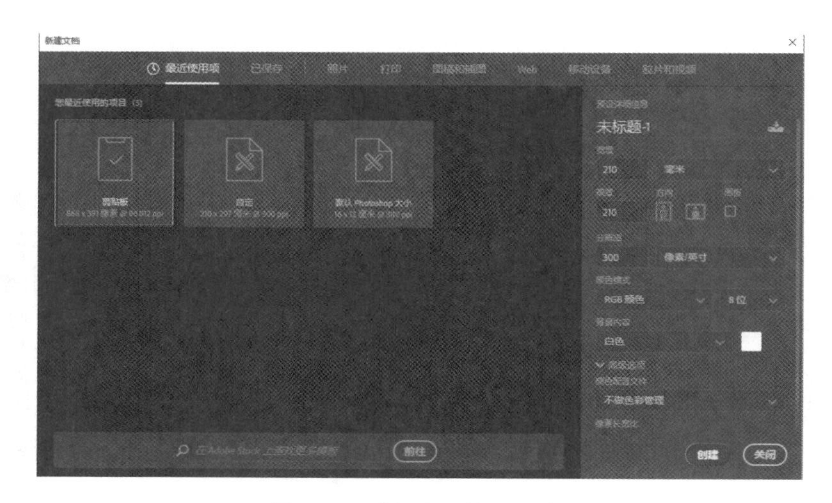

图 10-45 “新建文档”对话框

2. 勾勒天鹅造型

单击工具箱中的钢笔工具，在空白文档中勾勒出天鹅的头部和颈部路径效果，如图 10-46 所示。

运用同样方法勾勒天鹅的身体部分，如图 10-47 所示。

继续完善天鹅的其他细节部分，效果如图 10-48 所示。

画出“水波荡漾”的路径造型，如图 10-49 所示。

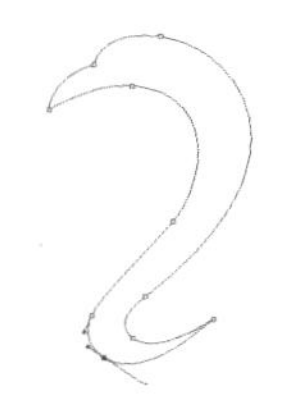

图 10-46 路径效果 1

图 10-47 路径效果 2

图 10-48 路径效果 3

图 10-49 路径效果 4

3. 转换为选区

单击右上角浮动面板中的 路径 按钮，弹出路径面板(见图 10-50)，单击按钮，将路径转换为选区，效果如图 10-51 所示。

4. 填充颜色

在图层面板上新建“图层 1”，选择“编辑”菜单中的“填充”命令，弹出“填充”对话框，如图 10-52 所示。单击“内容”右边的下拉箭头，选择“前景色”，单击“确定”按钮，效果如图 10-53 所示。

图 10-50 路径面板

图 10-51 选区效果

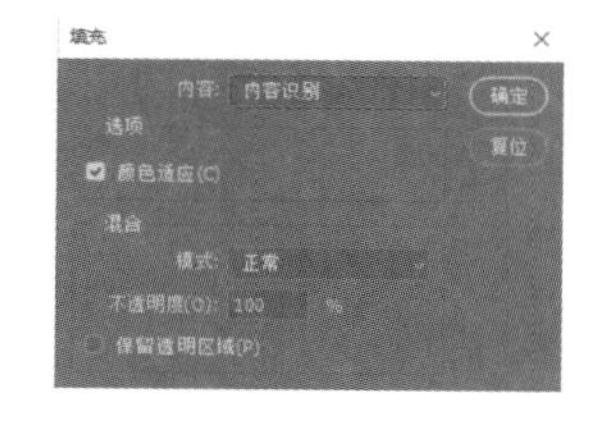

图 10-52 “填充”对话框

图 10-53 填充效果

5. 绘制“荷叶”路径造型

单击工具箱中的椭圆工具，在画面中画出一个椭圆，单击工具箱中的钢笔工具，对椭圆进行节点添加和修改，效果如图 10-54 所示。

使用前面转换为选区的方法将荷叶转换为选区，新建“图层 2”，填充黑色，完成荷叶的其他细节部分，效果如图 10-55 所示。

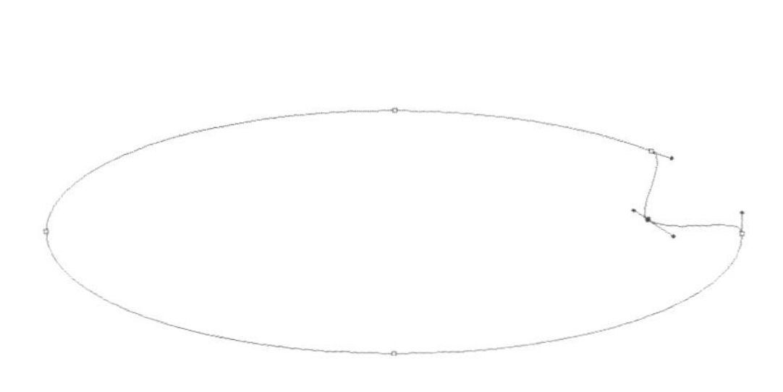

图 10-54 荷叶路径效果

图 10-55 荷叶填充效果

复制荷花，把它缩小放至上一荷叶的右上角，如图 10-56 所示。

绘制“大荷叶”路径造型，如图 10-57 所示。

完成其他细节部分，并将其转换为选区，填充颜色，如图 10-58 所示。

图 10-56 荷叶组合填充效果

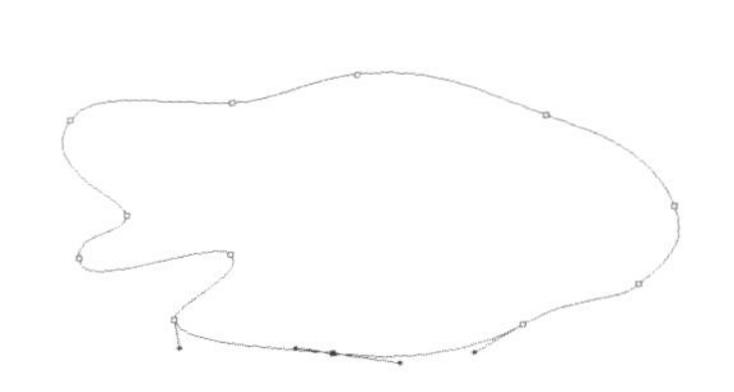

图 10-57 大荷叶造型路径效果

图 10-58 大荷叶填充效果

综合画面需要，适当增减荷叶的数量，最终效果如图 10-44 所示。

6. 保存文件

选择“文件”→“存储为”命令，将文件以“插图设计”命名，保存为 PSD 格式。

综合实训 4 室内效果图制作

10.4.1 制作目的

利用 Photoshop CC 制作室内效果图的方法和技巧。

10.4.2 制作步骤

1. 新建文件

按 Ctrl+N 组合键，弹出“新建文档”对话框，选项的设置如图 10-59 所示，单击“确定”按钮。

2. 绘制参考线

打开参考线，绘制水平和垂直方向的参考线，然后将视平线定在整个高度的一半左右位置，效果如图 10-60 所示。

图 10-59 “新建文档”对话框

图 10-60 绘制参考线效果

3. 绘制门厅的 5 个大面

根据一点透视原理，使用直线工具画出消失点，利用多边形套索工具绘制出门厅空间的 5 个大面，然后在图层面板中改好名字，效果如图 10-61 所示。填充颜色，左墙颜色 R：212，G：209，B：202；右墙颜色 R：162，G：157，B：151；天花颜色 R：203，G：198，B：192。效果如图 10-62 所示。

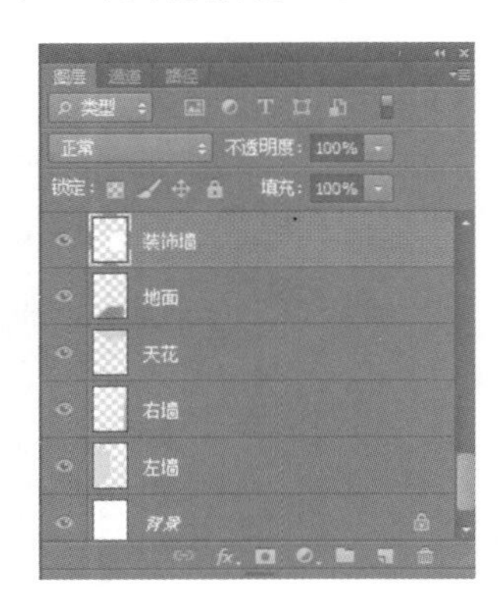

图 10-61 绘制不同墙体图层

图 10-62 填充颜色后的墙体效果

4. 绘制天花装饰

继续使用多边形套索工具，在天花顶部绘制图形，选择“编辑”→“填充”命令，在弹出的“填充”对话框中选择“图案”内容，单击自定图案右侧图案，单击“设置”按钮 ，追加图案素材，选择“木纹”图案，如图 10-63 所示。再选择画笔工具，画笔参数设置如图 10-64 所示，将前景色调成木纹的颜色，然后加深左、下两个面，形成光源效果。效果如图 10-65 所示。

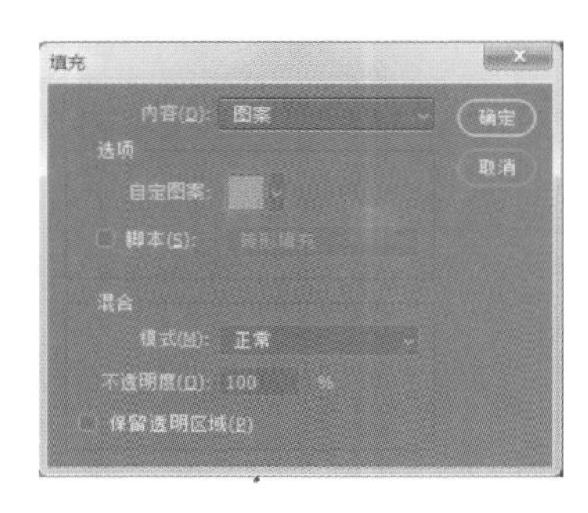

图 10-63 选择木纹图案

图 10-64 画笔参数设置 1

继续使用多边形套索工具，完成天花木条受光部分，在受光面上用柔软的画笔工具涂抹一次，参数设置如图 10-66 所示，效果如图 10-67 所示。

利用相同的方法完成天花其余的木条装饰，效果如图 10-68 所示。

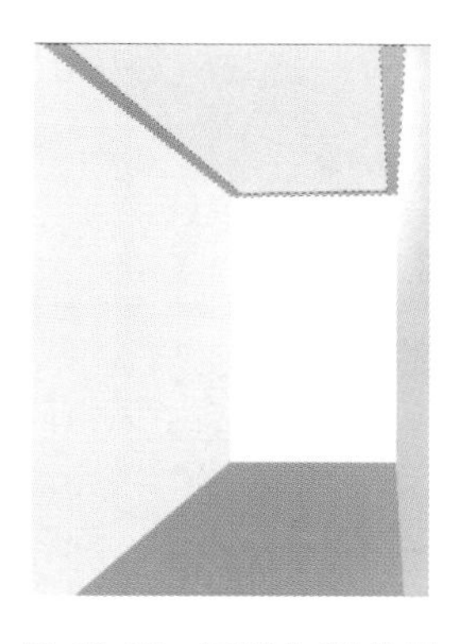

图 10-65　画笔加深效果

图 10-66　画笔参数设置 2

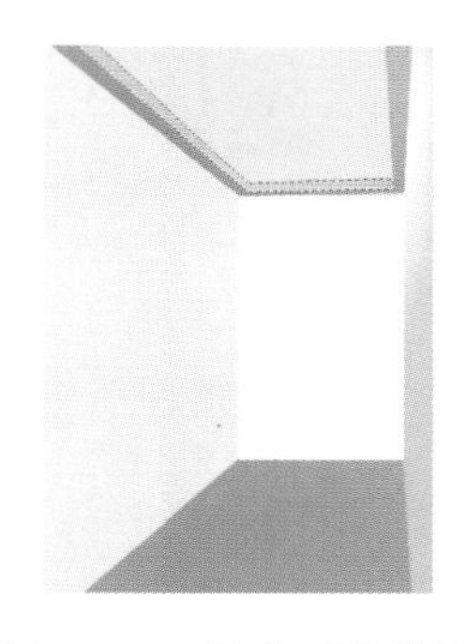

图 10-67　画笔减淡效果

10-68　天花木条装饰效果

5. 绘制门和踢脚线

新建图层，继续使用多边形套索工具，参照天花装饰木条的制作方法完成门和踢脚线的制作，填充木纹图案，效果如图 10-69 所示。

6. 绘制装饰墙面

选择矩形选框工具，利用选区相减完成选区形状，如图 10-70 所示。然后进行填充，追加“图案”，选择“编织（宽）”图案填充，图案“填充”对话框如图 10-71 所示，效果如图 10-72 所示。

7. 绘制百叶装饰墙面

新建图层，绘制一个平行四边形，并填充灰色，颜色值为 R：192，G：191，B：190，效果如图 10-73 所示。然后复制该图层，填充颜色值为 R：240，G：238，B：237，效果如图 10-74 所示。

合并两个平行四边形图层，并复制图层，效果如图 10-75 所示。

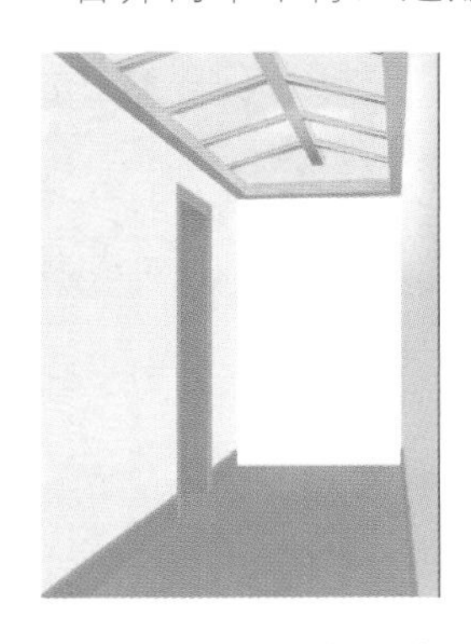

图 10-69　门及踢脚线效果

图 10-70　绘制形状选区

图 10-71　选择填充图案

图 10-72　填充图案效果

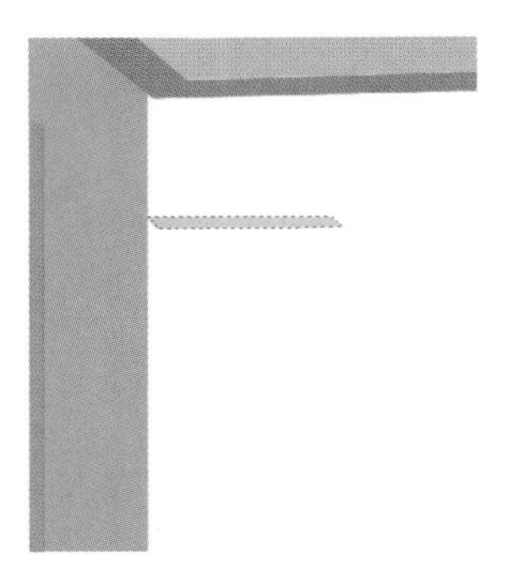

图 10-73 绘制平行四边形

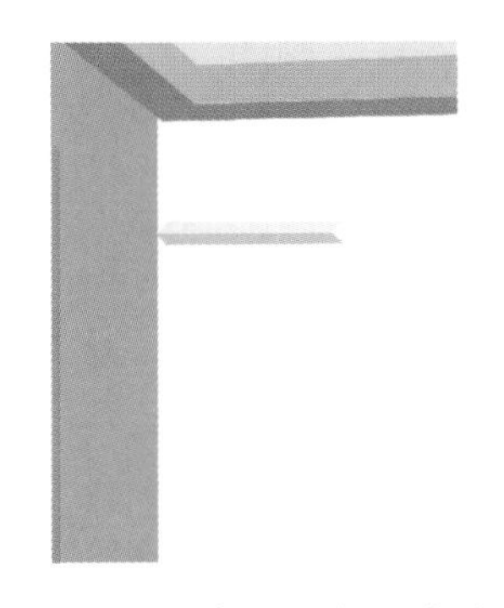

图 10-74 复制平行四边形

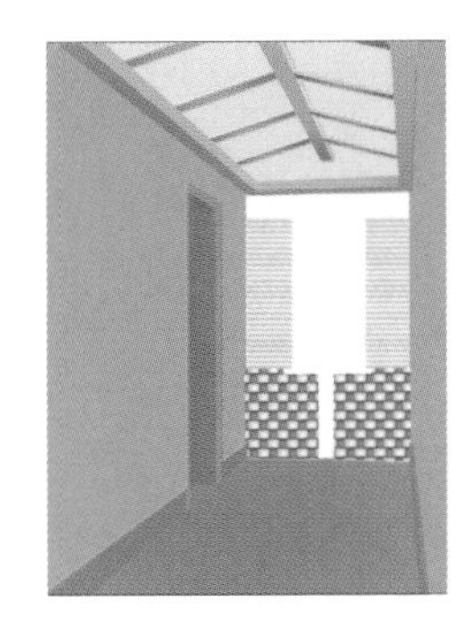

图 10-75 复制图层效果

8. 制作发光装饰墙面

新建图层，选择矩形选框工具，创建矩形选区，进行填充。追加“岩石图案”，选择 “浅色大理石”图案，图案“填充”对话框如图 10-76 所示，然后给该矩形框添加图层样式中的斜面和浮雕效果，参数设置如图 10-77 所示，效果如图 10-78 所示。

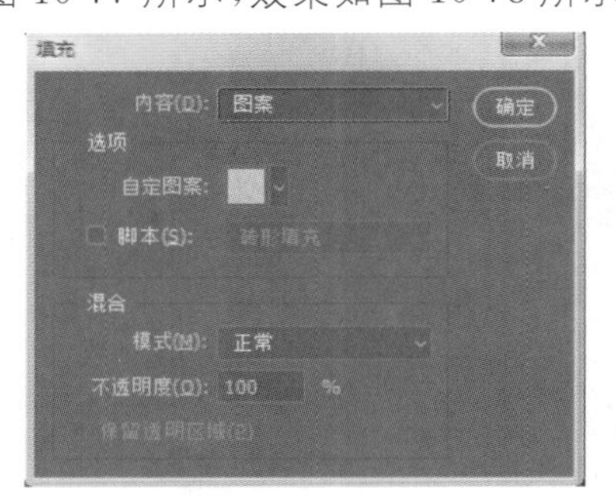

图 10-76 图案填充设置(发光装饰墙面)

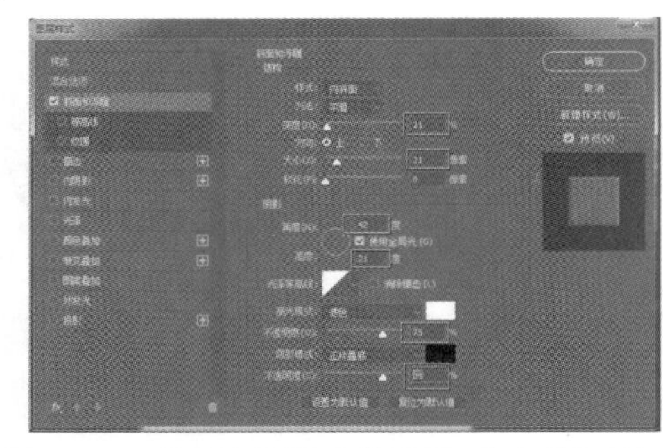

图 10-77 斜面和浮雕参数设置(发光装饰墙面)

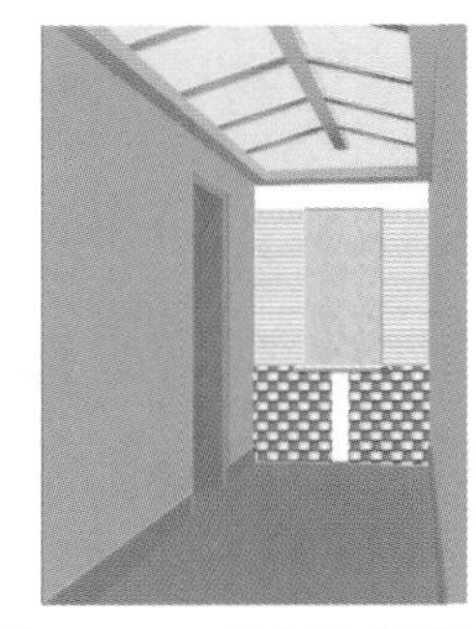

图 10-78 斜面和浮雕设置效果(发光装饰墙面)

9. 制作发光柱和发光点及花台阴影

新建图层，选择矩形选框工具创建矩形选区，进行填充。追加“图案 2”，选择“地毯”图案，图案“填充”对话框如图 10-79 所示，更改图层的不透明度为 53%，然后给该矩形框添加图层样式中的斜面和浮雕效果，参数设置如图 10-80 所示，效果如图 10-81 所示。

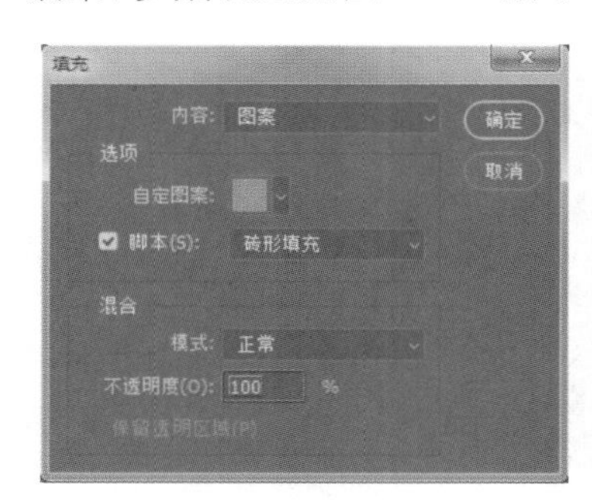

图 10-79 图案面板填充设置(发光柱)

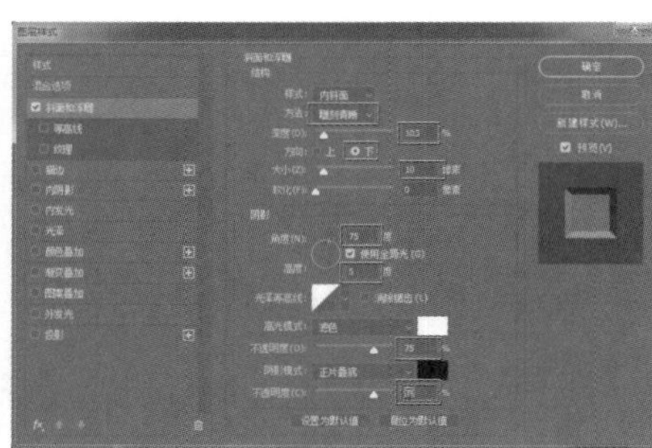

图 10-80 斜面和浮雕参数设置(发光柱)

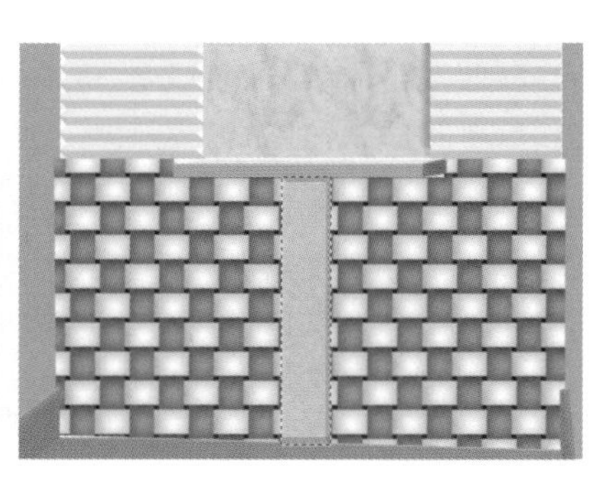

图 10-81 斜面和浮雕设置效果(发光柱)

确认发光部分为当前选择状态，将前景色设置为白色，选择柔和的画笔工具，制作发光效果，然后完成发光柱和六个发光点，效果如图 10-82 所示。

制作花台的阴影。新建图层，选择多边形套索工具，绘制出阴影的形状，然后设置前景色为黑色，选择柔和的画笔工具，将画笔的不透明度改为 60%，涂抹出阴影效果，如图 10-83 所示。

10. 制作木条装饰阴影效果

新建图层，使用多边形套索工具完成阴影的效果，填充的颜色可自定，一般根据画面的需要进行颜色调整，效果如图 10-84 所示。

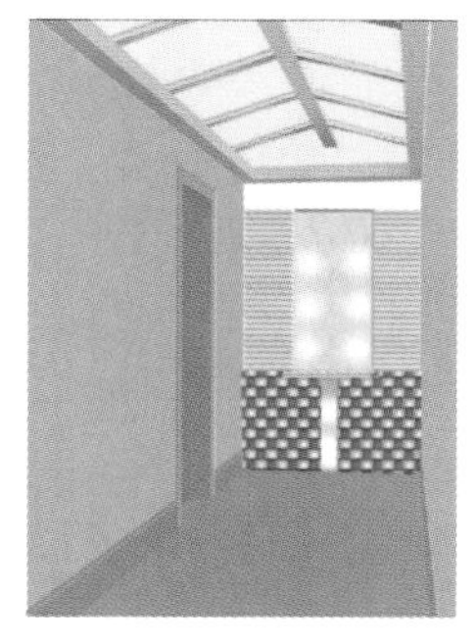

图 10-82　发光效果

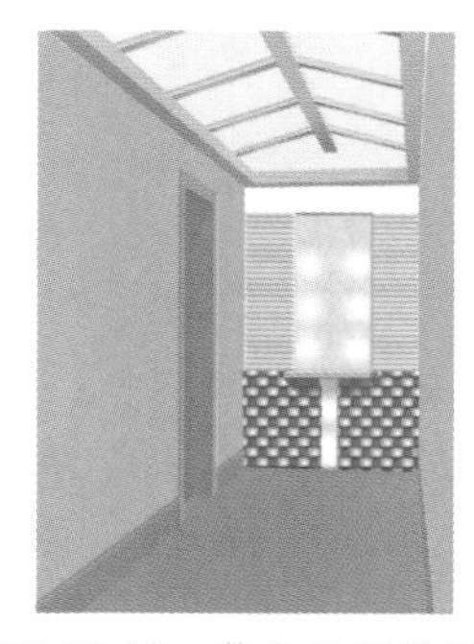

图 10-83　花台阴影效果

图 10-84　木条装饰阴影效果

11. 制作筒灯与光束效果

新建图层，命名为“灯”，利用椭圆工具完成筒灯效果，如图 10-85 所示。

新建 2 个图层，分别命名为“灯光”和“灯光 2”，利用椭圆工具绘制两个不同大小的椭圆，填充白色，给两个图层分别添加图层蒙版，如图 10-86 所示；调整前景色为黑色，然后选择柔和画笔工具，调整画笔大小及画笔的不透明度，在不需要的地方进行涂抹，效果如图 10-87 所示。

图 10-85　筒灯效果

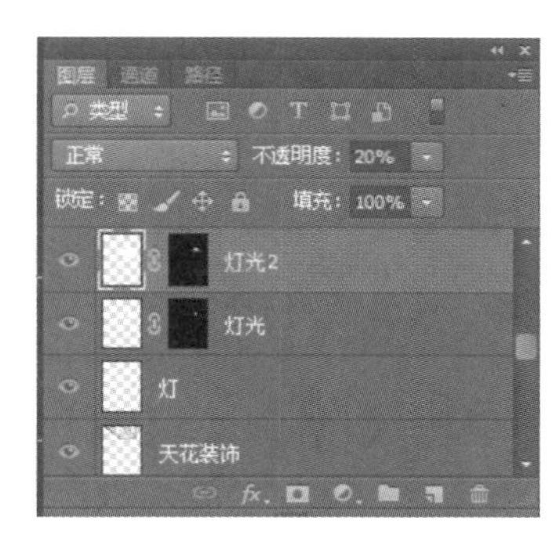

图 10-86　添加图层蒙版

图 10-87　筒灯光束效果

12. 制作地面倒影效果

复制发光柱，右键清除图层样式，如图 10-88 所示，然后按住 Ctrl 键的同时单击图层缩览图，填充白色，给图层添加图层蒙版，将前景色设置为黑色，选择画笔工具，设置画笔的属性如图 10-89 所示，然后涂抹出发光柱倒影的效果，并更改图层的不透明度为 40%，效果如图 10-90 所示。

新建图层，使用多边形套索工具绘制出左墙的倒影形状，填充白色，然后更改图层的不透明度为 5%，效果如图 10-91 所示。

给天花装饰木条制作光影效果，设置前景色为白色，选择柔和的画笔工具，画笔大小可自行调整，在需要的地方单击，效果如图 10-92 所示。

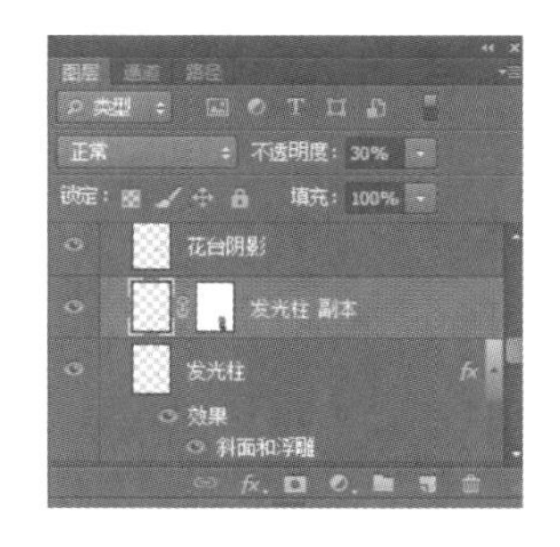

图 10-88　清除图层样式

图 10-89　画笔工具选项栏

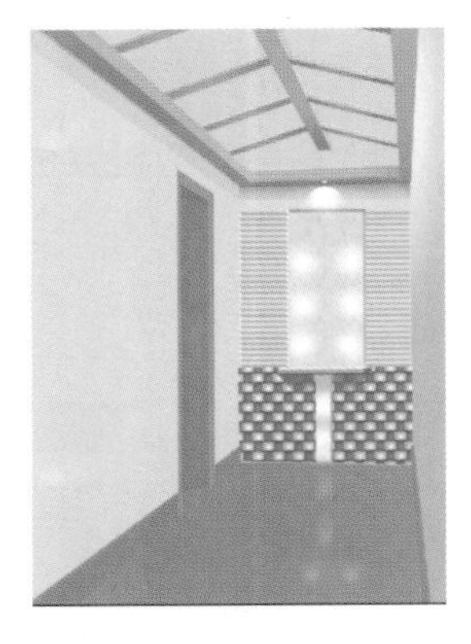

图 10-90　地面发光倒影效果

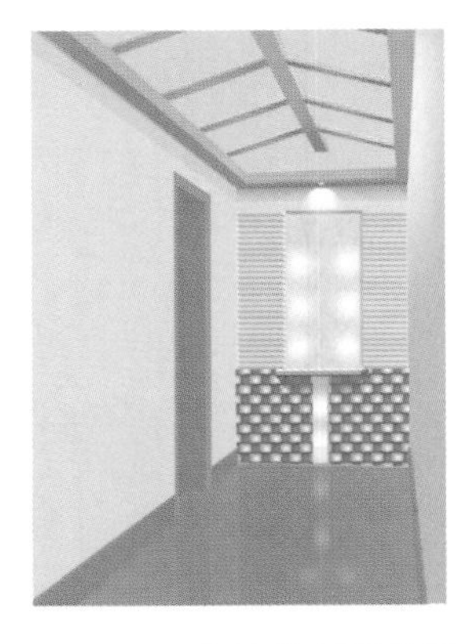

图 10-91　左墙体倒影效果

图 10-92　天花装饰木条光影效果

13. 制作画框

新建图层，命名为“画框”，如图 10-93 所示，使用多边形套索工具绘制画框形状，填充白色，给画框添加“描边”“斜面和浮雕”和“投影”图层样式，参数设置如图 10-94 至图 10-96 所示，效果如图 10-97 所示。

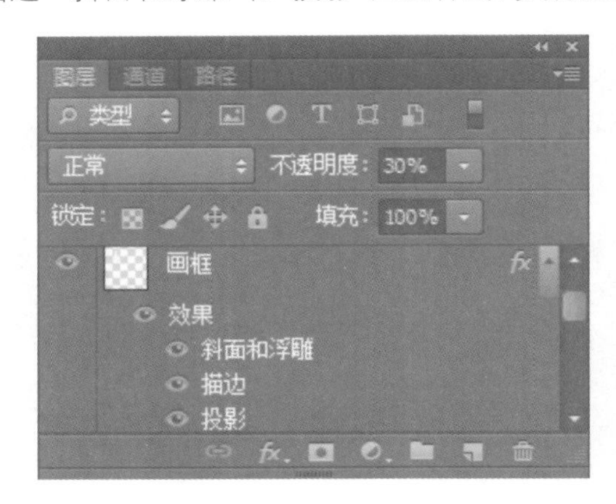

图 10-93　画框图层样式

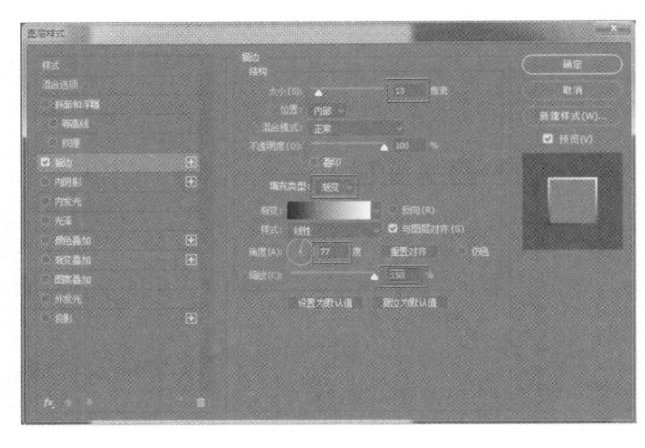

图 10-94　描边参数

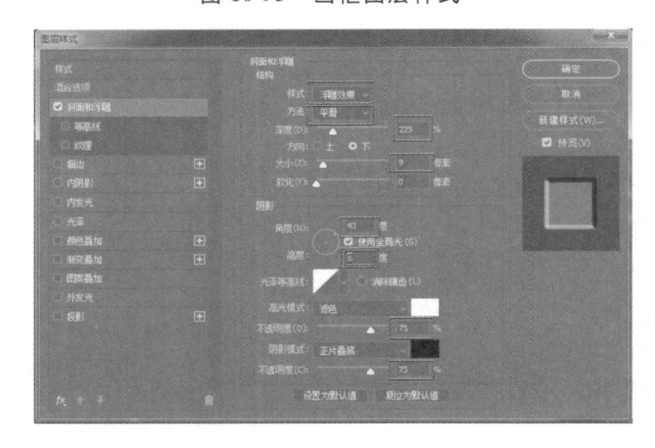

图 10-95　斜面和浮雕参数

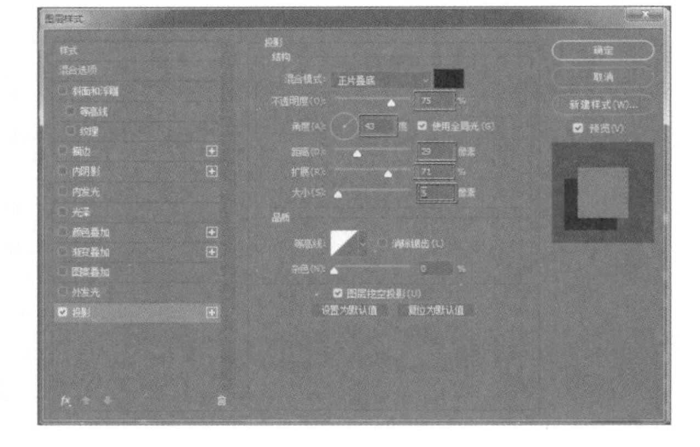

图 10-96　投影参数

复制“画框”图层，按 Ctrl+T 调整画框副本，效果如图 10-98 所示。

14. 导入素材

分别打开“花卉.psd”“风景.psd”“植物.psd”素材，并将它们拖入室内空间中，按快捷键 Ctrl+T，调整素材的大小及位置，按住 Ctrl 键可以对单个点进行调整，效果如图 10-99 所示。

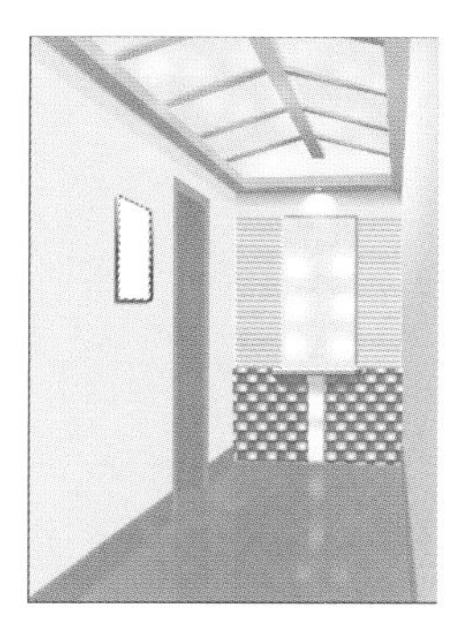

图 10-97 画框添加不同的图层样式效果

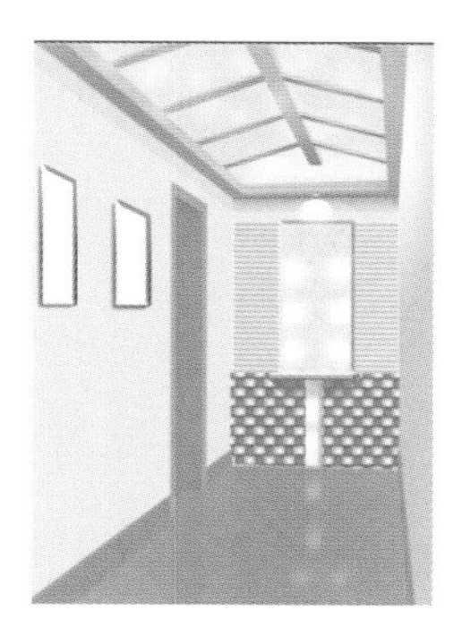

图 10-98 复制画框效果

图 10-99 导入素材效果

15. 调整画面

拼合全部图层，执行“曲线”命令，打开“曲线”对话框，参数调整如图 10-100 所示，效果如图 10-101 所示。

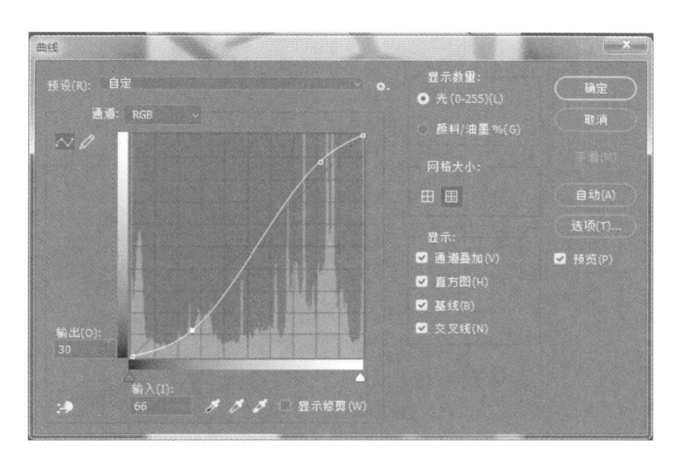

图 10-100 曲线调整

图 10-101 曲线调整最终效果图

执行“色彩平衡”命令，打开“色彩平衡”对话框，参数调整如图 10-102 所示，最终效果如图 10-103 所示。

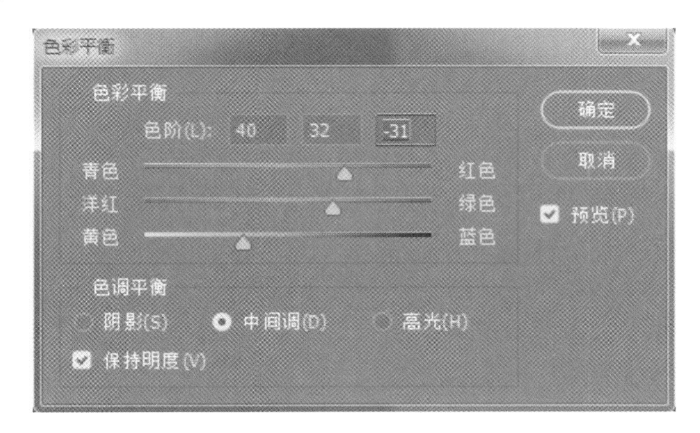

图 10-102 色彩平衡参数调整

图 10-103 最终效果图

16. 保存文件

执行“文件”→“存储为”命令，将文件保存为“门厅效果图.jpg”。